北美木雕龜（公）

由左至右：娜塔莎、麥特、艾莉西亞、（前排）賽和瑪凱拉。

在烏龜救援聯盟修復錦龜的腹甲。

克里斯·哈根在他家拿起一隻真鱷龜。

羅賓漢,被箭射中的擬鱷龜。

在烏龜救援聯盟,克林頓・多克拿著黃耳龜。

麥特用消防隊長示範方向盤拿法。

由左至右：
麥特、艾蜜莉、艾琳和海蒂在築巢地確認巢穴內的蛋。

由左至右：
麥特、娜塔莎和艾莉西亞在烏龜救援聯盟的檢查台上處理烏龜。

麥特和賽在龜灣
划獨木舟。

來自築巢地後面河流的
北美木雕龜。

在築巢地的巢穴保護
者會阻擋掠食者。

由烏龜救援聯盟的孵化器孵出的錦龜寶寶。

在卡車司機聯盟的停車場邊界,賽將擬鱷龜的蛋挖出。

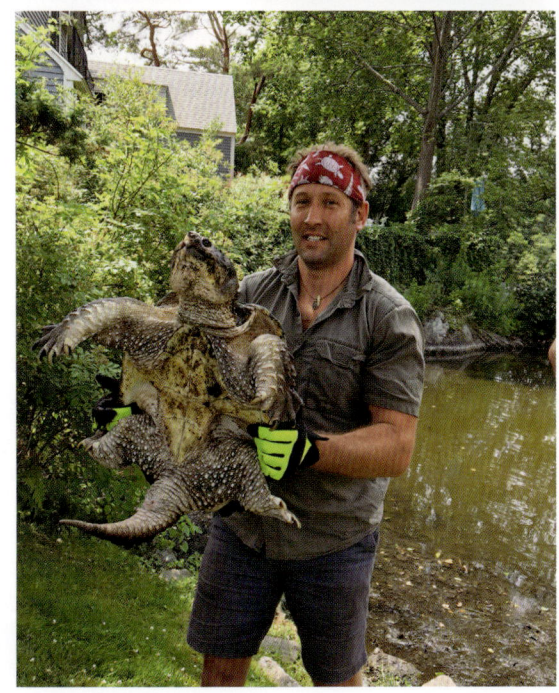

厚切薯條,又名龜吉拉,在魚鉤傷口與感染康復後,即將在他的池塘家園野放。

在卡車司機聯盟，史考特拿著一隻擬鱷龜嬰龜，牠將被野放回濕地。

星點龜寶寶。

消防隊長在烏龜花園進行物理治療，休息時，這位紳士接受賽的撫摸。

前往鱈魚角進行夜間海龜救援。這艘雪橇幾小時內將裝入五隻瀕危的肯氏龜，還有用來讓他們在旅途中隔絕強風的厚重海草。

消防隊長試圖突破前門的木製烏龜隔牆,來會見他的朋友賽。

冬日下午,在艾莉西亞與娜塔莎家客廳的光池中,和轉輪、披薩俠與杏桃共處。

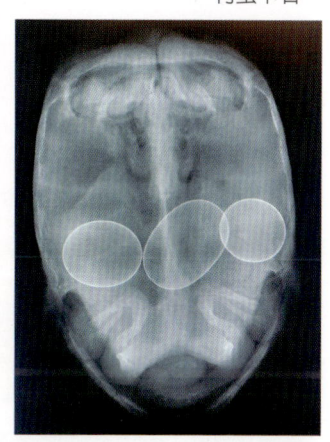

露西的X光照顯示有蛋卡著。

艾琳立刻挑中友善的三趾箱龜艾蒂,成為派特森家最新的家庭成員。

因露西恢復食慾,賽非常高興。

消防隊長很享受麥特和賽的撫摸。

露西的治療使她恢復健康,容光煥發。

小孩及家長列成縱隊,前往池塘野放他們親手養大的幼龜。

在野放烏龜救援聯盟的第一位烏龜患者尼布斯後,娜塔莎和艾莉西亞的合照。

將流星澤龜幼龜野放到築巢地後面的河流。

在國際龜類存續聯盟,麥特抓住潮龜,以便秤量體重。

麥特和他的青少年蘇卡達象龜艾迪。

在國際龜類存續聯盟,麥特和賽深陷於烏龜們。

麥特在他家後院挖龜池。

麥特和艾琳家的新龜池。

和消防隊長一起游泳。

正在築巢的東部錦龜

烏龜的修復時光

OF TIME AND TURTLES:
Mending the World, Shell by Shattered Shell

烏龜的修復時光

一片一片龜殼，
見證受傷的烏龜如何修補自己

紐約時報暢銷作家，美國國家圖書獎入圍
《章魚的內心世界》作者
賽‧蒙哥馬利（Sy Montgomery）——著
麥特‧派特森（Matt Patterson）——繪
兩棲爬蟲萬事屋 徐偉傑——審訂
江欣怡——譯

晨星出版

獻給
A・B・米爾摩斯博士（Dr A. B. Millmoss）

我永遠的愛

道常無為而不為
　　——老子

目 錄

1. 震撼教育 Shell Shock　　　　　　　　　12
2. 找尋烏龜時間 In Search of Turtle Time　　27
3. 龜龜危機 The Turtle Crisis　　　　　　　39
4. 超能力 Superpowers　　　　　　　　　　61
5. 時間之箭 Time's Arrow　　　　　　　　　78
6. 圍欄彼端 Beyond the Guardrails　　　　　95
7. 快與慢 Fast and Slow　　　　　　　　　124
8. 第一步 First Steps　　　　　　　　　　　146
9. 等待 Waiting　　　　　　　　　　　　　169
10. 海龜救援 Sea Turtle Rescue　　　　　　190
11. 出櫃 Coming Out　　　　　　　　　　　203
12. 危機與希望 Peril and Promise　　　　　228
13. 甜蜜的野放 Sweet Release　　　　　　　249
14. 重啓龜生 Starting Over　　　　　　　　268

精選書目　294

幫助烏龜　300

謹此銘謝　302

台灣烏龜救援資訊　305

作者備註

為保護烏龜的築巢地，
部分地名和地點已經過更動。

1. 震撼教育
Shell Shock

披薩俠，一隻紅腿象龜

在郊區街道一排五顏六色的住家之中，這棟屋頂不對稱的兩層樓建築特別顯目。房屋是耀眼的螢光綠，後頭同樣讓人激動不已的紫色小棚，則為其浮誇程度錦上添花。這棟房子前面掛了一塊牌子，寫著：**僅供愛龜人士停車，違者最好把殼關緊點。**

一輛白色Smart與一輛黑色的Scion停在車道上。兩輛車都裝著警示燈，一如它們救護車的身分。車身印有烏龜救援聯盟（Turtle Rescue League）的標誌，還貼著鼓勵其他駕駛人「禮讓路上的烏龜——幫助他們過馬路」。這兩輛車用來當作緊急救援用車，運送受傷的烏龜到位於這棟住家地下室、占地約幾千平方呎的烏龜醫院。

此處實行了一些安全措施，其中一項是監視器監控，因為烏龜就算生病或受傷，在黑市仍然非常值錢，所以入院的患者很可能成為綁架目標。我的朋友，同時也是野生生態藝術家麥特·派

特森（Matt Patterson）與我踏上木製露台，然後敲了門。烏龜救援聯盟的負責人艾莉西亞・貝爾（Alexxia Bell）讓我們進去。她46歲，又瘦又高，打扮得像要去跑趴。她穿著一件黑色尼龍的長袖露肩T恤，以及淡藍色的絨布窄管牛仔褲。一進到屋內，麥特與我小心翼翼地跨過及膝的木製圍欄，走進客廳。

我們馬上遇到設置圍欄的原因：披薩俠（Pizza Man），一隻20歲、9公斤（20磅）的紅腿象龜（*Chelonoidis carbonaria*），他黑黃交雜的殼佈滿突起物，活像一枚往我們發射的慢速飛彈。他闊步踏著柱子般的腿，腳趾甲輕柔地敲著木質地板，一邊毅然決然橫越房間，一邊將淡黃色殼底（或稱腹甲）抬得老高。他在距離我腳前5公分（2吋）的地方停了下來。他刻意將他乾巴巴的頭猛然一扭，靜止不動好一會兒，接著再扭向左方。然後他猛然將脖子轉回中間，抬頭盯著我的臉。

烏龜有如此活潑的反應令人意外。儘管大多數人喜歡烏龜，甚至其中有很多人是生物學家，一直以來大家卻認為爬蟲類的智力只比寵物石頭高一點。相較於他們龐大的身軀〔紀錄保持者是一隻在威爾斯的海灘上擱淺的革龜（*Dermochelys coriacea*），2.7公尺（9呎）長，體重超過一噸〕，烏龜的腦部卻不可思議地小，這普遍被認為是智力低下的象徵。「烏龜不需要智力。」一位野外生物學家艾力克斯・尼瑟頓（Alex Netherton）在某網路論壇如此主張。「這樣他們就不會浪費精力在這上面。」因為烏龜的動作慢得出名，會花上相當可觀的時間一動也不動，很容易會給人一種他們思考、感覺或知道得不多，或所有行動都不多的感覺。

不過披薩俠顯然在對我發訊號，感覺是在歡迎我。

「這隻烏龜真的很愛引人注意。」艾莉西亞解釋道。我彎腰摸摸他柔軟、伸得長長的脖子和頭，欣賞在他臉頰和鼻子上，與圍繞在精神奕奕的深色眼眸周遭的紅色斑塊。披薩俠邁步迎接麥特，真要說的話，披薩俠現在更熱情了。即使這時候是二月的新英格蘭，麥特仍舊穿著夾腳拖，戴著他的招牌——烏龜圖案的髮帶，披薩俠堅持直接站在麥特溫暖的腳背上問候。

披薩俠的熱情招待是個好兆頭，現年38歲的麥特是一位著名的自然歷史藝術家，而我則從我們在新罕布夏州的家開了兩小時車到這裡，麻州的南橋，以提出請求。自從去年夏天，我們開始幫朋友保護新英格蘭五種烏龜的築巢地後，我們就在這些備受世人喜愛卻所知甚少的爬蟲類世界中愈陷愈深。去年，我們參加了一場烏龜高峰會，那是辦給烏龜救傷人員的專題研討會，地點則是聯盟這裡。我們彷彿參觀了露德聖母朝聖地（Lourdes），離開時心中滿是震撼。

艾莉西亞那時放了投影片，裡頭是他們其中一位患者，一隻雌性的擬鱷龜（*Chelydra serpentina*）。她的殼整整前三分之一都碎掉了，三隻腳被壓扁，一隻眼睛不見了。她躺在被撞的那條柏油路的路邊，被太陽烘烤了數小時。可是經過了兩年後，她康復了，並重返野外。「對某些動物而言看似致命的傷害，對烏龜而言也許不到致命。」艾莉西亞告訴全體聽眾。「基本上，只要烏龜的器官沒有灑得滿路都是，你們也許就能救回她。我們不放棄任何一隻烏龜。」

因此，我們回來了，我們想參與這種奇蹟。我們是來請求，在忙碌的春季一開始，他們是否願意讓我們在聯盟的醫院當義工，幫助破碎的生物恢復完整。

艾莉西亞舉起披薩俠，在他的頭上親了一下〔「我不會得到象龜的病啦。」她強調。不過，連健康的烏龜身上都有沙門氏桿菌——這是幼龜被禁賣的原因之一。艾莉西亞跟我們說，她更可能在親吻小孩時得到疾病。「我的體溫是37.7度（華氏100度），」她解釋道：「而他是一隻爬蟲類。」〕（審按：但親吻爬蟲類仍有感染疾病的風險）。顯然披薩俠已經習慣了艾莉西亞的親吻，即使他被一隻大他六倍的哺乳類動物高舉在空中，他也沒有退縮，而是伸長他的頭。

「我走到哪裡，披薩俠就跟到哪裡。」艾莉西亞說道。這裡超過150隻烏龜的住客之中，有因疾病或受傷待在這、正在康復的烏龜；被飼主棄養、等待新家的烏龜；太晚孵化或太小、將在春天野放的原生種幼龜；天生畸形或永久肢障的烏龜會永遠住在這裡。披薩俠，從某個毒販的地下室救援出來的烏龜，則是少數被她視為個人的寵物。她早早就下定決心，不與其他烏龜有太深的情感連結，因為大部分烏龜不是預定野放，就是非原生種或無法野放，可能會讓人領養到別處。只是披薩俠成了例外。

另一隻則是轉輪（Sprockets），一隻13.6公斤（30磅）重的靴腳陸龜（*Burmese Mountain tortoise*）。他12歲，尺寸甚至還沒長到成年後的三分之一，而他的壽命可能長達100年。他有著暗色、四四方方的頭，以及突出的喙部，他以有如松果脫鱗般的腳，從一樓浴室蹣跚地走出來。在此同時，娜塔莎・諾威克（Natasha Nowick）從樓上的辦公室走了下來。她44歲，綠色POLO衫別著烏龜救援聯盟的標誌，相稱的綠色挑染則凸顯了長至下巴的黑髮。

聯盟的共同創辦人娜塔莎進入房間時，轉輪隨之現身，這並

非偶然。轉輪深愛著娜塔莎，就如同披薩俠深愛艾莉西亞那般。轉輪是屬於緬甸、馬來西亞、泰國、蘇門答臘的原生物種，五年前的9月某天還在伍斯特理工學院隔壁的公園流浪。他被飼主拋棄了，後來被幾位工程科系的學生短暫收養了一陣子。其中一人是娜塔莎的弟弟，他打給娜塔莎與艾莉西亞，請她們來接手。「他那時緊張到不行。」娜塔莎回憶道：「每次吸氣都在顫抖，而且還躲在角落。」不過等轉輪一在聯盟安頓下來，他馬上就快樂地在娜塔莎的大腿上睡著。她告訴我們，沒過多久「他就開始述說他一生的故事，搖頭晃腦發出聲音。他一次會講個20分鐘。」

我們大多認為烏龜很沉默，實則不然：有些烏龜很多話，還有各式各樣的物種會發出呱呱叫、吱吱叫、打嗝聲、嗚咽聲、口哨聲（《侏儸紀公園》中迅猛龍的叫聲是採用陸龜交配的聲音）。有些澳洲和南美河龜的幼龜在未孵化時，便以聲音與母親或其他幼龜溝通。（審按：烏龜沒有聲帶，聲音來自肺部擠壓空氣經過氣管所發出，若頻繁發出聲音則有可能是感染上呼吸道疾病。）

娜塔莎形容轉輪的聲音是「呼嚕聲與派對氣球放氣聲的混合體」。她表示，他最近比較不常出聲：「一開始他就像幼稚園小孩對自己喜歡的東西講個不停。」她說道：「他現在比較成熟拘謹。」但他在興奮時仍會搖頭晃腦，他現在正在這麼做，似乎是在對出現的東西表達謝意，對他而言，也就是我們的來臨所帶來的大騷動。娜塔莎告訴我們：「他見到你們很激動。」

艾莉西亞與娜塔莎解釋，烏龜擁有與眾不同的性格，以及澎湃的情緒體驗。不過他們缺乏哺乳類動物的臉部表情，因此人類很難辨認。人類的祖先與烏龜在約3億1千萬年前就分道揚鑣，早

於植物學會開花之前，早於珊瑚與巨大礁脈的演化之前，而是距離我們像魚的祖先從大海爬到岸上沒多久。然而，你只要多留心和練習、運用直覺和同理心，就可以學會讀懂烏龜時而隱晦、時而怪異的訊息。

「我們更進一步認識他們後，」艾莉西亞解釋道：「他們的性格就開始顯露。這是一場心照不宣的溝通，卻都是真實的。」

這兩位女性表示，這就是她們在救援與野放上通往非凡成功的鑰匙，否則成千上萬的烏龜將面臨死亡的命運，包括許多重傷烏龜，傷勢重到連專精野生救傷的獸醫都會選擇安樂死他們。

娜塔莎與艾莉西亞花了10年才達到這個成績。她們兩人21年前在一間服裝精品店相遇，娜塔莎當時在那邊擔任經理，艾莉西亞則去應徵化妝師的工作。雖然兩人在許多方面南轅北轍——艾莉西亞是個引人注目、個性外向，在波士頓的夜店玩通宵的人，娜塔莎則是輕聲細語、個性內向，喜歡打電動與處理資料，但她們都很愛動物。艾莉西亞最早的兒時記憶是看到爸爸幫助一隻擬鱷龜過馬路。娜塔莎小的時候，她的家人收養變成孤雛或受傷的野生動物，包括浣熊、土撥鼠、海鷗。

有一年春天，這一對情侶相約在當地的步道系統健行，她們發現馬路上有一隻烏龜被壓傷卻仍活著，顯然陷入極度痛苦，牠很明顯受到致命傷。他們並不認識能幫忙或安樂死這隻動物的獸醫，艾莉西亞感到十分無助，於是她將烏龜的頭朝前方放在車輪下，然後輾過去，非常迅速地殺了牠，沒讓牠受苦。時至今日，這種「機械式安樂死」其實被當成為無緣康復的烏龜所做的人道選擇。不過對這對情侶而言，「令人非常悲痛。」那時的傷痛仍然縈繞在她們的心中。

1. 震撼教育

隔天,她們又看到一隻烏龜,牠沒受傷,但被困在兩條高速公路交會的危險十字路口。她們拾起烏龜然後到池塘放生。「我們那時一直看到烏龜,」艾莉西亞回憶道:「所以不去健行了,有天我們說:『我們來找烏龜,幫他們過馬路。』」

她們也設計了海報和傳單,告訴大家如何幫忙。可是她們一直發現被車撞到的烏龜、被除草機和牧草機輾過的烏龜、被狗咬的烏龜,或是被人們買來當寵物、或從野外捕捉來飼養後,卻因疏於照料或照顧不周而受病痛之苦的烏龜。

「受傷的烏龜出現在我們眼前時,」娜塔莎告訴我們:「我們不知該去哪裡求助。如果我們把每隻都帶去野生動物診所,會把整間診所淹沒。」她接著提醒我們:「2008年時還沒有智慧型手機,大部分的網路搜尋結果都沒什麼幫助。我們在絕望中找尋答案,答案卻沒有出現。我們要如何為烏龜改變世界呢?」

「那時,我們連基本的龜殼修復也不會,」艾莉西亞說:「但我們學著去做。」

她們向塔夫茨野生動物診所（Tufts Wildlife Clinic）的獸醫們求教;她們向位於鱈魚角、救援瀕臨絕種海龜的麻薩諸塞州奧杜邦威弗利灣野生動物保護區（Mass Audubon Wellfleet Bay Wildlife Sanctuary）的負責人求教;他們向新英格蘭水族館（New England Aquarium）的首席獸醫求教。最啟發她們的導師之一,是她們在紐澤西州的烏龜特訓研討會上遇見的一位野生動物復育人員。在紐約的烏龜復育中心治療成千上萬的患者時,凱西・米契爾（Kathy Michell）撐過了癌症、多發性硬化症,後來癌症復發,以及六個月的存活預後——之後轉為一年,然後兩年,再來是五年,後來又更多。「她傳授了韌性,」娜塔莎說

道:「她教導了我們絕對不放棄。」

她們帶回家的第一隻救援目標是營養極度不良的一歲擬鱷龜,她們取名叫尼布斯(Nibbles)。艾莉西亞在一位客戶家裡發現他被養在塑膠鞋盒中,裡頭還裝著0.6公分(四分之一吋)高的髒水。她說服飼主放棄飼養。這對情侶馬上在當地的寵物店花了美金兩百元,以便好好安置和餵養他。沒過多久,艾莉西亞與娜塔莎發現自己已經與75隻被救援的烏龜住在一起,她們在麻州韋伯斯特的24坪(860平方呎)兩房公寓擠進了六個113.4公升(30加侖)的儲水槽。一堆過濾器、加熱燈、全光譜燈需要的充電量遠超越房間的用電容量,所以她們需要額外的電力管線,幸好艾莉西亞(現在擁有一間自己的家電維修公司)知道如何安裝。朋友拜訪時總會問:「可是你們要*住*哪裡?」她們睡覺的床鋪上方,有用繩索懸吊的獨木舟,獨木舟是水上救援的必需品。

「剛開始時,我們完全無法想像有一天能擁有這種地方。」艾莉西亞表示(她們七年前買下這間房子,根據娜塔莎的說法,那時是「忽略的顏色」。)「還有這間庇護所,」艾莉西亞繼續說:「與兩隻貓、董事會、還有瑪凱拉……。」

當我們在圍繞高腳桌的凳子歇息時,嬌小、金髮的瑪凱拉·康德(Michaela Conder),18歲,加入我們的閒聊,而轉輪與披薩俠則在我們腳下緩慢行走。她很害羞,話也不多,但她藍色的眼眸與開懷的笑容流露出熱忱與能量。她是烏龜救援聯盟唯一有酬的另一位員工,負責處理通訊,以及主要管理烏龜庇護所與醫院每日的運作。瑪凱拉最初接觸這個團體是在她16歲時,那時她從堪薩斯州的家來找姑姑。她後來搬到羅德島與阿媽同住,所以她能在這裡上班。「當我看著烏龜的眼睛,」她告訴我:「我幾乎覺

得裡頭就像容納了整個宇宙，他們充滿理解和知識。」瑪凱拉也在咖啡店兼職打工，但每週除了在聯盟的有酬工作外，她還會從阿媽家開車一個半小時，投入額外的時間為組織做無酬志工。

她一直想趁年輕時做一些有意義的事，但成果並非立竿見影，這也是她延遲念大學的原因。不過她現在已經找到了。「這是另一個烏龜帶給我的東西，」她說：「目的。烏龜給了我每天早上起床的理由。」

麥特與我逐漸明白，這三個人已經不把照料烏龜當工作或做慈善，而是神聖的奉獻精神。「我在作業台處理烏龜時，我很高興他們無法用我的身體部位。」艾莉西亞承認。「過一、兩個季節後，我的身體部位會耗盡。我的血液、我的骨頭——我都會奉獻給他們。」

. . .

為什麼選擇烏龜？娜塔莎與艾莉西亞自從交往後曾一起救過其他生物，從松鼠到蠑螈（包括她們去載傷龜途中發現的臭鼬。在車程還剩一小時的時候，這隻動物一上她們的小車，瀕臨存亡之際，噴了臭氣）。什麼理由讓烏龜如此特別呢？

我已經思考此事一段時間了。烏龜確實有龐大的粉絲群，在某些情況下，根本名副其實：新英格蘭水族館目前上萬隻的動物中，最受歡迎的是香桃木（Myrtle），一隻90歲，249公斤（550磅）的綠蠵龜，從1970年就住在那裡。她有自己的臉書粉專，擁有七千名追蹤者。烏龜也擔任故事、漫畫、電影中的英雄主角，從伊索2600年前的寓言，到《忍者龜》（Teenage Mutant

Ninjas），到《海底總動員》（Finding Nemo）的龜龜與小古皆然。烏龜是熱門的藝術作品、收藏品、玩具主題；甚至還有海龜飛濺（Turtle Splash）的早餐穀片，隨商品附贈小海龜認養組。

幾乎每個人都見過烏龜，跟我同年紀的人大多養過烏龜。在1950年代、60年代，直到70年代中期，美國的每家廉價商店都有一吋大小的紅耳龜（巴西龜）寶寶，附帶小小的圓形玻璃飼養缸，裡面都設有螺旋坡道，坡道頂端還有一棵塑膠棕櫚樹。很遺憾，巴西龜的居住範圍以平方公里計算，還有五十年壽命，這並非適當的棲息處。而且他們的食物也弄錯了。店家大多會賣螞蟻卵當飼料，然而紅耳龜寶寶需要吃的是各種昆蟲與無脊椎動物，以及蔬菜和植物。

不過也難怪這些註定劫運難逃的幼龜是熱門的寵物，幼龜的大小完美地適合兒童的手〔還有其他地方。這也是為何有些小朋友會感染沙門氏桿菌，加上市售的烏龜小於10公分（4吋），就是兒童張開嘴的大小，所以後來在1975年禁售〕。不同於大部分爬蟲類，烏龜不怕我們，他們很少咬人，不會一骨碌溜走或匆匆逃跑，而是讓我們有足夠時間，看著他們背著「房子」迷人地緩慢移動。我在維吉尼亞州、紐約州、紐澤西州成長的歲月裡，每個孩子都有養烏龜——常常連續養好幾隻，因為大部分很快就死了（我爸媽會在我發現前趕緊替換掉），我養的所有烏龜都叫黃眼睛小姐。

跟我一樣，麥特從小就很愛烏龜。「我一輩子都是烏龜宅。」他會很驕傲地這麼說。他最早的兒時記憶是3歲時，與當生物老師的父親划著船去找烏龜。之後，他們會帶回來的烏龜打造一個有柵欄的戶外圈養空間。「我們那時並不知道這樣做

是錯的。」他解釋道,他現在已經明白將野生動物帶回家是犯法的。「我只是很愛他們,所以想跟他們在一起,我才能好好看著他們。」

他從來沒有失去那份孩子氣的頑童態度,以及對戶外冒險的愛好。他有點野。房子或辦公室似乎無法關住他太久,也從沒有成功關住他過。從藝術學院畢業後,他在不同公司擔任不到兩年半的產品設計插畫師,「總是看著窗外,思緒飄到其他地方。」其中一間公司的旁邊有河,所以他把獨木舟帶過去,在午餐時間就能釣魚和找烏龜。不過一等到有機會這麼做,他就辭職自己當老闆,只將精力集中在野生動物的藝術上。他所創作的圖畫太栩栩如生,有次我看到一張照片裡有他畫的烏龜,剛好他的手也在裡頭,我以為那隻手是假的,而烏龜是真的。

麥特總是穿著他的夾腳拖,隨時準備好精神抖擻踏進河流或小溪或沼澤。任何對烏龜好的地方,麥特‧派特森都喜歡,而且他願意去任何地方、做任何事,來觀察、描繪、幫助他們。

他將自己對烏龜的專業知識與大學摔角的技能結合,把怪物擬鱷龜拉進他的獨木舟仔細觀察。他曾與保育團體國際龜類存續聯盟（Turtle Survival Alliance）去馬達加斯加的多刺密灌叢荒漠（Spiny Desert）看瀕臨絕種的野生射紋陸龜（*Astrochelys radiata*）。他經常出沒在兩棲爬蟲類的大會與展覽,烏龜都會被當作吸睛的主打,令他太太失望的是,在那些地方陌生人最常互問的問題是「你養了幾隻爬蟲類?」（「聽來像是某個可怕疾病的症狀!」她評論道。）

他與他的三趾箱龜（*Terrapene carolina triunguis*）波莉（Polly）在一起的時間,比他跟另一半認識還久。他跟語言治療

師艾琳（Erin）結婚10年，而他跟波莉則已經在一起24年了。他養的四隻寵物龜裡，最大那隻叫艾迪（Eddie），一隻他原本以為是雄性的蘇卡達象龜（Centrochelys sulcata）。她現在只有9公斤（20磅），但她大概可以長到45公斤（100磅），壽命長達150年（他準備蓋一間穀倉給艾迪，放在遺囑中由她繼承）。

這種忠貞不二是由什麼激發的呢？有次麥特在寫給媽媽的電子郵件中說出了他的感受。雖然她對家中肆虐的各種動物很寬容——脫逃的蛇群、一隻寵物鱷魚、一堆曾一度多達14種的烏龜。令麥特遺憾的是，她並未如他所期待那般欣賞烏龜。

「你知道，」麥特帶著信徒的熱情寫給她，「第一批繞著月球飛行的動物是陸龜嗎？」〔他們是一對無名的四爪陸龜（Testudo horsfieldii），在1968年9月登上蘇聯的太空探測器「探測器5號」〕「你知道其中有些物種的壽命超過兩百年嗎？」

「烏龜跟第一隻恐龍一樣老，比第一隻鱷魚還老，已經存在2億5千萬年，不像我們。」他解釋道：「烏龜對這個行星的生物多樣性極為重要！有些烏龜，像是擬鱷龜，是池塘、湖泊、河流裡的禿鷹，他們會吃掉死亡與腐爛的動植物，而地鼠陸龜（Gopherus polyphemus）則被視為關鍵物種。」他接著指出超過360種其他物種是仰賴這種烏龜還有他們的洞穴而活著。其他種的烏龜同樣對他們所在的生態系統不可或缺。玳瑁（Eretmochelys imbricata）吃海綿來保護珊瑚礁，其他海龜則吃水母避免他們繁殖過剩……。〔審按：一、現生龜類與遠古龜類早已大不相同，被定義為龜類的生物最早出現在三疊紀，2億2000萬年前。二、關鍵物種（keystone species）指對環境影響與其生物量不成正比之物種，通常為該生態系統的關鍵角色，文中

舉例的地鼠陸龜為長葉松林生態系統之關鍵物種，許多物種依賴其洞穴棲息與躲避間歇性野火〕

麥特打了滿滿一整頁單行間距的文字強力推銷。「這就是我愛烏龜的原因，」他做出總結：「而這就是我的作品總致力於幫助保護他們的原因。」

艾莉西亞、娜塔莎，還有我自己對烏龜的愛也是基於其中許多相同的理由。對烏龜的熟悉是欣賞他們不可思議之處的途徑，他們是不落窠臼、令人驚喜的動物。超過350種烏龜使六大洲赫然生輝，他們展現驚人的天賦。當然，其中之一便是他們的長壽：一隻烏龜最近以288歲的年紀過世，他經歷過喬治‧華盛頓出生、家家戶戶照明來源是點蠟燭、醫學主要是灌腸與放血療法、精神病則用駝鹿蹄磨粉治療的年代。有種烏龜到140歲還能生育、有些烏龜則能在1.6公里（1哩）外感覺到湖泊或池塘，有些則橫跨整個海洋，只為了尋找他們在幾十年前孵化破殼的那片海灘。有些用屁股呼吸，有些用嘴巴尿尿（審按：烏龜能利用膀胱在水中進行氣體交換，也能用口腔黏膜在水中排出含氮廢棄物）。有些在冰封的河川下依舊能生存，有些會爬柵欄和樹。有些是紅色，有些是黃色，有些體色會一年一次產生劇變。有些烏龜的殼是軟的，有些烏龜的脖子比身體還長，有些烏龜的頭大到縮不進去，有些烏龜的殼在黑暗中會發光。有些烏龜甚至能幫我們醫治癌症。原本是用來治療肺癌與睪丸癌的化療藥物Etoposide，其來源亞洲盾葉鬼臼（審按：*Dysosma versipellis*，俗稱八角金蓮）已幾乎被採收殆盡。美國盾葉鬼臼成了有效的替代品，不過這種植物的種子很難傳播──除非箱龜吃下這些種子並排泄出來。

艾莉西亞極其尊敬烏龜與他們的力量，但她也覺得他們很爆笑。「他們看起來有夠呆，」艾莉西亞說道：「來設計一隻會持續存在幾乎三億年的動物吧！你不會設計出烏龜，還有那些漂亮的殼，你會設計一隻有著強大顎部、巨大腦袋的動物，不會是一隻翻倒就起不來的東西。」（審按：其實沒有龜類存續三億年不變，而是烏龜這類群延續三億年）

娜塔莎承認：「很多人大概認為我們花這麼多時間、金錢、心力在烏龜上實在太離譜。」沒錯，大多數人喜歡烏龜，也有很多人愛烏龜。「但有多少次我站在展覽的攤位上，卻有人會問：『烏龜有什麼功用嗎？』」

艾莉西亞每次遇到有人問烏龜對人類有何功用時都很沮喪。「他們不需要對我們有任何功用！」她說道，慍氣閃現。「我們現在對*他們*有何功用？」（審按：現實中，保育工作時常要從生物多樣性的保育價值談起。）

「為什麼選烏龜？為什麼選藝術？」娜塔莎問道：「為什麼要生小孩？為什麼要做任何事？」

「他們先來這裡的！」艾莉西亞強調：「他們就是生命，做活著的生物會做的事，而且他們值得救援。」

「有種動物跟恐龍一起活過，」娜塔莎解釋道：「地球暖化又寒化、再暖化又寒化，他們還是在這裡活著。但我們把他們的生活搞得一團混亂。我們又為什麼不該光憑渴望就替他們將一切回歸正軌呢？」

對艾莉西亞也是這樣，一切就是如此單純。她表示：「烏龜比任何野生動物都需要幫助。」她說得對：烏龜是地球上陷入最大危機的主要動物群體之一。如同其他野生動物，房屋、道路、

1. 震撼教育

商店取代了他們的家，造成烏龜的數量減少。他們遭受到汙染、氣候變遷、外來入侵生物的傷害。車輛輾過他們，狗、浣熊、臭鼬、水獺啃咬他們（審按：臭鼬、水獺等原生物種啃咬龜類屬於自然行為，但狗等入侵族群的攻擊則屬於入侵種威脅）。除此之外，致命、醜惡的非法龜類交易──買賣他們的肉、他們的蛋、他們的殼、當寵物。「幫助任何動物都是好事。」艾莉西亞去年在烏龜高峰會對參與聽眾如是說：「救援花栗鼠是件好事。不過如果你救了一隻烏龜，尤其是雌龜，她應該可以生蛋生個一百年。每次你救一隻烏龜，」她說道：「你就是在救好幾個世代。」

「所以這個，」她對麥特與我說道：「就是我們的方式，烏龜就是我們讓世界變得更好的途徑。」

「我們可以成為那個『我們』的一份子嗎？」我不安地問。

「當然可以。」她說，而娜塔莎點頭同意，「來吧，我帶你們去樓下逛逛。」

2.
找尋烏龜時間
In Search of Turtle Time

波西，一隻一百歲的三趾箱龜

我們一打開通往地下室門的瞬間，甚至在走下樓梯之前，我們就已經被傳送到另一個世界。我們立即被23.8度（華氏75度）的溫暖，以及上百隻烏龜和好幾萬加侖水的氣味所吞沒，召喚出夏日寧靜池塘的溫暖綠色放克音樂。

在樓梯的尾端，首先映入眼簾的是手術室：一塵不染的鋁製檢查與手術檯；高亮度照明燈與放大鏡；能透過心臟和血管估算血流速度的都卜勒超音波儀器；收納手術器材、繃帶、獸醫繃帶、針筒的區域；測量烏龜大小的磅秤；列出各種患者的藥物與手術排程的黑板；存放食物與藥物的冰箱與冰櫃；一組上下堆疊的洗衣機／烘衣機；放滿乾淨、盛滿摺疊整齊毛巾的的籃子；一組很深的雙水槽。

當然，我們最想看到的是烏龜本身。

我們繞過轉角，艾莉西亞抬高聲音，蓋過幫浦與過濾器的嗡

嗡聲。「這是口袋警佐（Sergeant Pockets）。」她對我們說道。

口袋警佐在加熱燈下取暖，旁邊則是通往220公升（50加侖）水池的斜坡，他伸展又長又皺的脖子，他沒有紅耳龜名稱由來的紅色「耳朵」斑塊。他是一隻特例的深色烏龜，而我從來沒見過這麼大的紅耳龜。他的龜殼接近黑色，有24公分（9吋半）長——對雄龜而言很龐大（雌龜則更大）。「他已經超過55歲了。」娜塔莎解釋道。他的名字是為了向一位警佐致敬，他最後幫忙關閉了以453.6公克（1磅）3.47美金販售這隻大龜的食品市場。「他那時真的病得很重，」艾莉西亞告訴我們：「他那時有肺炎和代謝性骨病，而且後腿失去功能。他不是原生種。」紅耳龜是美國中南部的原生種，但不是新英格蘭的。（按：新英格蘭位於美國東北角）「而且他是個脾氣不好的傢伙，不能野放。他永遠都會跟我們住一起。」

在警佐的旁邊、上方、下面的架子是給箱龜的擬森林棲地，以及給其他五隻大紅耳龜帶坡道水箱。娜塔莎一一介紹他們的名字：拉茲（Razz）、核桃（Walnut）、橡實（Acorn）、史畢蒂（Speedy）、櫻桃（Cherry）、珊咪（Sammy）、薇洛（Willow）、白楊（Cottonwood）……。「如果我們能替他們找到適當的家，他們就能被領養。」她解釋道：「或者，他們也能永遠跟我們一起住。」

在口袋警佐對面的另一個架子住著波西（Percy）。他享受著寬敞的住處，鋪著泥炭土底材、塑膠棕櫚樹（真樹很快就被弄壞）、好幾個遮蔽處，以及一個浸泡盆。波西擁有異常光滑、圓頂一般的殼，還有能看穿一切的紅眼，他是一隻至少100歲的三趾箱龜。因烏龜救援而備受敬重的獸醫芭芭拉・邦納（Barbara

Bonner)醫生,在麻州一家寵物店發現了他,他那時住在周圍都是水的混凝土板上——完全不適合在林地生活的烏龜。艾莉西亞把他從住處移出,放在水泥地板上。波西居然像發條玩具一樣馬上奔向瑪凱拉,讓我們大吃一驚。她倒退跑跟他玩,卻很難和這位年長的龜瑞保持距離。

「是的,他會追你,」娜塔莎說:「他是非常老的烏龜,已經活了一世紀。他美好生活的一部分就是要展現他是這裡的主宰。他仍在他的全盛期。」

美國自然歷史博物館(American Museum of Natural History)的兩棲爬蟲動物學副策展人克里斯多夫・羅克斯沃斯(Christopher Raxworthy)會同意這說法。「烏龜不會老死。」他告訴記者。他表示,100歲烏龜的重要器官跟10幾歲的同類難以區別,好像烏龜能讓時間停止似的。他們的心臟可以停止跳動一段很長的時間而不受損。在冬眠(hibernate)的物種中(爬蟲類的冬眠稱為「brumation」),烏龜可以在泥土中待上數個月不需呼吸。策展人表示,事實上,如果沒有感染或受傷,烏龜應該可以長生不死。(審按:龜類其實仍有壽命極限,在土裡不到完全不需呼吸,而是以極低頻率或不同方式呼吸)

然而在人類與人類機器支配的景觀中,他們幾乎很難避免受到傷害。證實這點的是我們見到的下一隻烏龜,雪球(Snowball),一隻重約4.5公斤(10磅)的雌性擬鱷龜,殼前三分之一處有一個眼淚形狀的大傷疤。在又小又淺的水缸裡,她一動也不動,就像死了一樣,頭很明顯往右歪一邊。她是在三年前的夏天進來的。「她那時被車撞到後還被拖行,後來被另一個救援團體送過來,因為他們不知該如何幫助她。」艾莉西亞解釋

道。她的後腳被絞得血肉模糊，所以大多數獸醫都會選擇截肢。艾莉西亞切除了三隻腳趾頭、清潔了她的傷口、補充了體液、修復了她的殼。她打了抗生素對抗感染，餵食雪球時則用導管插入她的喉嚨，進到胃部。

但可能只有時間本身才能治癒她的頭傷。「雪球有神經方面的問題，有時她就是會翻來覆去。」在雪球接受聯盟照顧了六個月後的某晚，她在水裡翻倒，結果溺死了。「我把她放在超音波機上檢查心跳，但什麼都沒聽到。」艾莉西亞回憶道：「所以她死了，我還有什麼可失去的呢？我把她抱出去，將一根導管插進她的肺部，替她實行人工呼吸。下一件我知道的事就是，超音波機發出了嗶聲。我使她恢復了心跳，所以我想著，就看看我們是否能救這隻烏龜。」

數小時後，雪球睜開了眼睛。那天稍晚，她的腳趾出現了一些微小的動作。

「花了三個月才讓她回到溺死前的狀態，」艾莉西亞說道：「她現在的精神狀態大約恢復了四成。」

「我覺得她一直有進步。」娜塔莎說道。

「大概是每個月半個百分比的進步程度。」艾莉西亞答道：「她是一列在大山丘緩緩爬升的慢車。」

在雪球隔壁的水缸則是甜酸醬（Chutney），體型稍微小一些，但仍舊是很有份量的雄性擬鱷龜，在兩年前的春天因類似問題而進來。撞到他的車傷到他的背甲、使他的下顎骨折，還造成腦震盪。「他是個滾筒。」艾莉西亞說道。他在醫院箱裡翻來翻去，每次他翻倒時，因為擬鱷龜用頭部和脖子頂著地板翻回來，艾莉西亞就必須調整他的下顎。艾莉西亞說道：「其它診所會把

他安樂死。」以前一般認為像甜酸醬這種傷例救援無望。

艾莉西亞與娜塔莎試著用膠帶固定他，讓他不會翻來覆去，但膠帶黏不住他。她們試著在背甲增加重量，但她們無法在傷口上安全地施加足夠的壓力，所以必須另尋他法。她們想出一個絕妙的解決之道：她們將這隻擬鱷龜塞進特百惠（Tupperware）水壺，壺口剛好夠寬可以容納他的殼。娜塔莎解釋道：「水壺把手起到了側柱的作用，他就不會翻倒了。」而且那個水壺是透明的，甜酸醬還是能看到周圍。當世界不再旋轉時，他會了解的。她們把自己的發明稱為甜酸醬管，讓他四個月都保持直立和安全，用到他不需要為止。某一天，也許是今年春天，甜酸醬會被野放。

「腦部損傷是可以康復的，」娜塔莎說道：「但需要花很久的時間。」

・・・

一切事物對烏龜來說都要花很久的時間。

他們緩慢地生活，他們緩慢地呼吸（在寒冷的海域中，欖蠵龜可以憋氣7小時），他們的心臟緩慢地跳動（紅耳龜的心跳可以慢至一分鐘一下）。在烏龜高峰會期間，當我們得知這裡的患者對藥物的反應之慢時，令我們大吃一驚。許多止痛劑無用武之地，因為在哺乳類只消幾秒或幾分鐘就能產生作用的止痛藥，在烏龜身上可能要花上數小時，甚至數天才能生效。

烏龜也死得很緩慢，慢到連「烏龜基地」（The Turtle Hub，一個建議飼主如何適當照顧烏龜的網站）還拍了一部名為

《如何辨別烏龜是否死亡》影片。烏龜的身體與我們有著天壤之別，所以無法用哺乳類的標準判斷生死的差異：一篇1975年的報紙文章敘述一位大學生在佛羅里達州的馬里亞納抓到一隻真鱷龜，被斬首後心臟還持續跳動了5天。在實驗室的實驗中，即使完全缺氧，紅耳龜的大腦仍舊能運作數天。因此在烏龜救援聯盟，艾莉西亞與娜塔莎絕不隨便宣布烏龜死亡，除非發生屍僵，以及／或者她們察覺到腐臭味。在那之前，因為烏龜的驚人自癒力，所以希望總會相隨。「我們絕不放棄任何一隻烏龜。」艾莉西亞重申。

然而，即便烏龜的自癒能力非比尋常，康復速度依舊緩慢。「很花時間，我們能給他們的也只有時間。」娜塔莎說道：「時間就是烏龜所擁有的。」

時間是我被烏龜吸引的另一個理由。時間，一如意識，是哲學上的「難」題，偉人花了數個世紀的搞懂的謎團，一直讓我深深著迷。我總是將時間視為敵手。當我還是個年輕記者時，曾替有五個版本的報紙撰文，我每天工作14小時，面臨五個截稿時間。這樣過了35年後，我成為書寫動物相關的作者兼自由撰稿人，非常享受野外旅遊與創作自由。那些有著老鷹，或我們的豬，或章魚相伴的時刻，讓我覺得自己逃離了平凡的時光。麥特也經歷過這種心情：「我很愛畫畫，在我創作藝術時，幾乎等同冥想。我進入了那個境界，時間慢了下來。跟我到了自然環境一樣，時間慢了下來，而我不會再想其他事情。」

不過對我而言，這種脫離日常的喘息總是太過短暫。我常常出門，為新工作奔波，或簽書巡迴，或發表演講，有時會覺得我常跳下床，穿著睡袍衝出門，只為了趕上飛機。我真的在寫書或

寫文章時，總是在趕截稿時間，十萬火急。我幸運又令人欣羨的成人生活中，任何東西都唾手可得，除了一樣東西：我一直希望時間能慢下來。

時間反而做了天差地遠的事：「我們年輕的時候，時間緩慢地前進。」我最好的朋友，89歲的作家伊莉莎白・馬歇爾・湯瑪士（Elizabeth Marshall Thomas，作者在文後暱稱為莉茲）評論道。對我而言也是如此：我記得小時候覺得聖誕節或我的生日，或夏天還離得好遠，我可能等不到。我9歲時，感覺就像我*絕不可能*長到10歲；14歲時，16歲生日就像天涯海角。而且在青少年時期，我覺得通往成人歲月的時光延伸到長得彎來繞去。「但等我們開始老化，」莉茲說道：「時光飛逝。」在她的著作《長得更老：伴隨恩典般的事物一同老化的隨筆》（暫譯，*Growing Old: Notes on Aging with Something Like Grace*）解釋了原因：在我們人生的前二十年，我們學習走路、說話、閱讀、研究、游泳、騎腳踏車、開車。我們從高中或大學畢業，許多人可能結婚、生子。在那二十年，我們的體重增加12倍，從充滿需求的無助肉團，變成頂天立地的自主成年人。

在莉茲前二十年的人生，她寫道：「我有很多，也許成千上百的重要經驗改變了過去的我和我的作為。」對照那時與接下來的數十年。在這個時期，大部分人基本上做著同樣的事：成家立業。莉茲寫道，在最後的二十年，其中一件被她列入改變人生的事件，則是對逗點使用的全新理解。

過60歲那年，我感受到重大的變化。我發現自己準備好參與人生中一個嶄新的階段。「老化需要建構一個新的形象。」與我朋友莉茲同時代的自然旅遊作家愛德華・霍格蘭（Edward

Hoagland）表示：「就像在青春期一樣。」60歲時，我進入了「長者」這個年齡層族群——與我先前幾十年的成人生活不同的角色，使我能追求截然不同、道德上更具說服力的的目標：尋求智慧。而誰又比得上烏龜——高齡、從容不迫、長壽的生物，備受尊崇的平靜沉穩、堅持不懈的指標——能指引我通往智慧的道路，以及如何與時間和平共存呢？

消防隊長（Fire Chief）的454公升（120加侖）水缸放在角落。「他是我的最愛之一。」艾莉西亞說道。她抬起缸上的金屬網蓋，然後丟入一整根未剝皮的香蕉。消防隊長衝過去搶奪時，在我看來幾乎跟我的大腿一樣又粗又長的一顆頭，突然伸出水面，像鱷魚一般狼吞虎嚥。艾莉西亞告訴我們，這隻巨大的擬鱷龜可能已經60到80歲了，他在兩年前的10月8日剛來時的重量是42磅（約19公斤）。

消防隊長以前夏天會待在消防局旁邊的池塘裡，那邊的消防員都認識他。如同許多烏龜，消防隊長在夏天會使用某個池塘，冬天時則會到另一個池塘冬眠。每年春天與秋天，消防員都會看到他在冬天的住處和夏日的池塘來來回回。但兩個池塘中間有一條大馬路，某天他在遷徙到冬天的巢穴時被卡車撞了。

「有人向我們通報這起意外，但那位打電話的熱心人士無法陪著他。」艾莉西亞解釋道。她與娜塔莎帶著獨木舟和網子匆匆前往。「整個消防隊都過來見我們，因為他們非常擔心。」那時候，受傷的烏龜已經勉強爬回消防局旁邊的池塘。艾莉西亞上了獨木舟，不可思議地鎖定到他在泥沼中深達91公分（3呎）的位置，但消防隊長看到她過來，就下潛游到更深的地點。於是艾莉

西亞也潛入18.8度（華氏66度）的池塘，徒手將巨大的擬鱷龜抱上岸。

卡車的撞擊在他的背甲上留下了一道可怕的傷口，更糟糕的是，消防隊長的脊椎骨折，後腿也癱瘓了。不過這正是烏龜最驚人的真相之一：他們的神經組織可以再生，即使有時脊髓被完全切斷也行。「可能要花三個月，」艾莉西亞表示：「有時可能要花上五年，但有可能完全痊癒。」現在，消防隊長似乎康復了，後腿至少還有一點活動能力。

他這種情況在野外是無法生存的──至少在他康復的這個階段還不行。但艾莉西亞和娜塔莎見過更嚴重的案例完全康復。同一年，另一隻大擬鱷龜從北安多佛來到他們那裡，向北朝海岸方向前進。他在一個被繁忙街道和公寓環繞的蓄水池裡度過夏天。也許是自冬季住所返回的路上，或者是出去尋找雌性時，從擋土牆上摔到了堅硬的路面。他等了很久才等到救援，背甲裂開、肩帶（shoulder girdle）骨折，蒼蠅在他嘴裡產下了卵，甚至已經孵化成蛆。

艾莉西亞和娜塔莎固定了他的嘴，黏好了他的背甲，並修補了他的肩帶。她們在該年秋天將他野放。

然後是吉爾（Gill），他是以出身的麻州小鎮命名。艾莉西亞和娜塔莎看見了在超商路邊發現這隻烏龜的人們，然後她們把這隻巨大的擬鱷龜帶到卡車上。艾莉西亞估算他大概重達18.1或22.6公斤（40或50磅）。「當我抱起他時，就像去抱起一塊石頭，結果發現其實是一塊保麗龍。他那時只有5.8公斤（13磅）！他是個有殼的骷髏。」吉爾的殼上有一處已癒合的傷口，但他正在脫皮，而且聞起來像死屍。他的後腿和尾巴都無

法活動。

吉爾的狀況太糟糕,艾莉西亞和娜塔莎認為救他已經超出了能力範圍。她們把吉爾帶到了著名的塔夫茨野生動物診所,隸屬於康明茲獸醫學院(Cummings School for Veterinary Medicine)。那裡的獸醫建議安樂死。但這對情侶想給吉爾一個機會。

這隻擬鱷龜到底出了什麼問題?為什麼會脫皮?艾莉西亞從已癒合的殼上留下的傷疤,拼湊出了他的故事:「去年,」她解釋道:「他被車撞了。他爬過馬路,找到了一片草地,就待在那裡。一年下來,沒有食物,沒有水,什麼都沒有。他設法讓自己活過那年冬天。所以當烏龜飢餓時,身體不會更換細胞,身體會保留一切。等他終於得到食物,他就可以更換那些細胞。」(審按:準確來說,是降低代謝,減緩細胞更換)——這就是脫皮的原因。「不過那時,」艾莉西亞繼續說道:「他的腸道生態系統被搞亂了,所以他無法吸收太多營養。所以我們餵他完整的食物,譬如整條魚。」

吉爾的後腿開始能動了。他開始增重,脫皮停止了,氣味也變好。兩年後,艾莉西亞打給塔夫茨的同事:「你還記得那隻快死的烏龜嗎?他明天就要被野放了。」

因此,消防隊長還有希望。那兩隻去年到來、尚未命名的星點龜(*Clemmys guttata*)也有希望。他們是美麗的小動物,有著烏黑的殼,上頭綴滿小小的黃色斑點。他們曾經在美國東北部很常見,現在卻在他們烏龜壽命長度的歲月中失去了一半的族群,被列為聯邦瀕危物種。其中一隻雌龜的殼有裂痕和後腿問題;另一隻則是「認知盲」。她的眼睛看起來正常,但去年經過幾週復健、準備將她野放時,卻顯然無法這麼做。娜塔莎回憶,說:

「我們當時坐在濕地的岸邊，這隻烏龜向外凝視著，但並沒有注意到視覺的世界，所以我們帶她離開樹林回家。但這種情況，」她強調道：「並不會讓最終野放的可能性化為泡影。」

諾娃（Nova）也是盲龜。她坐在水缸的淺水中，看來了無生氣。她是在這裡孵化，來自一窩住在污染池塘的母龜的蛋。腦損傷引起的不只有失明，根據娜塔莎和艾莉西亞的說法，她現在的日夜週期有一週那麼長。她如果在乾燥的醫院箱裡翻倒，她會直接睡覺。今天恰好是她一週長睡眠的開始。艾莉西亞把她從水中撈起來，烏龜掙扎著，後腳在空中划水，前腿掃向她的眼睛。然後，艾莉西亞熟練地把她翻面，放在溫暖乾燥的醫院箱裡，並在她的腹甲上放了一個烏龜絨毛玩偶。令我們驚訝的是，這隻烏龜立刻放鬆下來。她在這裡生活了七年，似乎很難康復，但即使她無法康復，她仍舊可以留下來，安全舒適地度過餘生。

「今年春天，我們打算開始替消防隊長進行物理治療。」娜塔莎告訴我們。在側邊庭院有一座很大、附有圍欄的烏龜花園（Turtle Garden），他可以在那裡於監督下開始鍛鍊他的後腿。

但目前，他還在等待——這是烏龜擅長的事。新英格蘭的野生本土龜正在冬眠——埋在池塘的泥土中，躲在洞穴裡，減慢心跳與呼吸，等待春天的到來。

在烏龜救援聯盟，冬天是與這些緩慢爬蟲類一起工作的淡季。艾莉西亞和娜塔莎不讓她們照顧的烏龜冬眠，她們更喜歡讓這些烏龜保持清醒，才可以密切注意他們的狀況。不過，這些烏龜在冬天確實似乎慢了下來。新的烏龜還是會陸續到來：那些在冬眠中被打擾的烏龜、被主人棄養而讓人認養的烏龜，以及其他復育人士無法處理的烏龜。2020年的第一隻烏龜是在1月8日時進

來──那天，艾莉西亞的車在伍斯特的一個十字路口被另一名駕駛撞上。一位鄰居從窗子目擊意外時，注意到了車上的標誌，所以跑了出來──把她不想要的亞洲箱龜（Cuora sp.）送了過來。他們馬上給這隻龜取名為「撞擊」（Crash）。

「五月是這裡真正忙碌的時期，」艾莉西亞告訴我們：「這兩個月裡，我們從早忙到晚。然後，早晨有人在上班途中發現了一隻烏龜，而我才剛度過從烏龜的體腔挑蛆的一晚。六月真是瘋狂到極點，忙著替烏龜處理各種問題……。」

聽起來，一到春天，他們就可能需要我們的幫助。我們已經迫不及待了。

3.
龜龜危機
The Turtle Crisis

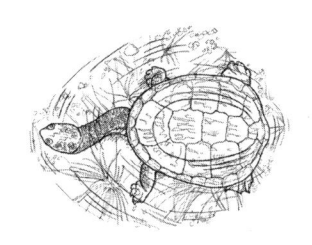

一隻羅地島蛇頸龜

　　烏龜救援聯盟的志工工作將於春天開始，好幾週的等待似乎漫長無比，幾乎永無止盡──除了和麥特的烏龜艾迪（Eddie）、波莉（Polly），以及他的四爪陸龜和赫曼陸龜（艾文〔Ivan〕和吉米〔Jimmy〕）待在一起──讓人感受到缺乏烏龜的陪伴而苦惱。但麥特有個解決方案：為了增進我對烏龜的認識，幫助我理解這些生物的多樣性、嘆為觀止與瀕危程度，他安排了一次訪友之旅，去南卡羅來納州查爾斯頓郊外的國際龜類存續聯盟旗下的龜類存續中心（Turtle Survival Center）。

　　這是世界上最大和最重要的瀕危龜類繁殖群落之一──麥特解釋說，有些物種在野外已經不存在了。他在2017年第一次參加烏龜會議時來過這裡。「這裡真是太讚了，」麥特告訴我：「你會看到世界上其他地方看不到的烏龜喔。」

　　我們在3月出發，在一架異常乾淨和空曠的飛機上，我們聽

說了某種來自中國的新型呼吸道疾病在擴散；就在我們班機出發的前一天，一艘在加州海岸的郵輪困在海上，因為受檢測的46人中，有21人感染了這種病毒。但我們並不特別擔心。麥特從馬達加斯加回來時安然無恙，儘管他連續數夜吃了用長滿蛆的肉煮的燉肉；而我在熱帶取材之旅中，也曾從多種疾病下撐過來了，包括登革熱。這種新傳染病是會有多糟呢？我更擔心的是在機場是否能順利找到麥特的朋友，也就是中心的動物管理主任克里斯‧哈根（Cris Hagen）。

但是克里斯非常好認。他是一位47歲的高大男子，神情平靜，灰髮中分，穿著橙色的國際龜類存續聯盟襯衫和灰色工作短褲。我立即被他的左小腿吸引住了：上面有六塊大刺青，都是南亞和東南亞極度瀕危、屬於潮龜屬（*Batagur*）的潮龜側面頭像。他自豪地告訴我們，每個圖案都是以他親自見過的個體的照片為模型。他身上有超過50個紋身，包括星際大戰的角色（有些人稱他為龜界尤達）、機器人，還有一個很大的輻射符號（他以前在實驗室裡做放射生態學工作）。光劍則紋在他的兩根食指內側，一隻巨大、已滅絕海洋甲殼動物三葉蟲占據了他一側的二頭肌。他還提到他甚至在嘴裡紋了一個名字，是他最喜愛的搖滾樂團——超級殺手（Slayer）。

「誰會欣賞到這個啊？」我問道：「你的牙醫嗎？」

「這些刺青是給我自己的。」他溫和地回答道。所有的紋身對他來說都別具意義——這也是為什麼他要實行目前的計劃，將所有14個現存龜科都刺在他的皮膚上。烏龜是克里斯重要的一部分。

在從機場到中心的50分鐘旅程裡，我們路過池塘邊在原木

上和排水溝水泥岸上曬太陽的一群黃耳龜（*Trachemys scripta scripta*），克里斯向我們講述了他是如何背負起保護世界上一些最瀕危動物未來的重大責任。

「我並沒有走傳統的道路。」他告訴我們——這是他眾多評論中的一句，我們很快就看出，克里斯是輕描淡寫的絕地武士。

他在俄亥俄州長大，那裡是「兩棲爬蟲動物學的聖地」，擁有12種原生龜、5種蜥蜴和25種蛇。克里斯在5歲時就對烏龜著迷，12歲時經常參加爬蟲類社團——那時的他已經是一位出色的演講者，將兩棲類和爬蟲類當成教育工具進行環境教育演講。「我經常逃學跟科學家們一起鬼混。」他說：「我在大學教授兩棲爬蟲動物學的時候還沒拿到高中畢業證書。」（其實他從未獲得高中畢業證書，不過他最後有獲得高中學力鑑定。）他的說法聽來像那種聰明的書呆子長大後成為保育人士、科學家或復育人士的耳熟童話。但他的人生還有另一個面向。

「我有一個不太平順的童年。」克里斯隨口提起。父母在他年幼時離婚，他最後與有時會發怒施暴的父親一起生活。我們後來知道克里斯年輕時的娛樂，除了烏龜之外，還包括一連串令人震驚的犯罪行為。他大量吸毒——他14歲時的第一個刺青是「LSD」，他用縫衣針和印度墨（India Ink）自己刺的。他偷車去撞其他車，還開車撞進當地商店的店面。他曾引警察和警犬進到森林，進行長時間你追我跑。他曾經偷過一隻18.1公斤（40磅）的豬，將油塗在牠身上，然後把牠放進當地的百貨公司。他曾三次縱火燒了兩所學校。為什麼？「只是想看看會發生什麼事。」克里斯冷靜地說：「我曾是一個壞心、愚蠢的人，不過是在玩樂方面。」

從11歲到17歲，克里斯出入勒戒所、精神病院和少年輔育院。他從13歲到22歲都在觀護人的監控下。18歲時，克里斯在監獄裡度過了大半年的時間。「那段時間很有趣，」他說：「吸了很多毒，也玩了很多牌，但哪裡都去不了。」精神病院和監獄裡找不到烏龜。

於是他改過自新。他把大部分時間花在當地自然歷史博物館、兩棲爬蟲類學會、動物收容所和邁阿密谷蛇館〔Miami Valley Serpentarium，現為肯塔基爬蟲類動物園（Kentucky Reptile Zoo）〕做志工。在20多歲時，他在聖海倫火山研究蠑螈，並在夏威夷監測玳瑁的巢穴。他在聖塔芭芭拉動物園（Santa Barbara Zoo）擔任兩棲爬蟲動物學家。他前往馬來西亞砂拉越，打算獲得碩士學位，但未能找到足夠的烏龜來完成他的研究——於是他繼續旅行，穿越蘇拉威西和科摩多，沿途尋找爬蟲類，尤其是烏龜。

2002年，他加入位於南卡羅萊納州艾肯的喬治亞大學（University of Georgia）薩凡納河生態研究所（Savannah River Ecology Lab），這是喬治亞大學的研究部門。這個職位讓他那年有兩到三個月的時間在世界各地旅行。為了尋找烏龜，他勇敢面對聖戰士、地震、岩崩和熱帶疾病。他曾口氣平淡地提到，在東帝汶，自己「捲入了一些涉及槍戰的騷亂」。但一切都是值得的：在幾個案例中，他是在野外觀察到某些稀有龜的少數幾位美國人之一。他共同撰寫了五個在科學界新發現的龜科分類群〔taxa，或科學分類（scientific classification）〕的描述。

自國際龜類存續聯盟成立以來，克里斯就與他們密切合作。該組織於2001年為因應所謂的亞洲龜類危機（Asian turtle crisis）

而成立。僅舉一例：2011年12月，香港保安警察查獲了一批非法運輸的烏龜和陸龜，共11個物種的活龜1萬1千隻。如何處理這些烏龜呢？「其中幾千隻來到了美國。」克里斯解釋道——國際龜類存續聯盟必須為這些龜找到臨時住所，包括動物園、大學，甚至業餘愛好者。「很多人開車帶了數百隻烏龜回家。」他說。

2013年，克里斯購買了這片20公頃（50英畝）的土地，沿著兩旁有小房子和拖車的顛簸道路，我們正在接近這裡。正如克里斯所說，他開始了夢想中的工作：管理世界上最大、最稀有的烏龜群體之一，目標是有一天能補滿野外消失的龜群。

我問道：「你如何照顧*600隻烏龜*呢？」

克里斯澄清說，他是負責*管理*中心的群體，其他員工則負責這裡大部分的實際日常照料工作。「這就是為什麼我家養了500隻龜，」他告訴我們：「我*需要*親自照顧烏龜。」

龜類存續中心的入口掛了引人注目的標誌：**禁止進入、蛇出沒注意、內有惡犬、警告：活動門可能造成傷亡**。2.4公尺（8呎）高的圍籬上纏繞著鐵絲網，並加裝了兩條電線。動態感應器、燈光、警報器和一隊警覺性高的羅威那犬保護著這片土地。感應器設置為能偵測到任何玻璃破碎的情況，一旦發生異常情況，警報聲就會大作。三名員工住在現場或隔壁，克里斯指出，「我們每個人都有很多把槍。」所有訪客都必須關閉手機上的GPS，保密保護中心的位置。

這些預防措施之所以必要，正是一開始中心成立的原因。在無情的非法野生動物交易世界中，烏龜是一種炙手可熱的商品。像槍枝、毒品和性交易的地下市場一樣，烏龜的走私交易也已經

3.
龜龜危機

網路化、隱密且利潤豐厚。一隻雲南箱龜（*Cuora yunnanensis*）在黑市可以賣到20萬美元。一隻三線箱龜（*Cuora trifasciata*），（錯誤地）據說其腹甲磨成粉能治癒癌症，能賣到2萬5千美元。在亞洲的許多地區——大多數的贓龜被製成假萬靈丹（由於烏龜的長壽，這些騙人的假藥通常宣稱能保持女性年輕貌美或男性的性能力）、或其龜殼被製作為鋼筆和手鐲等配件，或被當成名貴寵物出售——超過四分之三的本地物種不是面臨滅絕威脅，就是已經從其自然棲地消失。

　　正如龜類存續中心的一段影片所說，亞洲烏龜已經被「從野外吸走」太多，現在這些爬蟲類正從美國的池塘、森林和海洋中被綁走，非法輸出滿足這個邪惡市場。海龜、箱龜、星點龜、鱷龜——沒有哪種龜是安全的。盜獵者挖掘科學數據，並在書籍和當地報紙上尋找線索，找出這些烏龜的位置。一位在安大略的研究人員發現，她的一名研究生發表了研究地點後，研究區域內70%的北美木雕龜（*Glyptemys insculpta*）都神祕失蹤了——沒有留下骨頭或龜殼。麥特和我拜訪的一位烏龜復育專家，他只照顧了不到12隻烏龜，但她要求我們不要透露她的名字或城鎮，因為她擔心盜獵者會闖入她位於新英格蘭不太大的公寓，偷走她照顧的烏龜。

　　權威性書籍《世界上的烏龜》（暫譯，*Turtles of the World*）的作者群法蘭克・波寧（Frank Bonin）、伯納・帝富（Bernard Devaux）和亞蘭・杜培（Alain Duprès）斷言：「烏龜是世界上受到最多剝削和虐待的動物。」他們指出，這種情況由來已久：人們千百年來一直捕捉烏龜與龜蛋做成食物、裝飾品和藥物。但是，龜類專家一致認為，今日新興的中國金源對非法市場造成了

前所未有的壓力。

促使國際龜類存續聯盟成立的查獲事件規模龐大,但並非個案。2015年,菲律賓野生動物當局從一名野生動物走私者手中查獲了3千8百隻極度瀕危的菲律賓粗頸龜(*Siebenrockiella leytensis*),這一數量甚至超過了該物種在野外的剩餘數量。在曝光後的72小時內,國際龜類存續聯盟組成了一批來自三大洲的專家餵養、安置和治療這些烏龜。2018年4月,一萬隻瀕危的射紋陸龜在馬達加斯加的一間獨棟房屋裡被查獲,牠們擠在一起像鵝卵石一樣,處於脫水飢餓狀態,許多隻的殼都破了,眼睛還受傷。國際龜類存續聯盟的專家再次找來飼養員、獸醫和建築工人幫忙。六個月後,當局攔截了一批挾帶7千多隻烏龜的貨物。

「烏龜在現代世界中拼命求生,這個事實通常無人意識到,甚至被忽視。」美國地質調查局(U.S. Geological Survey)的研究生態學家傑佛瑞·洛維奇(Jeffrey Lovich)和共同作者在《生物科學》(*Bioscience*)期刊的一篇文章中寫道,烏龜「在地球和外太空拋出的所有自然挑戰中倖免於難(例如:消滅恐龍的小行星),」他們繼續說:「但他們能否在當代人類面前倖免於難呢?」

龜類存續中心的存在是為了確保答案是肯定的。其座右銘是「龜類零滅絕」(Zero Turtle Extinctions)。

克里斯打開那扇充滿威脅的金屬門,我們在守衛犬兇猛的吠叫聲下,走過八座小石子圍繞的漂亮池塘,這些池塘是為安南龜(*Mauremys annamensis*)所準備的。一般相信這種小型而體黑的物種在野外只剩下不到50隻成熟個體。這裡的安南龜現在躲在泥

土和灌木中,正在冬眠,等待著春天的暖意來臨。(「我們被睡著的烏龜包圍了。」麥特夢囈般感嘆道。)2013年,這些烏龜在中心首次成功繁殖。加上在動物園和其他圈養龜群孵化的個體,這個物種現在的數量達到數百隻,已經預定送回野外。

在主大樓內,我們參觀的第一間房間專門用來照顧剛孵化的幼龜。一層又一層的架子上整齊地排列著容器——透明的18.9公升(5加侖)塑膠盆內有流動的水,裝運動器材的37.8公升(10加侖)收納箱內填滿了泥炭土或落葉——上方設置有定時器的燈泡,讓這些容器都沐浴在輻射熱與全光譜燈光中,並連接到警報系統以防燈泡或電源故障。這些小型棲地大多還配有「家具」:幼龜可以選擇上坡道,在最喜歡的32.2度(華氏90度)熱點曬太陽,需要隱私時則可使用小洞穴和水下遮蔽處。每個容器內都是一顆活生生的小寶石,每個都是獨特的生命,價值遠超過金錢的衡量。有些是我見過的最引人注目的動物。

「這看來像一條蛇被塞進了龜殼裡!」麥特驚呼道。此時我們正彎腰看著透明塑膠盤中那隻5公分(2吋)長的幼龜。這隻幼龜的脖子比牠的殼還長。牠的脖子被小小的水缸擠得不得不將脖子折成S形,就像一條蛇在休息。由於脖子太長,無法縮起來;如果受到干擾,這種烏龜會將脖子藏到一側。這是一隻羅地島蛇頸龜(*Chelodina mccordi*),僅原產於印尼某座島上69.9公頃大(27平方英里)的區域。在1970年代至1990年代的短短25年內,當時合法的寵物貿易使牠們在野外幾乎滅絕。目前在美國動物園的群體中,僅約十幾隻野生捕獲的羅地島蛇頸龜,保育人士正計劃繁殖,並將牠們送回印尼的野外家園。

在這隻小幼龜附近是另一個完全不同的奇觀:一隻太陽龜

（*Heosemys spinosa*）。牠10公分（4吋）長的橙色龜殼有鋸齒狀的邊緣，背甲的頂部沿著其體長有一條高高的脊樑。牠讓我想起劍龍──但其骨板似乎被心不在焉的神匆匆重新排列過。「牠看起來不好吞！」麥特說道──這些尖銳的邊緣無疑是因應演化上的挑戰。太陽龜被列為瀕危物種，棲息在緬甸、泰國、汶萊、馬來西亞、新加坡、印尼，以及菲律賓最南端幾座島嶼的低地和山地雨林。克里斯說，這隻幼龜是在10月剛孵化的。

另一個棲地內有一隻5公分（2吋）長的花背箱龜（*Cuora galbinifrons*），牠的龜殼是鐵鏽色的，頭部兩側有紅色漩渦和黑色斑塊，並且擁有異常大而美麗的迷人眼睛。每隻圓形的漆黑瞳孔都被淺金色的虹膜包圍。牠的眼睛看起來像克里斯的眼睛，儘管克里斯的眼睛是銀灰色的；他們都讓我想起在清澈溪流中會看到的那種磨到發亮的石頭，還帶有石頭那種古老的耐心。當我的臉進入牠的視線時，這隻小龜將牠的眼睛聚焦在我的眼睛上。剎那間，我感覺這隻小龜的目光承載著整個永恆龜族的智慧，能同時看見過去、現在和未來。

「你看！」麥特彎腰看著一個裝滿落葉的黑色水泥攪拌盆。「這是一顆星星！」

這隻5公分小烏龜的殼很圓，「他看起來像一隻巨大的瓢蟲。」麥特觀察道。但這隻緬甸星龜（*Geochelone platynota*）寶寶的殼上不是橙色的翅膀和小黑點，而是香蕉黃色的殼上布滿了黑色的幾何斑點。隨著烏龜的成長，黑色的形狀會像花瓣一樣綻放，形成令人驚豔的星爆圖案，這種圖案既賦予這種陸龜名字，也使牠在非法寵物交易中備受青睞。

在1990年代末期和2000年代初期，這些美麗的陸龜在野外

僅剩下少數幾隻;牠們被視為是「生態滅絕」——僅僅是一個遺跡,不再是真正維持其生態系統生命的自然關係中的一部分。但國際龜類存續聯盟幫助扭轉了這一局面。

國際龜類存續聯盟與緬甸自然資源部(Myanmar Ministry of Natural Resources)和國際野生動物保護協會(Wildlife Conservation Society)合作,從175隻個體(主要是從非法野生動物販子那裡沒收的)建立了三個「物種存續種群」(assurance colonies)防止滅絕。2008年,國際龜類存續聯盟接管飼養這些動物,烏龜隨即開始產卵——產下250顆蛋。截至2015年2月,該聯盟已繁殖出15000隻幼龜,並野放了2100隻。現在,牠們在野外再次繁殖。

「這相當於現代拯救美洲野牛免於滅絕的行動。」國際野生動物保護協會的兩棲爬蟲動物學家史蒂文·普拉特(Steven Platt)在《兩棲爬蟲動物學評論》(*Herpetological Review*)期刊的一篇文章中寫道。

緬甸星龜的成功故事可以歸功於許多創意十足的元素。為了保護野放的烏龜免受盜獵者的侵害,牠們的殼上被刺上緬甸語的訊息——「傷害我,你也會受到傷害」——這使得烏龜既無法當裝飾品,也無法當幸運藥物使用。野放的動物在佛教僧侶的儀式中受到祝福,以免當地人食用牠們。有些烏龜還裝設無線電裝置追蹤。

但是,如果沒有一開始就繁殖出更多的幼龜,這些天才之舉都將毫無用處。若沒人知道如何飼養這些極度瀕危的烏龜,又要如何維持牠們的健康,更不用說繁殖牠們?這些烏龜剩下的數量少到讓這項工作迫在眉睫且極其艱難。

在我們參觀時，克里斯接連向我們展示了稀有物種：圖畫花背箱龜（編按：*Cuora picturata*，又稱南越箱龜）的幼龜，這些小美人有黃色的頭部，殼則像西班牙征服者的頭盔一樣隆起。這個物種直到2010年才出現野外紀錄。他介紹我們認識西里貝斯陸龜（*Indotestudo forstenii*），其焦糖色的殼上裝飾著黑色斑點。2019年，他和龜類保育學家克莉絲汀·萊特（Christine Light）成為第一批在野外看到這個物種的美國研究人員。在他們目擊之前，只有一位科學家曾在市場或寵物交易之外見過這個物種。據推測，牠們僅存於印尼的蘇拉威西島，另一個可能棲息的島嶼是哈馬黑拉島。

我們的東道主帶我們回到外面，到一間9乘18公尺（30乘60呎）大的組合式溫室。在其中一棟充滿植物、池塘和洞穴的獨立「公寓」裡，克里斯把手臂深深地插入一池深色的水中，像魔術師從帽子裡拉出兔子一樣，拿出一隻25.4公分（10吋）大的烏龜，這隻烏龜有一顆大得令人震驚、盔甲般的頭部。他說：「這裡有另一隻非常酷的龜要給你們看。」這是一隻大頭龜（*Platysternon megacephalum*）。相對於15.2公分（6吋）長的殼，他的頭是特大號──大到無法縮回去。這就是為什麼這物種的成員經常不得不咬人來自衛。這隻龜張開嘴的模樣令人嘆為觀止。

「這是牠家族中僅存的一位代表，」克里斯告訴我們──在當今世界上四個只有一屬一種的龜類家族之一。「這些龜是非常擅長攀爬，」他繼續說：「我們曾經看到過小龜爬上和我大腿一樣高的水泥牆。」但他們需要解決的問題遠超過阻止烏龜逃脫。克里斯宣布：「在美國，只有一間動物園──布魯克林的展望公

園（Prospect Park）——和一位私人飼養員，還有我們在圈養的環境下繁殖了這個物種。」

克里斯花了14年的時間才讓這些烏龜繁殖、產下受精卵並成功孵化。如今，牠們每年產一次卵，但克里斯先必須克服一系列障礙。「牠們需要在適當的時間降溫，還需要在監督下進行繁殖，才能避免嚴重的傷害。如果雌龜願意，牠們會在幾分鐘內完成交配。然後你就必須將牠們分開，否則牠們會互咬，雌龜可能需要半年的時間治癒交配時的傷口。此外，」他補充說：「如果有機會，雌龜會咬掉雄龜的陰莖。」

麥特不禁顫抖了一下。

「看得出這會帶來很大的問題。」我評論道。

然而，就像尤達以慢動作揮舞光劍一樣，克里斯戰勝了探索路上一個又一個障礙。他帶領我們穿過飼養大型陸龜的龜舍，來到飼養蘇拉威西和西里貝斯陸龜的溫室，再經過飼養食蛇龜（*Cuora flavomarginata*）的亞洲箱龜中心。克里斯解釋說，對於許多物種來說，繁殖條件必須恰到好處。有些物種每隔幾年才會成功繁殖一次。克里斯解釋，降雨量通常是一個重要的觸發因素。有些龜需要經歷一段降溫期才能讓精子和卵子發育。有些則需要不尋常的飲食：大多數的龜類吃各種昆蟲和植物，但有些主要仰賴真菌，或者需要新鮮的竹筍。還有一些龜甚至連他們的天然食物來源都是未知的，因為還沒有人在野外研究過他們。克里斯說：「太多事情要靠猜測了。」

克里斯的猜測多半是正確的。部分原因是他對中心大約600隻龜的情況都瞭若指掌，有些甚至住過他家。雖然他沒有替他們命名，因為他認為這對不是寵物的龜來說很不尊重，但他可以像

學者似地侃侃而談每隻動物的歷史。

那這隻綠色頭的潘氏箱龜（*Cuora pani*）呢？「她於2004年在亞特蘭大動物園孵化，從那時起，她就一直和我住在一起。」去年，她在16歲時產下了第一顆蛋，但沒有受精。（若運氣好，或許今年會有收穫。）

這隻成年的靴腳陸龜呢？「她是盲龜。我曾開車橫越全國去加州的一個私人龜類復健保護中心接她回來。她重達20.4公斤（45磅）。她現在腹中有35顆蛋。」

這隻成年的羅地島蛇頸龜呢？她來自1999年的佛羅里達動物進口公司，最初被南卡羅萊納州的一位化學教授購買，隨後被轉售給一家寵物店。克里斯在公路旁與店主見面買下了她，終於讓她和一隻伴侶配對。「那隻龜有20年沒有繁殖了，」克斯斯告訴我們：「在2018年春天與夏天，她產下了兩窩蛋。都沒有孵化。」第三窩蛋是在11月產下的。大部分的蛋都破了；有一顆蛋發育了，但胚胎在殼中死亡。去年11月，她產下了第四窩共9顆蛋。這9顆蛋全都活了下來——代表了來自失落的野生祖先種群的獨特基因系譜。這些蛋將捐贈給國際野生動物保護協會，最終重返野外。去年秋天，這隻母龜又產下了一些蛋——現在正在中心的孵化器中成長。

但成功飼養和繁殖龜類還有另一個關鍵因素：「一個好的養龜人必須能夠長期投入，」克里斯說：「在你將烏龜移過去後，牠們可能要花上十年的時間，只為了適應新環境。一些烏龜在森林裡半年以上什麼都不做，就只是等待下雨。很多烏龜一年中有一半的時間都待在地底下。」

烏龜極有耐心，克里斯也是如此。龜類經歷了各種難以想像

的災難:他們耐心地撐過了火山爆發、冰河時期、海平面升降,甚至隕石撞擊。我想像龜祖先神情木然地觀察著這一切,在災禍面前保持冷靜——這就像克里斯看著警察和警犬穿過森林追逐他,或者他縱火時火焰吞沒學校那般。他很早就學會了人生可以既暴力又混亂,也可以神秘又充滿喜悅。「大約從10歲開始,」他告訴我們,「我已經能面對我的人生。我就是接受了它。」而現在呢?「我只要活著,就會為烏龜做我該做的事,」他口氣平淡地解釋道:「拯救任何物種都需要超過你一生的時間,」克里斯說:「如果人們對地質的時間有更多理解,我們就不會那麼自私和貪婪,會更加考慮未來。」

克里斯彷彿生活在一個與我們其他人不同的時間世界。對於我們其他人類而言,當世界正處於最緊急的滅絕危機時,他卻散發出一股平靜。在一個充滿匆忙和渴求的文化中,他仍然保持滿足。他同時把握著當下的現在和遙遠的未來,並以沉著的堅持面對它們。

他生活在烏龜的時光裡。

養龜人並非你印象中那種平淡無奇的人類。麥特和我住在國際龜類存續聯盟的實習生招待所,一間整潔的移動式房屋,該地點的前任住客是以養老鼠為生(他的拖車最後被移走)。在克里斯照顧一隻生病幼龜的那晚,我們則和飼養員柯林頓・多克(Clinton Doak,32歲)、約翰・葛林(John Greene,49歲),以及七隻在後面圍欄中冬眠的錦箱龜(*Terrapene ornata*)一起。

約翰和柯林頓是透過不同的途徑來到這裡工作的。約翰是

大個子,蓄著灰白的山羊鬍,眼睛藍得引人注目,曾經是一名演員兼模特兒。而柯林頓則是動物園界出身。但兩人都和克里斯一樣,擁有非凡的熱情。柯林頓曾經貸款5千美元,以便接一個能接觸爬蟲類的無酬工作。他離開了女友,對方則是一名獅子和老虎的飼養員(「她總是有股貓尿味」),搬到龜類存續中心的總部。約翰對成家毫無興致。「如果我有孩子,」他說:「我就不能照顧這麼多烏龜了!」約翰和柯林頓都同意克里斯的看法,克里斯曾經結過婚,但現在單身了。「關係來來去去,」克里斯告訴我們:「但烏龜才是永恆的。」

約翰和柯林頓一致認為,接觸烏龜提供了非凡的回報。幫助拼命求生中的物種令人心滿意足,了解一個世人理解甚少的動物則有益身心。烏龜是美麗且吸引人的生物。但其他許多動物也是如此。為什麼選擇烏龜呢?

「烏龜看著你的方式有點特別。」麥特說。

「我認為是牠們眼睛的關係。」柯林頓說:「娜塔莎、艾莉西亞和瑪凱拉也說過同樣的話。」

「烏龜的眼睛確實很特別,」約翰同意:「尤其是 *picturata*。」(這些南越箱龜是他的最愛。)(按:南越箱龜學名為 *Cuora picturata*)

「我懂你的意思。」我說。當一隻龜看著你,即使是一瞬間,卻令人感覺遠超過一瞥。「我認為,」我提出意見:「是牠們專注的強度。」

這種專注在人類世界中十分罕見。我們的注意力分崩離析,專注力分散。英國電信監管機構英國通訊管理局(Ofcom)的一項研究發現,他們的用戶在清醒的時間裡,平均每12分鐘就會停

下手邊的事情查看手機。而早期的一項研究則發現，典型的美國員工每8分鐘就會面臨某種形式的干擾。據統計，目前有超過6百萬美國兒童被診斷出患有注意力不足過動症（ADHD），症狀包括無法集中注意力、焦躁不安和缺乏耐心。《新大腦》（暫譯，*The New Brain*）的作者神經心理學家理查·瑞斯塔克（Richard Restak）將ADHD稱為「我們這個時代的典型疾病」。但一些專家現在認為這並非疾病，而是一種大腦組織形式，來適應這個特定的人類歷史時期。如今，我們大多數人能夠達到的最好狀態可能是「持續部分注意力」，這個詞由前蘋果和微軟顧問琳達·史東（Linda Stone）所創造。我們有足夠警覺力，能夠不斷地盯著世界，卻從不集中注意力在任何事物上。

當天稍早在亞洲箱龜中心，克里斯向我們介紹了金頭閉殼龜（*Cuora aurocapitata*）。他們即將從冬眠中醒來。只有一隻已經醒了：她15.2公分（6吋）長的棕色龜殼浸泡在池塘裡，金色的頭從龜殼伸出，但仍然被水覆蓋著。

克里斯告訴我們，這個物種在野外已經滅絕，最後一隻已知的野生金頭閉殼龜是2013年在市場上買到的。「這些動物是絕對無法替代的。地球上可能只剩下100隻野外捕捉到的成龜。」克里斯說道。

我們正在看著其中一隻，但她仍然沒有動靜。「她可以這樣待上好幾個小時。」克里斯說道。我們就這樣著迷似的看著她10分鐘。克里斯背誦了她的詳細資料，包括她在2013年抵達龜類續存中心之前，曾經飼養過她的三個人的名字、地址和情況。最後一位飼主住在亞歷桑納州，在一次野火威脅到他的私人烏龜飼養設施後便放棄養她。

「真是一趟不得了的旅程。」麥特驚嘆道。

然後：

「鼻子抬起來了！」

「眼睛露出來了！」

在等待了10分鐘後，受到她的關注，就像太陽從雲層後露臉一樣令人欣喜。

「沒有人像烏龜那樣專注。」我對那晚認識的新朋友們說道。

「也沒有人像烏龜那樣有耐心。」麥特補充道。

阿拉伯語中，「耐心」（sabr）這個詞來自一個意為「約束或包含」的字根。烏龜，帶著牠們美妙的外殼，字面上體現了這個概念——牠們當然不能離開牠們的殼，因為殼與牠們的骨骼融合在一起。殼是烏龜在地球上持續存在如此之久的原因之一，也是牠們如此長壽的原因之一。「沒有人能獲得比耐心更好或更大的祝福了。」波斯伊斯蘭學者穆罕默德・艾爾布哈里（Muhammad Al-Bukhari）如是說。

那夜稍晚，麥特與我沉思著克里斯這些年——不，這幾十年——在成千上萬隻緩慢的爬蟲類中度過，平靜地給予他們滿懷耐心的關注。他從未因家庭或財務問題，或追求認可或物慾而偏離目標。所有的等待……他從未感到無聊。「我甚至不明白你怎麼會感到無聊。」他曾經在某個時候對我們說過：「我可以盯著一面空白的牆壁玩得很開心。無聊，」他說：「是一種屬於人類的東西。」

然而他卻擺脫了無聊。怎麼做到的？

麥特和我馬上同時發現了。

「因為他是一隻烏龜。」

隔天,克里斯以他那從容不迫的方式,向我們展示了龜類存續中心的其他部分。我們參觀了醫療設施和實驗室,裡面有內視鏡設備和顯示器、顯微鏡、數位X光機——而且,因為這個中心的目的是促進繁殖,所以還有各種用以在這方面取得成功的設備,包括無數的按摩棒(這些按摩棒是用來幫助判別雄性和收集精液的,而非給雌性使用)。

我們參觀了孵化實驗室。這裡現在不太忙碌:目前的孵化器裡僅有七個物種的八顆蛋。克里斯說,到了七月份,所有的孵化器——其中一些的大小跟大型冷凍庫差不多——都會被蛋塞滿。

蛋的發育是非常脆弱的過程。翻動蛋可能會讓胚胎窒息。只有幾度的溫度變化就會決定蛋孵化成雄性或雌性;由於氣候變化,澳洲北部的大多數綠蠵龜都是雌性。再多幾度的變化可能會導致沒有任何龜類誕生。〔對隱龜(*Elusor macrurus*)的研究顯示,淡水龜也同樣面臨氣候變化的威脅:這種瀕危物種的幼龜在較高溫度下孵化的話,會顯現出游泳能力減弱,並偏好在較淺的水域活動——這裡掠食者更多,但食物卻更少。〕

有些物種需要六個月才能孵化出來。克里斯告訴我們,有時候你必須手動孵化蛋——這個過程需要穩定的手和過人的膽量。「你不知道烏龜的死活,或是否已經發育到可以打開的階段。你用鑷子打開一個小窗口。如果看到膜或靜脈,表示太早了。有時你可以嘗試把蛋重新闔上。」有一次,克里斯太早打開了一顆羅地島蛇頸龜的蛋,未出生的寶寶看來死了,或他是這麼以為的。隔天,牠卻到處爬。「今天,他仍然與我們在一起!」他回報

道。這再次證明了烏龜的韌性——以及現代人類壓力對這些堅強生物的嚴重影響。

再一個小時，我們就一定要趕飛機，但現在我們仍有機會再看看5百多隻烏龜。我們離開中心，前往克里斯的家。

克里斯與九隻被他救援的狗——其中一隻是米克斯，在垃圾場被發現時患有心絲蟲、後腿骨折和視網膜脫落——住在一輛拖車裡。他承認這個拖車已經破舊不堪，被霉菌侵蝕，並且昆蟲肆虐，但這是養烏龜的好地方。前院整齊地排列著數十個大桶，有些大如按摩浴缸，放置在一層有彈性的松葉上，所有桶都有水流系統在運作。克里斯將滿是刺青的手臂掠過浮萍和布袋蓮，伸進涼爽的水中。他說：「過來，兄弟！」——他再次像個魔術師一樣，從水中撈出了一隻龜殼長60.9公分（2呎）的龜——一隻真鱷龜（*Macrochelys temminckii*）。他告訴我們：「這隻來自艾倫代爾龜節（Allendale Cooter Fest）。」這個一年一度的活動有烏龜賽跑、人類競賽、遊行、美食（包括熟龜肉）和手工藝品。在活動結束後，這隻真鱷龜被丟在那裡，後來交給克里斯當時所在的生態實驗室，那是他在成為國際龜類存續聯盟正職員工之前工作的單位。

下一桶。手進龜出：「這是一隻雌性真鱷龜，是從南卡羅萊納州哥倫比亞的一個謀殺案現場沒收來的⋯⋯。」

他繼續介紹。一隻黃斑地圖龜（*Graptemys flavimaculata*）——「我有50隻。」一隻屋頂麝香龜（*Sternotherus carinatus*），他的殼像帳篷般陡直。兩隻緬甸小頭鱉（*Chitra vandijki*），頭部尖得像尾巴；中國和越南的龜；四眼斑水龜（*Sacalia quadriocellata*），頭頂上有像眼睛的斑點⋯⋯然後，克里斯帶我

們到側院,那裡有一個附屬建物,裡面有更多烏龜,還有幾隻鱷魚。〔其中一隻四歲的非洲侏儒鱷(*Osteolaemus tetraspis*)曾經爬出棲地,逃了整整一週。〕

其中一些烏龜是救援來的,有些有畸形或疾病;有些讓他花費了數千美元。他對每一隻烏龜都瞭若指掌,每一隻都是無窮的迷人,每一隻都是喜悅和滿足、驚奇和安慰的來源。這份滿足感隨著歲月的流逝仍維持不減。

「我現在就和5歲時一樣,仍然喜歡與烏龜在一起」他說道。對他來說,「如果很棒,就永遠很棒,我已經看了《星際大戰》五百遍。就像聽一張好專輯,我喜歡〈Sweet Home Alabama〉,我永遠不會對好歌感到厭倦。」烏龜也是如此。

他喜歡下班後回家。「我下班後會在家裡走來走去,喝喝啤酒,清理水缸,」他簡單地說,「這是飼養烏龜最棒的部分之一,也就是和他們互動的時候。」

我想到在烏龜救援聯盟時,轉輪和披薩俠給我們的清晰問候,以及他們對娜塔莎和艾莉西亞顯而易見的深情。克里斯會怎麼描述他和他家裡那5百隻龜的關係呢?

「烏龜認出你是那個給他們食物的人,」他解釋道:「他們認識我。」

「但他們不需要為我做任何事。」他強調:「他們存在就已經足夠了。」

我們搭的飛機比來的時候還要空,但我們的心中卻充滿計劃。隔天是麥特的生日,我們打算去新英格蘭水族館慶祝。我們討論了到東南亞探險,那裡是克里斯在中心繁殖的許多瀕危

龜類的家園。麥特在佛羅里達州有朋友經營一間陸龜庇護所，他迫不及待想介紹我認識史派克（Spike），一隻他和艾琳在那裡見過特別友善的大加拉巴哥象龜（*Chelonoidis nigra*）。我們還計畫在8月返回查爾斯頓，參加國際龜類存續聯盟的年度淡水龜保護研討會。

　　第二天，水族館和機場一樣異常空蕩。第三天，水族館關閉了。對街一家飯店舉辦的百健（BioGen）會議，前一晚水族館員工在那裡開過會，已經使波士頓有100人感染了新病毒。世界衛生組織宣佈新冠病毒疫情進入全球大流行。兩天後，總統宣佈進入國家緊急狀態。

　　對全世界的人們來說，我們所熟悉的生活，包括我們對時間本身的認知，將要發生深刻的變化。我們無法預料這種改變會持續多久。

擬鱷龜在沙土中築巢。

4.
超能力
Superpowers

方向盤握法示範

　　五月時，我們戴著口罩，在烏龜救援聯盟再次相見。艾莉西亞的口罩是黑色的，與她的緊身褲和露肩上衣很搭；娜塔莎的口罩則有綠色格子，與她的烏龜救援聯盟Polo衫也很搭。我們都不太喜歡戴口罩，但至少，我指出，麥特和我可以用兩棲爬蟲類遮住臉：他的是烏龜圖案，而我的是樹蛙圖案。

　　距離我們上次來的這期間，已經發生了太多變化。近兩百萬美國人感染了新冠病毒，將近十萬人死亡。回想起來，艾莉西亞認為她在1月份就感染了病毒——她有所有的流感症狀，但伴隨著極度持久的疲勞——她可能也傳染給了娜塔莎。麻州的經濟和全國大部分地區一樣，停滯了兩個月。公司行號和工廠關閉，零售店歇業，操場、公共游泳池、運動場、酒吧、賭場、健身房、博物館……無一倖免。

　　但是這一切都無法阻止等待救援的烏龜源源不絕前來。

當披薩俠在一樓的浴室裡睡覺，而轉輪在廚房裡的桶子裡享受水療時，麥特和我跨過木製的烏龜圍欄，注意到一個新的水缸。一個378.5公升（100加侖）的水族箱裡有三隻巨大的雌性紅耳龜。他們一看到我們時，便迫不及待游到水面，伸出黃綠相間的頭看著我們。我也目瞪口呆地望著她們。我習慣了在廉價商店裡看到他們嬌小的模樣，但這些烏龜的殼每個至少有22.8公分（9吋）長。她們都非常好奇和興奮，試圖想得到一點零食。

「大家就這樣把她們扔在野外。」艾莉西亞生氣地解釋。由於她們原產於美國中西部，這些寵物被放生後可以在野外生存，但這麼做的代價就是取代原生種烏龜，然後被視為入侵的物種。這三隻烏龜永遠不能野放。

在這個水族箱旁邊，有一隻成年的雄性北美木雕龜，一個在麻州受到特別關注的物種，正在他那座302.8公升（80加侖）腎形池中的寬敞的人工草皮島嶼上曬太陽。北美木雕龜被認為是極其聰明的動物，實驗顯示他們能快速學習走迷宮，具有類似於老鼠的心智地圖能力。雷夫（Ralph），大約18到24歲，是一年半前政府沒收的51隻非法持有的野生龜之一，後來被移交給救援聯盟。他曾被養在一個平坦、單調的水箱中——「平坦的表面在自然界中並不存在。」艾莉西亞提到——因此，他是這批烏龜中病得最重的，脖子受到感染，手臂和腿上有像褥瘡一樣的膿瘡。艾莉西亞說：「我們終於讓他恢復健康了。」州政府必須將他的基因與某個地點比對後才能野放。

「是時候進入正題了。」艾莉西亞開始說道。此時戴著粉色魚骨紋口罩的瑪凱拉加入了我們的行列。「我們需要討論在這個最怪異和最奇怪的情況下的工作協議。今年是個特別的年份，沒

人經歷過這樣的事情。」

我們尷尬地站著對望,保持183公分(6呎)的距離,艾莉西亞列出了新的安排:在室內,我們都要戴口罩。麥特、瑪凱拉和我可以使用樓下的浴室洗手,但要避免使用廚房的水槽。我們可以把食物放冰箱,我們還必須經常用氯己定噴手——這是一種用來消毒手術器械的藍色抗菌液。(我們無論如何都一定要這麼做。在烏龜醫院,每次處理烏龜或接觸其棲地中的任何物品時,所有人都必須洗手和消毒,防止任何可能的傳染擴散。)

接著是裝備的問題。麥特和我現在是正式的實習人員——代表我們隨時都可能被叫去救援烏龜。我們每人發了一個帶鎖的塑膠急救箱,蓋子上有通風孔,隨時放在我們的車裡。71.9公升(19加侖)的箱子能裝得下大多數的大型烏龜,17公升(4.5加侖)的桶則夠裝小型烏龜。每個箱子裡都有兩條毛巾和一瓶水。水,以及一雙塑膠手套,是給我們用的,「以免有血腥場面」(我們注意到,艾莉西亞說話很直接)。她警告我們,無論傷口有多髒,都不要沖洗傷口,因為這樣可能會使感染擴散。我們應該自備工作手套應付擬鱷龜的自衛攻擊行為。「你在野外遇到的擬鱷龜不會想被人帶走。」她指出。今天稍晚她會教我們如何安全地進行這項動作。

我們回到外面,坐在休閒椅上,每個人之間保持183公分的距離。紅翅黑鸝從附近的濕地裡發出「嗡卡哩」的叫聲,懶洋洋的黃蜂拖著細長的腿在空中飄過,陽光像楓糖漿一樣灑在我們身上。至少在這個奇怪的一年裡,春天仍然回歸了,令人安心不少。但正如艾莉西亞所言,「這將是我們所經歷過最非比尋常的一年。」

4.
超能力

以前將受傷的烏龜送來的人會被邀請進屋內，還經常帶去參觀設施。除了舉辦我們去年參加的年度烏龜高峰會外，烏龜救援聯盟通常會接待學校團體、女童軍和露營者。但今年不會了。高峰會已經取消，平時欣然接受的訪客也不得不拒於門外。大門之外，兩個含蓋的大型箱子已準備就緒，上面的標示指示人們在放下患者時按鈴。

還有另一個重要的變化在醞釀。艾莉西亞的表情示意她即將發出一項特別重要的警告。「關於陸龜的事，我經常親披薩俠。但在這個時刻，」她強調：「*唯一*可以親披薩俠的人是我和娜塔莎。」

麥特和我同意這點，但瑪凱拉即使戴著口罩，神情依然顯得痛苦不堪。艾莉西亞迅速補充說，「但瑪凱拉可以親吻臘腸。」瑪凱拉的眉頭隨之舒展。臘腸（Peppi）是義式臘腸（Pepperoni）的簡稱，他和披薩俠是同一種陸龜，也是瑪凱拉最愛的烏龜之一。去年年底，有位好心人在一處繁忙的行人穿越道旁發現了一個被遺棄的影印紙盒，從盒子上的提孔裡冒出兩顆鱗狀的頭，於是通知了娜塔莎和瑪凱拉，兩人一起接走了臘腸和一隻叫做杏桃（Apricot）的黃頭象龜（*Indotestudo elongata*）。瑪凱拉和臘腸馬上建立了深厚的感情。

自今年年初以來，艾莉西亞告訴我們，已有26隻新的烏龜──被棄養或被查獲──陸續來到了烏龜救援聯盟。但這股涓涓細流即將變成海嘯。「截至昨天，」娜塔莎宣布：「築巢潮已經進入了中大西洋州地區。」

前兩年我們曾有與朋友一起保護龜巢的經驗，所以麥特和我很了解築巢潮：這是原生龜開始活動的時候。牠們從過冬的地方

出來，開始周遊四方，首先是雄龜尋找伴侶，然後是母龜尋找合適的地方下蛋。這是牠們最有可能遇到麻煩的時候。

烏龜存在地球上的大部分時間裡，成年烏龜被那奇妙的殼所保護，幾乎能避開所有掠食者的侵害。但在過去兩個世紀，在人類短暫佔有這顆行星的時間中——相較超過2億5千萬年的烏龜時光，就像一陣抽搐或眨眼——將這些古老生物的世界變成了地雷區。在築巢潮的期間，烏龜以平均每小時4.8公里（3哩）的速度緩慢移動，但牠們必須穿越重達1.8公噸（4千磅）的車輛以每小時超過88.5公里（55哩）的速度呼嘯而過的道路。紐約州立大學（State University of New York）生物學家詹姆斯‧吉布斯（James Gibbs）的一項調查估計，在東北部、大湖區和美國東南部被道路交錯覆蓋的地區，*每年有多達20%的成年烏龜死於車禍*。一位佛羅里達州立大學（Florida State University）的研究員發現，在他研究區域內，靠近傑克遜湖（Lake Jackson）的一條繁忙道路周圍，成年烏龜中只有四分之一是雌性。他推測，消失的四分之一統計上應該是雌性的烏龜，已經成為車下亡魂。另一項以安大略地區被一條公路一分為二的濕地中生活的擬鱷龜為主，研究結果同樣極端：在1985年至2002年之間的17年裡，擬鱷龜數量從941隻下降到177隻。研究人員預測情況只會愈來愈糟，擬鱷龜將很快從沼澤中消失。

車輛並非築巢母龜唯一面臨的人為危險。即使牠們設法穿越馬路，牠們還會被貓狗咬傷，被割草機和農用設備碾碎，好奇的孩子們會騷擾甚至綁架牠們，瀝青和水泥更是取代了牠們的築巢區域。今年春天，烏龜會需要我們的幫助——我們必須做好準備。

4. 超能力

娜塔莎透過烏龜研究者和復育人士的聯絡網，一直在監測北美自二月份以來在佛羅里達州開始的築巢潮。「築巢潮在北維吉尼亞州、德拉瓦州、馬里蘭州和康乃狄克州加速，然後會在幾天內到達我們這裡——閘門就此打開。」

築巢潮來臨前有許多工作要做。樓下的孵化器必須準備好，加熱、加濕，並加入經過商業滅菌的土壤。救援聯盟將孵化那些受到干擾或在不安全區域巢穴裡的蛋。他們還會孵化傷患的蛋。有些烏龜會在醫院箱裡「因壓力而下蛋」；有些烏龜則需要注射催產素（oxytocin，類似人類產房在催產時使用的合成荷爾蒙Pitocin）。甚至會以手術從已經死亡的患者體內取出蛋。即使烏龜已經死去，艾莉西亞和娜塔莎仍舊可以提供協助。

為了替新患者騰出空間，健康的烏龜必須準備好野放。在瑪凱拉協助下，艾莉西亞和娜塔莎審查候選者，並在他們的水缸上貼上紙膠帶，以紅筆寫上「野放」。現在需要審查的有甜酸醬（他是沒人認為他能活下來的「滾筒」）；恐怖的赫拉（Hera the Terror），一隻精力充沛的擬鱷龜，在野外被抓並飼養在霍利約克的一間公寓裡，由於不適當的飲食，她的背甲長成了口朝上的碗狀；一隻在學校飼養的流星澤龜（*Emys blandingii*），去年因腸阻塞而入院；三隻麝香龜（*Sternotherus odoratus*）寶寶，牠們是從被車撞死一週的母龜體內取出的蛋中孵化出來的⋯⋯還有大約70隻，包括冬季在救援聯盟照料下的幾十隻未達標或孵化較晚的擬鱷龜和錦龜（*Chrysemys picta*）寶寶。每當接收一位患者，牠們都會在醫院電腦系統中留下詳細病史，以便每隻康復到能野放的龜都可以返回其野外家園或附近。

麥特和我會前往麻州各地的濕地協助野放。我們經常需要開

車。艾莉西亞一週的大多數時間都花在她的另一項業務，也就是修理電器上，直到下午。瑪凱拉盡可能常來，但無法每天工作。而娜塔莎則不能開車，因為她是盲人。

麥特和我之前並不知道這件事。娜塔莎在屋裡像視力正常一樣導覽。我們注意到，雖然她那精緻、鑲有珠寶的眼鏡架在她完美的鼻子上、高高的顴骨下方，但她的灰藍色眼睛從未直視我們；她只從側面瞥我們一眼。我們以為那是因為艾莉西亞比較大膽直率，而娜塔莎比較害羞。

「我公開承認失明的時間並不久。」她告訴我們。她的家人中也有其他人患有視網膜色素病變，這是一種遺傳性疾病，會逐漸導致眼球後壁的感光組織退化，但她的病況不同，而且比較緩慢。娜塔莎一直堅決在視力仍然允許的情況下盡可能利用她所擁有的視力。即使視力逐漸衰退，娜塔莎在大學時先是學習機械工程，後來轉向藝術攝影。「我一直對視覺方面很感興趣。」她說：「在我逐漸失明過程中的嗜好之一，信不信由你，是射箭。」

即使是現在，娜塔莎仍能看到一些東西——但只是零碎的畫面。她找到了解決這些空白的方法。「我有適應用的科技。」她解釋道。她的手機會以倍速朗讀她的電子郵件和簡訊，因為她能進行超快速語音。她有一根在屋外引導用的白手杖，她深情地稱它為「棍棍先生」（Mr. Stickey）。螢幕放大器讓她可以看到百分之十的電腦螢幕。但自從21歲以來，她再也看不清網頁上的文字了。她說道：「能看到房間另一頭的標誌，對現在的我來說似乎就像是一種超能力。」

4. 超能力

幸運的是，娜塔莎擁有她自己的超能力。她能打造漂亮的烏龜棲地，甚至是精美的家具。她還是繼續打電動——即使視力有限，她也能利用視網膜中相對完好的動態偵測細胞，以及她敏銳的反應來玩一些「滑動和射擊」遊戲——她還可以依靠推理和記憶享受角色扮演遊戲，如：《龍與地下城》。為了運動，她還會跑步——借助她手杖末端的一個無線電控制的飛機輪。「我學會了，」她笑著說：「當我撞到路緣時，要迅速翻筋斗。」她甚至考慮恢復射箭這個嗜好，當然是在築巢季結束之後。

由於失明，娜塔莎需要以不同的方式做一些事情。當她把手伸進烏龜的醫院箱或水缸時，必須有人告訴她哪一端是烏龜的頭部。「有一次，艾莉西亞忘了，結果把一隻大紅耳龜的頭向前遞給我。」她說：「咬！」（出乎意料的是，大紅耳龜比兇惡的擬鱷龜更容易咬人，艾莉西亞向我們保證，被咬的話「痛到靠北」。）這就是為什麼帥氣靈活的艾莉西亞負責聯盟的手術和其他緊急情況，而體貼、有耐心的娜塔莎則負責孵化器和大部分日常事務。

失明本身可能會增強娜塔莎的其他感官。她的嗅覺極為靈敏。舉例來說，她指出，流星澤龜對她來說「聞起來像水果圈圈麥片」，這種氣味連麥特都無法察覺。在他們乾燥時，擬鱷龜聞起來像奶油爆米花；濕掉之後，有些聞起來像「煮熟的羽衣甘藍般的清香」，而有些則帶有柳橙的香氣，還有一些「接近辛辣」。她還有另一種感官天賦：共感覺（synesthesia，又稱作「聯覺」）。這個詞來自希臘語，意思是「共同感知」，因為共感覺會在體驗某種感覺時，體驗到另一種。對她來說，每個數字都會讓她想到一種顏色：對她來說，2在她的腦海中出現為藍

色，9為深紅色。6是金黃太妃糖色，讓她想起太妃糖的味道——但這也與她小時候的偏頭痛有關，所以她討厭6，4也不好，她有一天告訴我，8還可以。只有1～4%的人具有這種能力，這被認為主要是大腦回路的一個幸福意外。

　　研究證實，盲人比視力正常者更能發展其他感官。麻州眼耳科醫院（Massachusetts Eye and Ear）的一項研究比較了視力正常者與三歲前失明者的大腦掃描。他們發現，盲人受試者在大腦的非視覺部分之間，發展出視力正常受試者所沒有的神經連接。另一項發表在《神經科學雜誌》（*Journal of Neuroscience*）上的研究，掃描了盲人和視力正常的人在聆聽不同音調時的大腦，發現盲人受試者能捕捉到聲音中更精細的頻率。有些盲人甚至學會用聽覺來導航。從十三個月大開始失明的丹尼爾‧基許（Daniel Kish），有時被稱為現實生活中的蝙蝠俠——因為他像蝙蝠一樣，可以用聲音「看見」。他用舌頭發出彈舌聲，並聆聽聲波從環境中物體反彈回來的微弱回聲。他說任何人都可以學習這種技術，他稱之為「閃光聲納」（flash sonar）。

　　感官的交替發展也會在其他動物身上發生。一篇發表在《PLOS Biology》的論文詳細描述，即使是微小的線蟲，在實驗中被剝奪了觸覺後，嗅覺會變得超群絕倫，比同伴更能用微弱的氣味找到食物。而有些動物物種在野外不靠視覺也能過得很好：德州盲螈（*Eurycea rathbuni*）、南方洞穴螯蝦（*Orconectes australis*）和盲眼白化洞穴蟹（*Munidopsis polymorpha*），牠們都是從有視力的祖先演化而來，但牠們完全沒有眼睛。其他像是星鼻鼴（*Condylura cristata*）仍有眼睛，卻不需要使用它們。當這些美麗的12公分（5吋）動物在沼澤和田野的潮濕土

壤中游動時，仰賴的是從鼻尖長出的22個粉紅觸手，或稱放射狀觸手（ray），那裡有2萬5千個超敏感的艾默氏器官（Eimer's organ），讓牠們能用觸覺遨遊在黑暗的世界。

娜塔莎可能確實在利用她的其他感官，來填補她再也看不到的細節，或者她可能正在使用大腦的其他部分。麻州眼耳科醫院的研究，還發現盲人在大腦部分控制記憶、語言和感覺—運動功能的連結增多。該研究的主要作者之一洛夫提・梅拉貝（Lofti Merabet）博士說，這項研究的主旨是「大腦具有巨大的適應潛力」。

娜塔莎和艾莉西亞所認識的許多烏龜都證明了這一點。其中一隻是他們取名為巴祖卡（按：Bazooka，一種反戰車火箭）的擬鱷龜——因為他們去年接到她時，她像是被反戰車火箭筒擊中了。艾莉西亞回憶道：「那隻烏龜看來真的很糟。」巴祖卡被一位善良的女士帶來，她被所見的情況嚇壞了：烏龜的下顎斷了，龜殼破裂，她的腳趾也沒了。她可能只能靠一隻眼睛看東西。

但是當艾莉西亞檢查這隻患者時，她發現這些*都是舊傷*，可能早在幾年前就已經癒合了！現在唯一的問題只是龜殼上有一個相對較小的裂縫。他們在幾週內就將她野放。「就像一位身體有障礙的人一樣，」娜塔莎告訴我們：「她幾乎一定可以過得很好。」

娜塔莎向我們保證，在樹林和濕地中有許多烏龜，有的帶著康復的傷口，有的只有一隻眼睛，有的下巴錯位，甚至有的只有三條腿。這些並不妨礙他們繼續度過並喜愛其野性且珍貴的龜生。

「你永遠不會看到烏龜一臉挫敗，」娜塔莎微笑著說：「看

到他們願意讓我們接觸他們,實在令人喜悅。」

她的話透漏了娜塔莎的另一種超能力:希望。在我們準備幫助治療如此多無辜生物的痛苦時,在我們面對全球大流行的傳染病所帶來的不確定性和恐懼時,我們都會需要很多希望。

在烏龜救援中需要學習的重要技能之一是,如何抱起並帶著一隻大型、不開心的擬鱷龜。

這些烏龜通常被描寫成兇猛的怪物。作家兼冒險家理查・康尼夫(Richard Conif)形容他們為「龐大且可怕,眼神迷離而瘋狂」。已故的佛羅里達州烏龜專家彼得・普里查(Peter Prichard)曾在一隻重達74.8公斤(165磅)的真鱷龜(擬鱷龜的近親,其分布範圍僅限於美國東南部)面前揮舞一根掃帚柄,結果真鱷龜一口就把掃帚柄咬成兩半。還有不少傳聞指稱一堆人被烏龜咬掉手指和腳趾,事實上,有一篇名為《真鱷龜咬傷引起的手指創傷性截肢》(Traumatic Amputation of a Finger from an Alligator Snapping Turtle Bite)的報告,刊登在2016年4月的《野外環境醫藥》(*Wilderness Environmental Medicine*)期刊上〔事實上,艾莉西亞指出,「我在咬掉你手指方面要比擬鱷龜厲害得多。」根據《演化生物學期刊》(*Journal of Evolutionary Biology*)的一篇文章,擬鱷龜的咬合力測量起來在208到226牛頓之間。而人類臼齒的咬合力呢?在300到700牛頓之間。〕北方的擬鱷龜幾乎和他們更大的近親一樣被人中傷和懼怕;東德州的爬蟲動物學家威廉・拉馬爾(William Lamar)告訴作家史蒂芬・哈里根(Stephen Harrigan),如果擬鱷龜長得像真鱷龜那麼大,「他們會經常攻擊泳客」。

麥特從未被擬鱷龜嚇退過。他很早就學會了如何處理他們。我曾見過麥特為了好好看清楚，從混濁的水中抓起張著大嘴的巨大擬鱷龜，還將他們提到他的獨木舟上——沒有被咬，甚至也沒有讓船晃動。雖然他們通常會張開大嘴（這很可能是一種自然反應），但他們很少看起來壓力大到會咬人。

但對我來說，搬動一隻大擬鱷龜一直是一個大工程。

有一次，我正開車從機場回家，急著回到丈夫、狗、豬和雞群身邊，突然注意到在對面的車道上，有一隻殼長約45公分（1.5呎）的擬鱷龜從森林裡爬出來，正試圖穿越新罕布夏州的101號公路。

我該怎麼辦呢？她看起來太重了，我恐怕抬不起來，況且我還擔心被咬。後車廂裡唯一可能派上用場的工具是一把藍綠色的折傘。我打開傘，像一塊亮藍色的帷幕一樣擺在烏龜面前。這麼做既能阻止烏龜繼續前進，也能吸引迎面而來的司機注意，避免他們撞到我們兩個。

但接下來該怎麼辦？雨傘確實讓她停下來了，但我要怎麼讓她過馬路呢？我唯一能做的就是繼續待在她身邊，撐著雨傘，直到交通停擺，讓我有足夠時間護送她慢慢過馬路。

我意識到，我可能得一直等到天黑。

我非常火大，心想，那些愚蠢的司機，連看到路上的烏龜都不願停車！這些人到底怎麼了？難道他們就不能減速，拯救一條生命嗎？難道他們不知道，這些過馬路的烏龜是懷孕的媽媽，正在為繁衍下一代而努力嗎？我開始在心裡默默詛咒他們。

就在這時，車輛開始停下來了。

「需要幫忙嗎？」一位車裡載著兩個孩子和保姆的女性，

從對面車道停下來，搖下車窗對我喊道。接著，另一位女性也把車停在路邊，下來幫忙。然後第三輛車在路的另一側停了下來。「我有一支耙子！」一位高個子男性從車裡出來，大喊道：「你用得上嗎？」

當我用雨傘擋住擬鱷龜時，其中一位女性從森林中走出來，拿著一根粗木棍。她把木棍遞給擬鱷龜，認為擬鱷龜會咬住它，然後我們可以把她拉過去。但擬鱷龜半躍而起，咬斷了木棍（按：編輯確認過，擬鱷龜真的能跳，雖然只能跳約一兩公分）。然後我想到另一個主意。「有人有紙箱嗎？」我問道：「我們可以拆開紙箱，像雪橇一樣把她拉過去。」

第一位女性回到她的車上，然後做出更勝一籌的舉動。幸虧她的兩個孩子，她恰好帶著一個塑膠平底雪橇，孩子們不論有沒有雪都會用它來滑下山坡。這個雪橇還順帶配有一根長繩。我們用耙子將烏龜弄到雪橇上。趁著交通稍微中斷，在那傢伙留意來車時，我拉著繩子把她拉過馬路。當母擬鱷龜發出嘶嘶聲並試圖咬人時，我們輕輕地把她倒出雪橇，安全無虞。我們全都歡欣鼓舞。

這次經歷短暫地恢復了我對人類的信心。但如果當時我知道「端盤法」（Platter Lift），就可以省掉這些戲劇性的過程。

艾莉西亞從樓下的一個水箱中取出96號，一隻大約11公斤（25磅）重的雌龜，去年因為與車輛碰撞後被救援。艾莉西亞把她帶到樓上並走出門外示範。

「她來的時候完全像個活屍。」艾莉西亞說。但當她將這隻擬鱷龜放在前院的草地時，很明顯，96號不再是活屍。當她看到我走向她時，她迅速轉身，張開她那令人印象深刻的下顎。如果

4. 超能力

73

有必要,她完全有能力衝上來咬我。我向旁邊走去,但她又轉身面對我。

「你看,靠近這隻擬鱷龜時,牠會轉身面對你,不知不覺中,你就會跟牠跳起『擬鱷龜舞』了。」艾莉西亞說道。她經常見到這種情況,每個「舞伴」跳躍、暴衝、轉身,隨著每一次轉向,雙方都變得更加害怕和緊張。她說這場面看起來十分爆笑,尤其是當一名魁梧的男警被一隻相對較小的擬鱷龜逼得無處可退時。這時她最喜歡冷靜地把這動物抬起來,讓警官和旁觀者都對她的「魔法」興奮不已。

「所以你首先要做的,」艾莉西亞解釋道:「是繞一個大圈子,從烏龜的背後靠近。」

「慢慢來,」娜塔莎補充道:「溫柔點,讓你的心靜下來。烏龜通常能感覺到你的情緒。如果你感到害怕,牠們會知道。如果你保持冷靜,牠們常常會感受到這一點。」

我深吸一口氣,等了一會兒,然後從後面慢慢地、恭敬地、充滿愛意地靠近。96號一定知道我在那裡。她能感受到我腳步的震動。烏龜不像我們一樣有耳朵——頭部每側都有一塊軟骨板充當耳膜——但牠們能夠非常敏感地聽到低頻音(低音域範圍),因此她也可以聽到我在走路。而且她也很可能聞得到我。但是她沒有轉身,也沒有咬我。

「現在,舉起你的手,手掌從後面滑到腹甲下面。」艾莉西亞指示。她警告絕對不能抓住烏龜的尾巴提起來——這可能會折斷烏龜的脊椎。但使用『端盤法』時,可以用另一隻手抓住尾巴的根部(而不是尾端),只是為了保持烏龜的穩定。「現在,輕輕地用你的手掌將她端起來。」

她是對的：這就像服務生端著一個大盤子一樣。只是我現在端著的大盤子是一隻野生的爬蟲類，而大多數人害怕到根本不敢靠近。

　　「看到了嗎？你的手離她的臉很遠。她咬不到你。」她甚至連試都沒試。她確實目瞪口呆地張開下巴——娜塔莎和艾莉西亞稱之為擬鱷龜的微笑——但我們都沒有感受到威脅。當我走了幾步把她放下時，她沒有搖晃或轉身，而是平靜地待在原地。

　　另一種技巧叫做「方向盤握法」（Wheel Well Grip），適用於特別重的擬鱷龜。「做這個動作最好戴上手套。」娜塔莎建議。在這個位置，烏龜也咬不到你——但如果烏龜的後腿在「空氣游泳」，牠的爪子可能會給你留下難看的抓痕。她還補充說，由於擬鱷龜生活的死水中充滿了各種生物，「這些抓痕幾乎都會造成感染。」

　　艾莉西亞解釋說，在這種握法中，你將兩隻手的四根手指放在龜殼後端的下方，伸進一個大得令人驚訝的空隙中，這個空隙位於背甲和後腿之間，類似於車子的方向盤位置。拇指放在背甲上方，這樣握住烏龜時，頭部朝上，尾巴朝下，背部面向你。在這個位置，腹甲朝外，就像你在拿著一面盾牌。

　　我發現這確實是一個非常牢固的握法。我覺得自己可以這樣抓著96號龜走很長一段時間。我非常高興，擺好姿勢，抓著這隻非常冷靜且體型驚人的擬鱷龜，麥特則拍下了這一幕。

　　但艾莉西亞提醒我們，處理擬鱷龜並非我們業務最困難的部分。「我希望大家明白，」艾莉西亞說：「你們將參與我們的一些任務，有時候事情會變得有點刺激，還可能會大動肝火。」她警告道。這一點我完全可以想像。某些情況可能會讓任何愛護動

4.

超能力

物的人覺得憤怒。

「有時候，這些烏龜會讓你心碎，」艾莉西亞告訴我們：「我總是對這些烏龜抱有很深、很深的感情。如果我能替牠們承受痛苦，我一定會做。」

深切的關懷是有代價的。「同情」（compassion）這個詞本身就包含了情感上的代價。字首「com」意為「與」，而拉丁語字根「pati」〔我們從中得到「激情」（passion）一詞，例如：「基督的受難」（Passion of Christ）〕意為「受苦」。因此，感受同情就是進入他人的痛苦中，與他們一起受苦。神學家兼作家卡爾・費德利克・布希納（Carl Frederick Buechner）定義同情為「有時甚至會致命的能力，設身處地苦人所苦的感受。這是知曉，當你獲得真正的和平與喜悅後，我才會有和平與喜悅。」

在1980年代和1990年代，心理學家終於為創傷學家查爾斯・芬利（Charles Finely）所稱的「關懷的代價」創造了一個術語：悲憫疲憊（compassion fatigue）。這是一組症狀的複合體，包括疲憊、煩躁和憤怒，源於照顧那些飽受恐懼和痛苦困擾的他人。這種狀況也被稱為「二手衝擊」（secondhand shock），是野生動物復育工作者和獸醫——以及面對戰場、自然災害和疫情等緊急情況的醫生和護理師遇到的難題。悲憫疲憊可能會對身體造成可怕的損傷，包括頭痛、失眠、體重減輕和慢性疲勞，但最糟糕的是，卡拉・喬因森（Carla Joinson）率先指出，她過度勞累的護理師同事喪失了她們的「培育能力」（ability to nurture）。

這是艾莉西亞最擔心的問題。「情感上，這會消耗我……」她說：「去年，我拼命抗拒。我以為我有無限的能力。我必須明白，我是一個人——一個女人。我必須參與其他活動。」

為了幫助自己放鬆，艾莉西亞寫詩、騎摩托車和越野車。她探索廢棄的工廠、磨坊、老房子。她還喜歡打扮。她每天堅持化妝、做頭髮、穿上漂亮的衣服。

對於娜塔莎來說，她的放鬆方式是運動。散步、跑步，而今年她還訂了一輛叫做「蝌蚪」的斜躺車（recumbent bike），這輛車將根據她的需求量身訂做。

兩人在狂亂悲傷的春季總是相互照應。她們會特意安排約會之夜——即使約會經常因突發事件而取消，他們也會試著在海鮮速食店「clam shack」午休用餐，或者去他們最喜歡的冰淇淋攤位享受一支冰淇淋，並聽聽停車場裡的劣質喇叭播放的老搖滾樂。遇到低潮期時，艾莉西亞會到甜甜圈店買咖啡和點心給娜塔莎，儘管艾莉西亞自己不愛這些東西。當娜塔莎看到艾莉西亞不堪負荷時，她會堅持請她的伴侶去後院小歇，轉由她在瑪凱拉的幫助下處理緊急事件。

即便如此，一切依舊艱難。「到了季末，我的精神快崩潰了，」艾莉西亞承認：「我只剩一對繩子讓自己不致解體。」

「我們會失去傷患，」她警告我們：「有時我們是在拯救生命。有時我們只是在將烏龜移到安全的地方。有時我們跟人們接觸，改變他們的心靈和觀念。會有美好的時光——也會有悲傷的時光。」

而且還會有奇特的時刻、絕妙的時刻，是我們連想試著想像都很困難的時刻。

5.
時間之箭
Time's Arrow

一隻正在過馬路的錦龜

　　我們剛完成了實習生的第一個早晨庶務——搬運並重新組裝娜塔莎為自然中心圈養的紅耳龜所建造的棲地——這是一個愉快的任務。當地動物管制官就打電話過來了：大擬鱷龜在艾許蘭大道（Ashland Avenue）被撞了。這是一條繁忙的街道，距離州際公路不遠，只有幾哩。

　　幾分鐘內，保護官就帶著受害者抵達，後者被放在一個寵物運輸籠裡。艾莉西亞只看了一眼就斷言：「這是緊急情況。」

　　我們匆忙下樓。

　　艾莉西亞和瑪凱拉洗手，戴上手術手套。艾莉西亞以端盤法，將傷患從籠子裡抬到閃亮的檢查台上的乾淨粉紅毛巾上。「你好，小怪物。」她對他說。烏龜緩慢、痛苦地伸長脖子。「你還活著呢⋯⋯。」

　　這隻擬鱷龜的長尾巴顯示他是雄性。一道5公分（2吋）長的

血淋淋的傷口穿透了背甲下半部的一塊骨板或盾板,露出了白得發亮的肋骨。艾莉西亞說,通常這樣的傷口不難處理。但這只是最明顯的傷,並不是真正的問題所在。「我很擔心,」她說道:「車輪壓過了整隻烏龜,龜殼已經凹陷了。」她輕輕拉起其中一隻巨大的後腳,腿無力地垂了下來。

「他的脊椎斷了,」她說:「他的下半身就像一碗果凍。」

這隻擬鱷龜的腸道、腎臟、肝臟、膀胱、結腸——他身體下半部分的所有器官——都被車子壓扁了。他破碎的肋骨成了「一袋割破內臟的剃刀」艾莉西亞說道。經歷了20年成功的野外生活後,他在短短的兩秒鐘內,被撞碎、壓扁,最終被刺穿。

艾莉西亞用食指抬起擬鱷龜的喙,查看他的嘴巴內部。「只是檢查一下你的聲門。」她用撫慰的語氣說道。烏龜的聲門是一個位於舌頭後方的縱向裂縫,是通往呼吸系統的開口。艾莉西亞對我們說:「他在呼吸,」然後對他說:「好了,小寶貝。」然後輕輕地讓那強壯的下顎闔上,他並沒有試圖咬她。

她用針筒將乳酸林格氏無菌鹽水溶液(Lactated Ringer's sterile saline solution)噴在傷口上,這傷口至少相當乾淨,並且新得尚未引來蒼蠅。隨後,她重新調整擬鱷龜在檢查台上的位置,並用銀色膠帶和強力膠固定受損骨板的斷裂邊緣。擬鱷龜脖子的皺褶上有十幾隻水蛭附著,艾莉西亞用手術鑷子將牠們一一取下,丟進一個曾經裝過人造奶油的空罐裡。娜塔莎輕聲說道:「我曾見過水蛭直接穿透烏龜的殼。」艾莉西亞檢查了腹甲,發現還有十幾隻水蛭,也一併取下。雖然這些寄生蟲是最不需擔心的問題,但這份額外的溫柔呵護差點讓我淚崩。

「我們在這裡會給每個生命一個機會,」娜塔莎對麥特和我

說道:「但你們要有心理準備,預後非常不樂觀。我從未見過傷成這樣的烏龜活下來。」

「我們會把他擺成合宜的標準姿勢,並提供輸液和鎮痛劑,」艾莉西亞說道:「有時候,只是將身體擺正就能帶來極大的舒適。我所能做的也只有這些了。」

為了計算正確的鎮痛劑劑量,我們必須先測量烏龜的體重。他重達8.8公斤(19.5磅),這證明他至少有21歲了——比瑪凱拉大一點。就像她一樣,他長久的成年生活才剛開始,而且也像她這年齡的許多人一樣,他可能在這個美好的春日出門,希望找到伴侶。

艾莉西亞準備了一個大針筒,裡面裝了約四湯匙的乳酸林格氏注射液,這些注射液來自檢查台旁懸掛的袋子。瑪凱拉從冰箱取出一個裝著美洛西卡(meloxicam)的小玻璃瓶,一種消炎的鎮痛劑,夾在腋下加熱。艾莉西亞說:「他顯然正在忍受疼痛,因此我們會給他最大的鎮痛劑劑量。」但由於烏龜的新陳代謝緩慢,一種能在幾秒鐘內為人類帶來緩解的藥物,對烏龜來說可能需要幾個小時才能生效。鎮痛劑和抗生素將會與補水的林格氏注射液混在一起,這樣他只需要打一針,而不是三針——這也是一種體恤。

瑪凱拉在箱子中鋪上了新毛巾,然後輕輕地把他放進去。她再用第二條乾淨的毛巾蓋在他身上,然後關上蓋子。她在膠帶上標記了他的編號——34,還有他的體重,並貼在蓋子上。艾莉西亞解釋說:「今天結束前,他還會再接受60毫升的林格氏注射液。」但目前,他將在這個平靜的黑暗中,安全且安靜地休息。

「你會替他取名嗎?」我問道,虛弱地試圖抓住一絲希望。

「他們通常在72小時內不會有名字。」艾莉西亞答道。傷患在受傷後的前三天內最有可能死亡。

「但過了那段時間,我們幾乎都會替他們取名。這樣能讓你在情感上與治療過程產生連結。」

但對於我和麥特來說,那種情感連結已經發生了。

・・・

我們檢查了上週到達的其他患者——那些還活著的患者。已經死亡的相當多,或者到達時就已經死亡。情況很嚴峻。32號,一隻小型擬鱷龜,昨天被送了進來。娜塔莎說:「他的傷勢非常嚴重。」他幾乎從頸部到尾巴裂成兩半。艾莉西亞用強力膠黏合了龜殼上的裂縫。他沒有動靜,因此他們用超音波檢查心跳。然而,沒有心跳。稍後牠的遺體會被裝袋,放在冷凍庫裡,等到秋天再埋葬。

33號是一隻成年雌性錦龜,三天前被送了進來。她撐得夠久,所以得到了名字:塔可餅(Tacos,愛開玩笑的艾莉西亞喜歡以零食為擬鱷龜命名,而娜塔莎則偏好更具啟發性的名字)。「她被狗咬過。」艾莉西亞解釋道。狗的牙齒啃掉了她龜殼的後半段,還咬到下面的嫩肉。但是瑪凱拉把她抱起來時,塔可餅依然很活潑,四肢在空氣游泳,伸長脖子。「哦,你太可愛了!」瑪凱拉說。塔可餅的活力並不代表她感覺好些了。「她有蛋。」娜塔莎宣佈:「一隻母龜急著找到地方下蛋。她迫切地想完成這個任務。」但是,由於她的泄殖腔附近有一個開放性傷口,而蛋必須通過那邊,所以不能讓她接觸到土壤去挖洞下蛋。等到塔可

餅的狀況穩定後，會透過注射催產素來誘導她下蛋。瑪凱拉為她換了毛巾，就像護理師為病人換床單一樣，並在她後腿的柔軟部位注射了林格氏注射液來為她補水。

27號也是一個重症病例——一隻被車撞到還拖行的大型成年擬鱷龜。她們替他取名為下護板（Skidplate）。他來的時候大部分的腹甲都不見了，骨頭外露，傷口還長了蛆。娜塔莎用方向盤握法抓住他，讓艾莉西亞檢查他腹甲上五個巨大、主要是圓形的傷口。他的左側比右側受到更嚴重的損傷，但他的右前爪和尾巴附近的大片區域也受了傷。艾莉西亞在傷口上塗了厚厚的一層達淨磺胺銀（silver sulfadiazine）藥膏，這種藥膏能在身體和環境之間形成一層無菌保護層，而這樣一罐414毫升（14盎司）的量就要70美元。

下護板扭動了一下，但並沒有咬人。「我知道，孩子。」娜塔莎輕聲安撫著。他剛來的時候還在拼命掙扎、咬人。現在，他已經耐心地忍受每天被人從醫院箱抬起來兩次注射，包括輸液、抗生素和鎮痛劑。「即使他像個針插包似的被插滿針，他也知道我們現在是在幫助他。」她說道。檢查和注射完畢後，瑪凱拉把他緊緊包裹在毛巾中放回箱子裡，這樣做是為了避免傷口受到壓力。艾莉西亞以謹慎的態度說：「他真的有可能活下來。」

最後，我們檢查了一隻名叫厚切薯條（Chunky Chip）的擬鱷龜，他將近22.6公斤（50磅），可能已經有100歲了。他是兩天前送來的。去年他也來過，問題相同。娜塔莎解釋說，他在馬布爾黑德的社區裡非常有名，而且深受當地居民的喜愛，大家還會餵他吃香蕉。他的問題是什麼呢？艾莉西亞舉起她去年從這隻老龜巨大嘴巴裡取出的第一樣東西——5公分（2吋）長的大魚

鉤，魚鉤穿過厚切薯條的軟顎，從牠的眼角冒出來。今年，她從牠的下顎取出了一個較小的誘餌鉤——這個鉤子最後可能會溶解。檢查時她發現，他的喉嚨上還有一個裂口，這是另一個魚鉤留下的痕跡，這個鉤子在牠被送來救援之前已經脫落，但這個傷口卻已經嚴重感染了。

「厚切薯條代表了一種掙扎，」娜塔莎對我們說：「他遇到一些愛他的鄰居，他們甚至會餵他食物。這代表厚切薯條只要看到人們在釣魚船上時，他會游過去，期待得到點心。」那個較小的鉤子可能是一些不懂事的孩子弄上去的。「但那個大鉤子不是小孩弄的，」娜塔莎說：「那是盜獵者的鉤子，而牠還主動游過去。」

厚切薯條可能已經在那個池塘裡生活了一個世紀。那裡不只是他的家，也是他的整個世界。然而現在，這座池塘再也不是他的庇護所了。

我們很多人類都有同樣的感覺。我們在家鄉不再感到安全，在自己的房子裡也不安全。哪裡都不安全。致命的細菌可能會在郵局、雜貨店、握手或擁抱時，或者隨著包裹的送達，甚至是來自朋友和家人的近距離、溫暖的呼吸進入我們的身體。

5月28日的黎明，美國宣告因新冠病毒死亡的人數已超過10萬。隔天，麥特和我得知34號在夜間悄然離世。此時，在疫情中，計算死亡人數顯然成為了一種新的計時方式。除此之外，時間之箭似乎已經停在了半空中，無法前進。

某部熱門動畫中出現了一副日曆，其中星期一、星期二、星期三、星期四都被劃掉了。每個日曆框內只寫著「日。日。

5. 時間之箭

日。日。」這似乎象徵著每個人都在過著電影《今天暫時停止》（*Groundhog Day*）中的生活，片中由比爾・莫瑞（Bill Murray）飾演的主角每天早晨醒來，只能無限重複經歷2月2日。幾週以來，春天似乎停滯不前，冬天頑固地不肯離去。我們迎來了一個暖和的日子，然後又再次降雪。水仙花似乎在花苞出現之前就重新鑽回地底。

如今，隨著一場綿長的降雨，樹木終於萌發新葉。丁香花在陣亡將士紀念日（按：Memorial Day，美國訂定為每年五月最後的禮拜一）綻放——但自1860年代以來，這是我們小鎮的主要街道上第一次沒有遊行。取而代之的是城市中的暴動。時間似乎不是停止，而是實際上在倒退，回到一個在1960年代和70年代公民權利達到成就之前的時代。一位手無寸鐵的黑人男子被一名白人警察用膝蓋壓制超過九分鐘、乞求「我不能呼吸」直到死亡之後，抗議、搶劫和槍擊事件在憤怒中爆發。媒體普遍報導總統下令對人群施放催淚瓦斯，好讓他在一座他根本不去的教堂前拿著聖經拍照。「恭喜美國，根深蒂固的種族主義竟然比疫情還嚴重。」一位朋友在寄給同事的電子郵件裡說道：「身為美國人真是無比自豪。」難怪連夏天都不想降臨到我們身上。

城市與野火熊熊燃燒，病毒肆虐橫行，無辜之人命喪黃泉。然而，在暴力和傳染病的陰影下，也有勇氣、善良和同情心逆勢而行。當志工修復被砸碎的窗戶和被焚毀的建築，當醫生和護理師救治受創的身軀之際，麥特和我也見證了治癒世界傷痕的工作。

我們在隔週週二抵達聯盟時,艾莉西亞正在拆信。她收到了一封陌生人寄來的信。這種事經常發生。再一次,一位她從未見過的好心人寄給她一打左右的舊胸罩背扣。

艾莉西亞已經習以為常了。「我從來沒想過我會做一份要人們寄給我他們破舊內衣零件的工作。」她嘟噥道。幾年前,當龜類復育的科學還不成熟時,獸醫和志工們曾成功地將這些內衣扣黏在破裂的龜殼兩側,然後用鋼絲將兩半拉在一起。如今,艾莉西亞使用的是用三秒膠固定的鋁箔膠帶,這樣更整潔快速,也不會像內衣扣那樣容易勾到上面的物品。但善良的人們依然在網上找到烏龜救援聯盟,持續寄來胸罩的零件。

「我們捲入的瘋狂事層出不窮!」艾莉西亞說道。人們會打電話通報看似虛構的烏龜緊急情況。有時這些情況是真的,有時她們會開幾個小時的車去救援受傷的烏龜,結果發現那只是石頭或輪胎碎片,或是一隻已經死透到只剩下一具龜殼包裹著骨架的烏龜。有一次,她們接到電話說有烏龜卡在一間待售的空屋泳池裡。「那也是導致動物死亡的陷阱,」艾莉西亞解釋道:「於是我們急忙趕過去,設法弄來了一台汽油抽水機和一條消防水帶,去抽掉別人家泳池的水⋯⋯但我們並沒有找到任何烏龜。」不過,她們確實移除了溺水危險,還搭了一個坡道,讓任何掉進去的動物都能爬出來。

現在,瘋狂又來襲了。「今天,我得告訴你,」艾莉西亞說道:「我接到通報說有烏龜身上插著一支箭。」

我驚訝到下巴都掉下來了。

誰會對著烏龜射*箭*?這種蓄意的卑劣行為令人震驚。同樣震撼的是這種對比:箭,象徵速度,代表著時間無情的方向性——

5.
時間之箭

85

刺穿了烏龜的身體，烏龜則是溫和緩慢、智慧和穩定的化身。這個世界到底怎麼了？

「我不是在開玩笑。據說那隻烏龜在距離兩小時車程的一個池塘。我已經請志工麥克去那裡看看了。」

這一切聽起來都太不可思議了。怎麼可能有人在一個距離兩小時車程的濕地群發現一隻烏龜，還在牠最後一次被目擊後的幾小時或幾天後才發現牠呢？真的有烏龜中*箭*嗎？

「我們經常接到這樣的電話，」她疲憊地說：「一隻烏龜受傷了，在麻州的某個地方，在這片樹林或那個池塘裡。我曾經接到通報說有隻受傷的烏龜在路邊，幾天後我跑去樹林裡找，還真的找到那隻烏龜。」

艾莉西亞嘆了口氣。「總有一天我們會接到電話說，有烏龜正在爬摩天大樓。」

我們要等好幾個小時才能聽到那位志工的回報。在此同時，麥特、娜塔莎和我被派往伍斯特的170號卡車司機聯盟（Teamsters Union）當地辦公室。

整個春天，一隊隊母龜從鄰近的沼澤地出發，穿過卡車司機聯盟的停車場，去木屑和草坪的島上生蛋，這些地方四周被柏油所包圍。這座大型磚造建築及其80公畝（2英畝）的停車場是15年前興建，而在此之前的無數世代中，這裡一直是原生錦龜和擬鱷龜的傳統築巢區域。現在，卡車和汽車整日進出，讓那些遷徙中的母龜面臨風險。之後，剛孵化的幼龜會面對更大的危險，因為牠們更難被司機看見。而在這期間，蛋也容易受到像臭鼬和浣熊這類掠食者的威脅，對牠們來說，龜巢是一桌蛋白質饗宴。我

們此行的目的是檢查有無龜巢，並挖出任何處於致命危險中的蛋進行孵化。

「烏龜季來了！」停車場周圍的橘色三角錐上貼著印有這句話的傳單。這些標示的製作人是史考特‧馬里諾（Scott Marrino），他今天早上稍早打電話給烏龜救援聯盟。史考特是一名54歲、理平頭的健壯男士，負責工會的管線維修和場地維護。自從他在一年半前受僱以來，他就一直在印製這些標示，放置三角錐，並與聯盟合作，提醒員工和訪客注意築巢的烏龜。「我一天會出來三、四次，有時候能找到10個龜巢。」他告訴我們。「我老闆並不會出錢要我巡邏找龜巢——但這裡的每個人都關心這些烏龜。」他表示。自從他開始張貼這些標示以來，「人們非常訝異。這裡的每個人都參與了，大家都很興奮。在這裡工作的人也是父母。光是知道人們在乎這些事情，就讓你的感覺很好。」

這個季節已經開始，史考特已經在他發現的四個地方，會受人侵擾的土壤上放了用12.7公分（5吋）的釘子固定的鐵絲網。他認為這些鐵絲網不僅標出了疑似巢穴的位置，還可以在我們到來之前防止掠食者挖掘。我們會檢查這些地方，看看是否有蛋存在，還會巡邏停車場的外圍，尋找其他可能需要保護或移走的巢穴。當我們準備去執行我們的工作時，史考特說道：「你們真是一群好人，做這種事！」

「我們通常會在這裡找到很多築巢的烏龜。」娜塔莎一邊說著，一邊用她的白色手杖在停車場裡遊走。我們很快找到了史考特標記的四個區域，然後開始挖掘。這項工作，我們都依賴觸感——這是娜塔莎擅長的，但我還是個笨手笨腳的新手。我們不用

5.
時間之箭

工具,只用沒戴手套的指尖小心翼翼地挖掘,否則我們可能會打破龜蛋。娜塔莎建議,如果我們夠細心的話,我們會注意到手指穿過巢穴頂部進入洞穴的那一刻,感受到最上層蛋的涼爽光滑曲線。「今晚,」她警告道:「你的指尖會非常痛。」

史考特標記的區域裡都沒有找到蛋,但母龜很可能曾在這裡挖掘過。錦龜和擬鱷龜都會挖巢穴測試,而一些龜類——科學家已經在錦龜和兩種海龜身上證實了這點——甚至會挖假的巢穴當誘餌迷惑掠食者。

在停車場邊緣的一面擋土牆旁,麥特發現了似乎很新鮮的巢穴。但挖掘的生物沒有留下任何蛋。我們繼續前往其他土壤有動靜的區域。「這份工作的兩個陷阱就是急於求成……還有過早放棄。」娜塔莎提醒道。有時候,蛋室可能在深達超過15公分(6吋)的地方,務必以耐心堅持下去,而且你永遠不知道會發現什麼。有一次,娜塔莎在這個停車場邊緣挖掘時,沒有發現蛋卻發現了母龜。這隻疲憊的母龜暫停挖掘,「決定在這涼爽潮濕的地方稍作休息」。事實上,娜塔莎發現,這隻母龜所挖的洞,是另一隻母龜已經使用過的。

今天,我們沒有找到任何蛋,龜蛋運輸器——一枚有提把的塑膠箱,裡面放了波浪床墊——將空箱而歸。「今天沒什麼收穫,」娜塔莎向史考特報告:「但很明顯,烏龜們已經出來活動了,也很熟悉這片土地的地形。如果有任何新發展,隨時聯絡我們!」

「我一定會的,」史考特揮手回應:「謝謝你們所做的一切!」他愉快地喊道:「我很喜歡你們來這裡幫助牠們!」

回到車上後,娜塔莎以藍芽接聽了一通電話。她宣佈了消

息:「麥克‧亨利(Mike Henry)找到了那隻烏龜!」

回到聯盟時,我們剛進車道,麥克就在我車後停了下來。一個年近40歲,戴眼鏡留著深色鬍鬚的瘦高男子從車裡出來,手裡提著一個151.4公升(40加侖)的桶子,裡面裝著那隻烏龜。

「動物管制官在停車場裡見到我,給了我一個網子。」他解釋道。究竟他是怎麼發現那隻烏龜的呢?「我運氣不錯,那是一隻大烏龜,卻待在小池塘中。」池塘其實並不算小,大約有3.2公頃(8英畝)。麥克是一位軟體開發教練,專門協助開發人員的工作,但他將自己的假期用來救援烏龜,而且是艾莉西亞所稱的其中一位「超級志工」──擁有非凡才能的烏龜救援人士。

事實上,麥克就是那位救回披薩俠的人。他曾經在一個微妙的情況下,成功說服了一名有潛在危險的毒販交出他的寵物烏龜。麥克以極其巧妙的交際手腕處理了這個情況。他對那名罪犯說:「我聽說你的烏龜可能生病了。」當時名為火花(Sparky)的披薩俠確實患有嚴重的呼吸道疾病,而且還在地板上爬行,而飼主的大型犬正在嗅牠。麥克還與麻州漁業和野生動物部門(Massachusetts Division of Fisheries and Wildlife)一起參與了瀕危的流星澤龜的復育計劃,並收養了幾隻需要家的烏龜。「任何時候,只要有烏龜遇到麻煩,」艾莉西亞曾經對我和麥特說:「我們都能靠麥克解決。」

「我正要越過一根被淹沒一半的木頭時,看到了他,」麥克繼續說道:「我以前從未在水中處理過烏龜!」他第一次用網子撈的時候,水非常混濁,幾乎什麼都看不見。於是他放棄了網子,直接下水徒手抓。嘗試了三次,才將這隻巨大的擬鱷龜從水

裡拉出來。「我剛開始只希望自己抓住的是尾巴那端，」他告訴我們：「然後用方向盤握法將他搬進箱子裡。他甚至沒試著咬我，真是一隻很從容的傢伙。」

然後，麥克把這隻大約13.6公斤（30磅）重的烏龜放進箱子，沿著碎石小徑走了400多公尺（四分之一哩）才到達他的車，然後從馬布爾黑德的池塘開了兩個小時的車到南橋。

麥克打開黑色塑膠桶的蓋子，露出了這位傷患。這隻擬鱷龜幾乎塞滿了整個桶子。箭桿確實從他脖子的右側伸出來，斜靠在他的臉前，每次他伸長脖子，12.7公分（5吋）的箭桿都會撞到他的眉毛和鼻子。我們替這隻擬鱷龜取名叫羅賓漢（Robin Hood）。

「他看來過得很好，」麥克拍了拍這隻擬鱷龜前腿上的脂肪，說道：「真是一個大胖子！」他把擬鱷龜舉起來，讓我們檢查。腹甲光滑乾淨。當他張開嘴巴，露出他的擬鱷龜笑容時，口內很健康而且呈現粉紅色。

這一切對羅賓漢的康復來說都是好兆頭。但是在等待艾莉西亞從修理電器的外務回來的同時，我們需要試著研究她如何才能安全地將箭取出。

急需考量的是箭頭的種類及插入體內的情況。「我們得確定這是否真的能安全移除」，娜塔莎說道。箭桿的末端是什麼？是一個筆直的尖端，還是帶有獨立刀刃的尖端？「有些箭頭是彈簧式的。」麥特說道。「我們只能希望這只是某個15歲白痴用的業餘箭。」娜塔莎評論道。

麥克再次用「方向盤握法」舉起羅賓漢，讓我們能更仔細地觀察。

「這是十字弓箭！」娜塔莎驚呼。

十字弓最早是在中世紀時期開發的軍事武器，強大到足以穿透鎖子甲。雖然現代有時候會把「箭」（arrow）和「十字弓箭」（bolt）這兩個詞交替使用，但嚴格來說，十字弓箭比傳統的箭更短、更重。

「我們來看看坎貝拉（Cabela's）對十字弓箭的介紹吧。」麥特說道。坎貝拉是一家販售釣魚、狩獵和戶外用品的商店。麥特認為，我們應該能在他們的線上型錄中找到這支十字弓箭，進而弄清楚藏在羅賓漢體內的箭頭的種類。

麥特在手機上找到了。「16公分（6.3吋）的鋁製十字弓箭，」他讀著：「末端沒有箭頭。而且還說這是『高品質的』……。」

「好喔，了解。」娜塔莎怒火中燒地說：。

誰會用箭射一隻烏龜？而且還是這麼*溫順*的一隻！「他只是個大寶寶，」麥克溫柔地說：「他根本不想咬我。你是個好傢伙，老兄。」他一邊把擬鱷龜放回地上一邊對他說著：「我們站在你這邊。」

艾莉西亞來了，我們全都下樓。她說：「給我看看！」並同時用方向盤握法將他抓到檢查台上，啟動放大鏡檯燈。「嗨，親愛的。看看你大大的醜臉，你好醜，你好美！」

她伸手抓住金色箭桿，這箭桿距離他的下顎只有幾吋，輕輕地搖晃了一下。羅賓漢甚至沒有張開嘴巴。很明顯，這是一個已經癒合的舊傷。箭頭深深插在他的肩胛骨和頸部，就像鐵絲網嵌進了一棵樹裡一樣。

艾莉西亞直接在受傷部位注射了些許止痛用的利都卡因。這

藥物可能需要15分鐘或更長時間才能生效。她繼續摸索著羅賓漢的脖子和肩膀。

「看起來箭頭上沒有什麼東西，只有一個尖端。」娜塔莎告訴她。

「對，我能感覺到它穿過了另一邊的皮膚。」艾莉西亞說道，一邊試著拉出箭桿，「但是，它真的插得很深。」她再次拉了拉，然後轉了轉，但那支箭不動如山。雖然這隻大擬鱷龜沒有撲過來或張嘴咬人，但我無法想像他會喜歡這種感覺。

「你真可愛！」艾莉西亞對她的患者說。

「好孩子，」麥克鼓勵道：「撐住！」

艾莉西亞繼續拉扯和扭動，但箭矢仍然紋風不動。「我會試著用乳酸林格氏注射液潤滑，讓這個部位膨脹，這樣也許會滑出來。」她又進行了一次注射，這次她成功拉出大約0.6公分（四分之一吋）的箭桿。然而，仍有至少2.5公分（1吋）的金屬插在他的肉裡。

她繼續拉扯，嘗試扭轉箭矢。她的雙手緊挨著擬鱷龜的臉，一隻手按在他的脖子上，另一隻手拉著箭桿——終於，箭矢鬆動了，拔出來了！

「感覺怎麼樣，老兄？」麥克問烏龜。

「一定是輕鬆無比。」麥特說。

我用手遮住臉了一會兒，感覺自己終於能再呼吸了。

諷刺的是，許多人類的文化，包括在古代西南岩雕中留下印記的美洲原住民，都將箭矢視為生命的象徵，這是因為它對他們的傳統生活方式至關重要。1920年代末期，箭矢成為物理學家用來象徵時間飛逝的符號。對於羅賓漢來說，這支箭只是一個痛

苦和煩惱的來源；對於艾莉西亞來說，這件從烏龜身上拔出的武器，只是證明了愚蠢人類的殘酷行為令人憎惡。但稍後，我也會注意到，箭矢同時也被視為**奮鬥與勝利**的強大象徵——再也沒有什麼比這更能象徵此刻的意義了。

艾莉西亞對傷患的處理程序尚未結束。「你是不是戴了一頂帽子？」她溫柔地從羅賓漢巨大的頭上取下一片枯萎的楓葉。接著，她注意到他的一個鼻孔裡似乎有一個小小的堵塞物。她試著用手術鑷子將其取出——這時，大擬鱷龜第一次表現出不耐煩。他突然猛衝並張口大咬。我嚇得幾乎跳起來——但這一切對艾莉西亞來說絲毫不構成困擾。（「在長椅上，我能感覺到緊張的氣氛在醞釀。咬人前有很多徵兆發生，你有幾毫秒的時間準備。」她這麼告訴我，一副好像這是很多時間似的。）她預料到一切，只是簡單地移動了身子。看起來像堵塞物的東西，其實只是一小塊泥土，根本不需要處理。

她用消毒的必妥碘沖洗舊傷口，液體如暗色的血一般積在傷口周圍。艾莉西亞仔細檢查了羅賓漢的臉部。他的鼻子呈粉紅色，就像剛曬傷一樣。在脖子的右側有一個紅色的潰瘍，左眼上方有因箭桿摩擦而引起的發炎痕跡。她還注意到右前腳有一個小擦傷。所有傷口都用林格氏注射液沖洗並噴上必妥碘。最後，她把烏龜放在地板上。羅賓漢進入自衛狀態抬高了後背，呈現出銳利的鋸齒狀殼，這是出自本能做的警告。「可能連他都不知道自己在做這個動作。」娜塔莎說。為了做紀錄，我們量了這位傷患的重量：13.2公斤（29.3磅）。即使他可能已經上百歲了，對於一隻擬鱷龜來說，他仍然是中年——相對來說，比我還年輕。

「你很帥喔！」麥克對烏龜說，然後對艾莉西亞問道：「接

下來要做什麼？」

艾莉西亞對著擬鱷龜說：「你是一隻好烏龜。現在就在你的箱子裡放鬆一下吧。」她輕柔地把他放回他的運輸箱，然後轉向我們說：「他的傷勢很輕微，沒有感染。傷口很乾淨。麥克，」她告訴志工：「你今天就可以把他野放！」

麥克帶著羅賓漢前往馬布爾黑德，將他放回他的池塘家園，而麥特和我準備開車回新罕布夏州。下次什麼時候會需要我們呢？

烏龜的活動狀況取決於天氣。築巢潮正在朝我們這裡移動。天氣預報顯示之後會愈來愈暖和，氣溫可能會迅速攀升到26.6度（華氏80度）。

「星期四，我覺得會很瘋狂。」艾莉西亞預測道。

「又熱又忙，」娜塔莎同意道：「如果我們沒搬運患者的需求，那就會需要你們幫忙野放。」

我們會在兩天後回來。

6.
圍欄彼端
Beyond the Guardrails

在樹上打發時間的麝香龜

　　山鷸在黃昏時分嗡嗡飛過、楓芽的點點深紅、春雨樹蛙叮叮噹噹的合唱——每一個春天降臨的跡象都令人熟悉、備受喜愛，就像再次獲得的承諾。春天來到我們這裡，不管我們是否準備好——它穿過我們的窗戶，伴隨著黎明時分鶇鵡瀑布般不絕的歌聲；它降落在我們的草坪和汽車上，就像柳絮和松樹的黃色花粉。春天如延齡草和鱒魚百合的花瓣一般，一夜之間展開，扯著喉嚨呼喊。

　　但龜巢卻不一樣。它是一個悄聲述說的秘密。在我發現第一個龜巢之前，我已在森林和濕地中徘徊了三十多年。發現一個野生原生龜的巢穴，感覺就像揭開了一個意想不到的溫柔時刻的面紗，這樣的時刻只有少數幸運的人才能瞥見。親眼目睹讓人覺得靜謐、親密且神聖，是一個永遠留在你心中的時刻。

　　我的第一次經歷，是與我的朋友大衛・卡羅（David

Carroll）一起，他是一位作家、藝術家和龜類智者。早在他2006年64歲時獲得麥克阿瑟獎（MacArthur Genius grant）之前，大衛有時會帶我去他在世界上最喜愛的地方：一片由沼澤、濕地、草地、窪地和河流組成的馬賽克拼貼，他稱之為「挖掘地」（Digs）。在這裡，他就像一位朝聖者，在春夏之際，每天都會盡可能來這裡與烏龜相會。

大衛會把車停在一條老舊的伐木道邊，我們會走過一扇多年來一直敞開、從未關上的生鏽大門，因為正如他在他的第一本書《龜年》（暫譯，*The Year of the Turtle*）中寫道：「這條土路的另一邊，沒有任何東西需要我關上這扇門。」

我們走在一片陽光充足的沙地上，這裡因凍土隆起而高低不平，長滿了藍莖草、粗糙的蕨類以及一種外觀矮小的一枝黃花，花莖通常不超過（6吋）高。當時是九月，野生蔓越莓像紅色小彈珠一樣散落在地上。所有植物都顯示，那是我們人類所謂「貧瘠」的土壤。「但對築巢的烏龜來說，這裡是絕佳的地點。」大衛告訴我。龜巢需要充足的陽光，茂密的草本植物或灌木會阻擋陽光。「牠們甚至不會在小灰樺和白色繡線菊之間築巢」他解釋道：「那裡太昏暗了⋯⋯。」

就在那時，他的目光被什麼吸引了。

那是一個小小的土壤開口，直徑不到5公分（2吋），很容易在草叢和蕨類植物以及鹿的雙趾蹄印中被忽略。但它就在那裡：一個出口，幼龜孵化後從巢穴中挖掘出來，留下了蛋殼。大衛彎下腰，用一根手指輕輕地把一些沙子掃到一旁。他站起身來，讓我驚訝的是，他的手中竟然捧著一隻完美無瑕、2.5公分（1吋）長的東部錦龜幼龜。卵黃囊依然附著在幼龜的腹部。

他說，這隻幼龜大概才三天大。幼龜的兄弟姐妹已經離開巢穴，前往附近的濕地了。但他告訴我，大多數的錦龜幼龜會選擇留在巢穴裡過冬，直到第二年春天才會出來。

　　「這個地方對我而言是神聖的土地。」大衛說。每次我陪他去「挖掘地」時，我也有同樣的感覺——彷彿我們穿過了一個魔法入口，進到了另一個地方與時間。這裡是一個秘密而神聖的世界，害羞的動物們可以過著他們私密的生活，一如他們從恐龍時代以來的生活方式。

　　後來，麥特也帶我去了一些他喜愛的烏龜景點。這些地方只能乘船到達。在初春的一個陽光明媚的日子，天氣依然寒冷，我穿著羽絨背心瑟瑟發抖，而麥特穿著短褲，赤腳帶我去他稱為「龜灣」的地方。他已經來這裡十五年了。我們在一座廢棄教堂旁的碎石停車場邊放下我們的獨木舟——他坐在自己的「綠海牛」裡，這艘獨木舟是他高中時期擁有的，上面還留有他在佛羅里達州遇到鱷魚時所留下的齒痕；而我則坐在艾琳較新的「藍爆炸」裡。對麥特這個無神論者來說，教堂只是一個地標。對他來說，水域才是聖地。

　　他划著「海牛」帶領我前行。不一會兒，我們穿過藍莓叢之間的小空間，就像進入了一扇隱藏的門，發現自己在海灣的懷抱中。我們停下划槳的動作，清涼而清澈的水如同一隻手捧著我們；上方是剛剛到來的紅翅黑鸝所發出歡快囀鳴，沼澤帶鵐跳躍零碎的歌聲，還有長鳴的大雁飛過頭頂。觀察烏龜的條件十分完美：這是幾週來第一個晴天。睡蓮的花苞看起來像即將發射的火箭，但還沒有遮住水面，水面也平靜清澈。麥特知道烏龜一定會

6.
圍欄彼端

出來曬太陽。

我們剛進入海灣不到一分鐘，麥特就發現了一隻長約11.5公分（4.5吋）的錦龜浮在水面上。牠的兩側有鮮紅色的斑點，脖子帶有鮮黃色條紋。烏龜看到我們後迅速潛入水中，但麥特憑著他一生捕捉動物鍛鍊出的反射動作，迅速抓住了這隻烏龜，讓我們可以仔細觀察。我們可以從他柔軟、長約1公分（0.5吋）的前爪辨別出這隻錦龜是雄性，這些爪子是他用來挑逗撫摸雌龜臉頰的工具。這隻龜並沒有掙扎。「他似乎很滿足。」麥特說完後就將他放回水中，而烏龜游到了我們的船底下。

奇蹟往往在這些偏遠、野性的地方發生。「來看看能不能找到小臭蛋吧。」麥特提議道。這些龜也被稱為麝香龜，受到驚嚇時，牠們會從前腿和腹甲之間的腺體中分泌出一種黃色液體，藉此來驅趕掠食者。根據多方描述，這種液體的氣味像是臭呼呼的腋下或燒焦的電線。然而，大多數人從未遇過這些12.7～15.2公分（5～6吋）長的小小爬蟲類；牠們的背甲通常是深褐色或黑色，具有很好的隱蔽效果。此外，大多數人也不知道，觀察牠們的最佳地點之一其實是在*樹*上。牠們常常在樹上曬太陽曬到睡著。而事實上，這就是麥特帶我第一次看到**麝香龜**的方式。

另一次的經歷更不可思議，同樣發生在那個地方。我們剛進入龜灣，我就看到一個小小的黑色身影帶著一道黃色的條紋，距離水面只有幾吋，就在我的獨木舟旁邊。我把手伸進水中，令人驚訝的是，摸出一隻**麝香龜**。安・海文・摩根（Ann Haven Morgan）在她1930年的著作《池塘溪流手冊》（暫譯，*Handbook of Ponds and Streams*）中堅稱：「牠們的性格始終如一邪惡。在猛力大咬之前，牠們會非常緩慢地伸出頭來，整個過程

的態度乖戾又不懷好意。」但這隻奇蹟般的小烏龜實際上游進了我的手中，牠是如此平靜友善，我們甚至無法使牠散發出臭味。

這些隱密的賞龜地點讓我想起了波特萊爾1857年詩作〈邀遊〉（L'nvitation au Voyage）的其中一段：「一切都只是秩序與美麗／奢華、豐盛、平靜與感官的享受。」（Là, tout n'est qu'ordre et beauté / Luxe, calme et volupté.）對於這位法國詩人所描述的秩序與美麗、非常豐盛的沉著感，令人感到無比舒適，我想補充在這些野外之地所感受到的深刻感激與謙卑之情：你覺得自己很有幸且謙虛地一瞥這些私密的生活。

「烏龜是一種害羞的生物，」國際自然保育聯盟（International Union for the Conservation of Nature）的烏龜保育計劃主任麥可・克萊門斯（Michael W. Klemens）指出，「牠們明智地隱藏自己的生活，遠離我們不友善的審視。」他當然是對的。

但另一件事實，是我後來了解到，這些古老而偷偷摸摸的生物正在我們身邊，進行著牠們生命中最重要且最親密的儀式，隱藏在眾目睽睽之下。

當我們在五月最後一天那個炎熱的下午與她會合時，65歲的退休科學教師艾蜜莉・莫瑞（Emily Murray）穿著褪色的吊帶褲，身上布滿蚊蟲叮咬和OK繃，帶著一大堆東西——抹刀、水桶、鋤頭、筆記本、背包、望遠鏡，還有一些用鐵絲製成的笨重圓桶——這些東西的重量看起來超過她瘦小的身軀所能承受，但她的興奮之情令人振奮。「如果運氣好的話，」她對我和麥特說：「我們將會找到本季的第一個巢穴！」

我們四個人——48歲的珍・理察斯（Jeanne Richards），一位高姚的金髮女士，是兼職圖書館館員和四個孩子的母親，還有艾蜜莉、麥特和我——站在新罕布夏州托靈頓郊區，珍那20.2公畝（0.5英畝）後院那有泳池的庭院的圍欄外。再走幾步，我們就會穿過一扇木門，進入一片靠近棒球場的平坦沙地。

這裡看起來不像聖地，更稱不上純淨無瑕；這是那種你預期會發現（我們確實找到了）小孩玩具的塑膠碎片、狗狗遺失的球、鏽蝕的金屬桶和舊輪胎的地方。房地產開發商可能會稱這裡為「空地」。

但在這裡，我們可以聽到狗吠聲、孩子們的嬉鬧聲，和住戶們修剪草坪的聲音，每年春天至少有五種原生的烏龜從周圍的水域和森林中出現，挖掘巢穴產卵。其中三種烏龜——流星澤龜，龜殼高高隆起如鋼盔；北美木雕龜，手臂和頸部上有明亮的橙色斑點；還有星點龜，暗色的龜殼上點點亮光宛如夜空——由於太過稀有，所以牠們在當地和全國都面臨著不同程度的滅絕威脅。

這片土地，夾在二十多棟郊區房屋、兩座棒球場、一處柏油停車場和一條河流之間，是牠們未來唯一的希望。而這些女性，以及少數其他偶爾來幫忙的志工，是牠們唯一的守護者。

任何龜蛋能夠孵化成功，都是小小的奇蹟。幾乎所有動物都會吃牠們——包括人類。在全世界範圍內，人類都是龜蛋的主要掠食者。多年以前，替我刻婚戒的那個人跟我丈夫說，他的家人以前會挖擬鱷龜的蛋做美乃滋。在傳統的拉丁美洲和加勒比海文化中，人們會把海龜蛋煮熟、生蛋拌啤酒，或者做成歐姆蛋來食用。在西非的一些地方，人們認為吃海龜蛋可以（但實際上無法）治療瘧疾。在亞洲，海龜蛋被（錯誤地）視

為具有壯陽效果。

很容易理解為什麼世界上的七種海龜都瀕臨絕種。根據線上科學圖書館「Faunalytics」的資料，大多數海龜蛋中，只有27%的能量會以活生生的幼龜形式返回海洋，其餘的則被掠食者吃掉或破掉後成為植物的養分。美國國家海洋暨大氣總署（National Oceanic and Atmospheric Administration）估計，海龜的幼龜存活到成年的機率，是從不太可能的千分之一，到幾乎不可能的萬分之一。對於研究較少的淡水龜和陸龜而言，存活率可能更加令人沮喪。一些研究人員估計，多達90%的擬鱷龜蛋可能在幼龜出生前就已經被破壞。

「我以前在巢外發現蛋殼時會心想，噢太好了，這裡有幼龜孵化了。」珍告訴麥特和我。只是幼龜會把蛋殼留在地下巢穴裡，所以看到散落在地表的蛋殼代表掠食者已經吃掉牠們。大衛·卡羅告訴我，這一景象讓他想起被掠奪的神廟。臭鼬、浣熊、狐狸、黃鼠狼、負鼠、郊狼、熊和烏鴉等動物，都是吃龜蛋的掠食者，其中大部分掠食者在郊區出沒的密集度更高。好奇的孩子和狗也會干擾正在築巢的母龜並挖出她們的蛋。即使只是碰撞龜蛋，也會殺死正在發育的幼龜。

還有許多不那麼明顯的危險也威脅著龜蛋。螞蟻會成群結隊圍住巢穴，等待破殼時機殺死幼龜；蠅蛆會進入蛋殼，吞噬正在發育的幼龜；甚至樹木也會攻擊它們。在乾旱時期，乾渴的樹根會入侵巢穴，穿透蛋殼吸取水分；乾旱本身也可能殺死蛋中的幼龜；洪水可能淹死牠們；溫度過高的話，牠們則會被煮熟。

即使幼龜成功孵化，牠們也會立刻面臨新的挑戰。在前往水域和森林的途中穿越開闊地帶時，牠們會被原生掠食者抓走、被

6.
圍欄彼端

狗騷擾、被孩子追趕、被蛇吞食、被烏鴉啄食；甚至花栗鼠也會吃牠們，用小小的前爪抓住幼龜，像抓著一個迷你漢堡一樣，咬掉牠們的頭和腿。

「烏龜面臨的挑戰實在太多了。」艾蜜莉說道。然而，這些生物在充滿敵意的世界中奮鬥了億萬年，直到現代人類的出現打破了這種平衡，帶來了汽車、盜獵、污染、棲地破壞和氣候變遷。「我們只想提高他們的存活機率。」

一切始於17年前。珍參加了一場在她社區舉辦的講座，主講人是一位研究當地龜類的研究生。在她兒子出生前，她有時與女兒散步時，會在自家後院外的平坦沙地區域看到北美木雕龜，當時她的女兒們只有5歲、3歲和1歲。直到那晚，她才意識到這些烏龜是瀕危物種，她當時並不知道牠們正在築巢。她會將龜帶回河邊，她以為自己在幫忙，後來她才了解到這種幫忙就像把一位已經走完一半路程，準備去醫院分娩的孕婦抱回她家一樣。

她想幫助牠們。「牠們安靜、緩慢，而且真的很漂亮，是溫柔的生物。你看到一隻烏龜，他就……讓人心情很好。」珍說道。在那次講座上，她遇到了一位長期參與保育委員會的成員，這位成員與那名研究生，以及另一位志工聯手創立並部署了「巢穴保護者」（Nest Protectors）。五年後，當艾蜜莉從保育委員會成員那裡得知這個計畫時，她加入了這個團隊。這時機再合適不過了，當時正值龜類築巢的季節，而珍也即將生下她的第四個孩子。

這些鐵絲桶，就像麥特和我第一次參加那天，艾蜜莉所帶的一樣，會被埋進地下15公分（6吋），專門用來覆蓋在龜巢上，就像煙囪一樣，用來阻擋掠食者。這些保護措施起初很有效——

直到掠食者發現這些鐵絲就是巢穴的標記,開始從底下挖掘想飽餐一頓。於是,志工們在每個鐵絲桶周圍加了一圈金屬網護板,用大石塊固定,以防止動物從下方入侵。

保護巢穴並非易事。艾蜜莉和珍從5月底開始,度過6月和7月,熬夜等待烏龜下蛋,然後在早晨做好記號進行保護。但她們必須不斷搜尋那些被遺漏的巢穴。找到它們非常困難。北美木雕龜通常最先築巢,在沙土中留下幾乎難以察覺的漩渦,經常是在長滿英國士兵地衣(*Cladonia cristatella*)的斜坡上。擬鱷龜會留下淡淡的平行痕跡,而且經常有尾巴拖痕——但牠們經常挖誘餌巢穴。「錦龜的巢真的很難找到,」艾蜜莉說:「牠們會把巢掩飾得很好,你根本無法察覺牠們曾經在那裡。」蛋是尖頭朝上,在呈現一個像OK手勢中「O」那樣大小的土塊中,底部則變寬。流星澤龜似乎喜歡在凌晨兩點築巢。

有幾年,築巢地的蜱蟲非常嚇人。有一次,我們被巨大的蚊子襲擊,麥特和我甚至沒認出牠們是蚊子,我們還以為是某種我們從未見過的可怕昆蟲。最繁忙的時期是築巢和孵化季節,對於這裡的5種烏龜來說,這段時間可能從5月中旬持續到9月中旬。但即使在這期間,麥特和我稱之為「托靈頓龜夫人們」的志工們依然忙著檢查巢穴是否有螞蟻侵擾,若巢穴過於乾燥則會澆水,並監測掠食者的動向。

這是一項漫長、炎熱、辛苦且充滿蚊蟲的工作,「托靈頓龜夫人們」經常被生鏽金屬的尖銳邊緣割傷雙手。但多虧了她們的努力,在過去的17年裡,她們保護了數百個本來會被毀壞的巢穴,使成千上萬的幼龜得以孵化——其中一些幼龜現在已經年紀大到能挖掘巢穴下蛋。

6.
圍欄彼端

因此,當麥特和我在回到烏龜救援聯盟前夕收到珍的電子郵件時,我們感到無比興奮。珍寫道,保育委員會的委員在那個星期三下午發現了本季的前兩窩擬鱷龜的巢穴,而當天晚上,她則跟蹤了4隻錦龜好幾個小時,其中一隻挖了個洞並產下了卵。「我沒看到木雕龜或流星澤龜在附近活動,」她寫道:「但牠們很快也會加入這場派對。若能安排好時間表就太好了。我很期待與大家見面!築巢季正式開始了!」

「他們今天一定會出來過馬路。」麥特和我隔天早上回到聯盟時,艾莉西亞告訴我們。築巢潮居然來得如此迅速。

「這一切*正在發生*呢!」麥特宣佈道。在我們開車前往機場、水族館或烏龜救援聯盟的途中,他以龜類為主題來描繪風景。即使當下看不見烏龜,他也會召喚自己的記憶:「看到那個池塘了嗎?那是我找到一堆星點龜的地方⋯⋯哦,這是我每年都會看到第一群烏龜的地方⋯⋯艾琳以前會帶我來這裡,那時我摔斷了腿,我們會坐在這裡看烏龜⋯⋯我在這裡發現一隻過馬路的流星澤龜!」整個冬天,每個冬天,麥特都渴望看到野生烏龜,就像現在大多數人在疫情封鎖期間渴望在餐廳用餐、雞尾酒派對或去戲院。

「現在一切都在進行中。」娜塔莎同意道:「今天會是忙碌的一天。」

事實上,現在已經忙起來了。今天早上,史考特從卡車司機聯盟來電,回報了更多的築巢活動。瑪凱拉被派去執行她第一次取回龜蛋的任務——有烏龜正在某個泳池預定地的土堆中生蛋。為了讓醫院騰出空間給新來的患者,艾莉西亞將野放15隻去年孵

化的小錦龜，那些蛋是從被車撞的傷患身上救出來的。娜塔莎、麥特和我則會野放另外15隻。由於聯盟努力將所有幼龜放回到推測是牠們母親們的故鄉，這代表我們必須前往五個不同的城鎮。

當艾莉西亞在樓下數著水缸中的幼龜時，我們向消防隊長打了聲招呼。他從水裡抬頭盯著我們，可能是希望得到一根香蕉。（我很想給他，但冰箱裡只有半根香蕉——艾莉西亞和娜塔莎說這個長度太短，無法安全餵他。）我們快快地查看了一下「厚切薯條」，移除臉上魚鉤的手術後他似乎恢復良好。我們問了下護板的情況，娜塔莎告訴我們，他還與我們在一起。事實上，他的傷可能很快會有所改善，能從乾燥的醫院箱移至水缸。

現在，我們的小錦龜——每隻長約2.5～5公分（1～2吋），而且非常忙碌——已經被打包好，夾在兩條乾淨的毛巾之間，放在兩個58.4乘40公分（23乘16吋）的白色收納箱裡，蓋子還有通風孔。麥特、娜塔莎和我一起走到外面，我的車和烏龜救護車都停在車道上。

「我們要分開走，還是跟著你的車走？」我愚蠢地問娜塔莎。

「不，我會跟你們一起去。」她回答道。

沒錯，她是盲人。

但娜塔莎會利用她腦海中的地圖和僅存的周邊視力，引導我們前往野放這些烏龜的地點。濕地並沒有GPS地址。

「保持警覺。」當我們轉進繁忙的12號公路時，娜塔莎說道。34號烏龜——其中一位最近在醫院去世的傷患——就是在這條路上被撞的，這條路與他可能避暑的河流平行。「你可能會看到路上有烏龜。我們可以在這裡巡邏一下。」她告訴我們。烏龜

的尖峰時段，如果說烏龜可以如汽車般衝刺的話，是從大約清晨5點開始，一直到上午10點才會減緩——不幸的是，這恰好與人類的尖峰時段重疊。就像人類的交通一樣，下午5點時，烏龜的活動又會再次增加。

由於疫情封鎖政策，今天道路上的車流量顯著減少。幾個月後，德州農工大學的一項分析將會顯示，美國的通勤交通量減少了一半，加州大學戴維斯分校的一項研究則會顯示，從美洲獅到烏龜等動物因交通量減少，得以倖存的數量估計達到數千萬隻。加州戴維斯大學道路生態中心（Road Ecology Center）主任費雪·先林（Fraser Schilling）在接受《大西洋》（The Atlantic）雜誌訪問時表示，車輛減少「是我們所採取的最大保育行動，可能僅次於國家公園的設立。」減緩美國指標性繁忙的高速公路，迫使人們留在原地一段時間，也顯著減少了二氧化碳排放和其他污染，這對人類、動物和環境來說是一個歷史性的，儘管是暫時的福音。

但是在沒有疫情的情況下，也有一些方法可以減少道路上的死亡。

瑞典已建造了高架橋，讓馴鹿群可以安全地穿越高速公路。在肯亞的奈洛比和蒙巴薩之間，鐵路線上設置了六個地下通道，讓路給大象。加拿大的班夫擁有6座天橋、38座地下通道，以及為引導野生動物遠離道路而建設的圍欄，自2017年完工以來，估計已拯救了超過20萬隻動物，包括猞猁和蟾蜍等。根據一項研究，班夫的一段3.2公里（2哩）長天橋減少了90%的野生動物碰撞事故，並為人類節省了10萬美元的損失。

但是，即使是微小便宜的修正，也能帶來巨大的改變。我們

的朋友艾蜜莉告訴我們，她以前在築巢季期間，下班回家的路上常會在繁忙的交通中停車，幫助烏龜穿越某條在城市邊界附近的州際公路。那條路將一大片濕地分割開來。她對該地點進行了一次調查，範圍僅有482公尺（0.3哩）的短距離路段。她在一天之內就數到29具因交通事故死亡的烏龜屍體。她意識到「那個地方需要幫助。」因此，她和一些她學校的學生一起，展開了一個為期一年的任務來解決這個問題。

她申請了補助金，收集了護欄材料，當地的五金店則以成本價賣給她。當她還差五百美元時，其中一位學生的父母開了一張支票。在那年3月的兩個寒冷週末裡，100多人——教師、學生和社區志工——一起出現，建造護欄。一家泰國餐廳的老闆免費為志工提供午餐。在警車閃著警示燈的情況下，志工們戴著冬帽和手套，穿著橘色背心，佈下965.6公尺（0.6哩）的防烏龜護欄，這些護欄有膝蓋高，每15.2公尺（50呎）設有「狗門」，方便哺乳類動物通行，並使用拉鍊綁帶將金屬絲固定在護欄柱上。如果動物推開門，就會打開往河邊的通道——但從河邊無法通往公路。儘管這限制了動物的選擇，但利大於弊：隔年，在春季和秋季進行烏龜死亡率的六次調查中，只發現了一隻烏龜死亡。

我們沿著12號公路沒有發現任何活著或死去的烏龜，但我們正前往一條更繁忙的道路。我們的第一個野放地點就在395號州際公路旁。我們來回開了幾趟才找到這個地方——這真的很難發現，特別是對盲人而言。但令人難以置信的是，娜塔莎找到了。就在麻州和康乃狄克州的邊界處，我們把車停在高速公路旁，拿著一箱烏龜，從我的豐田Prius裡走出來，迎面而來的是汽車廢氣的臭味、滾熱的柏油味，以及陽光在呼嘯而過的汽車和卡車上反

射的強烈刺眼光線。我們把腿跨過金屬護欄，滑下陡坡……然後進入了一個綠意盎然的世界，這裡有涼爽的陰影、遍布有如蓬鬆羽毛的莢果蕨、低矮閃亮的毒漆藤和直立生長的淡綠色毛茸茸的水金鳳，橘色的花朵為蜂鳥提供甜美的花蜜。黃黑交錯的美洲虎紋鳳蝶在斑駁的陽光間輕舞飛揚。

我們沿著一條被樹葉覆蓋的小徑前進，這條小徑位於一條廢棄的1880年代的鐵路上，通往濕地的入口。就在這時，麥特的一位兒時好友，名字非常合乎情境地叫隨機（Random），撥打FaceTime想了解現場狀況。隨機正站在麥特家鄉的康圖庫克河邊——就在一隻成年的擬鱷龜旁邊。「我們正在野放錦龜。」麥特告訴他。「祝你們好運！」隨機回應道。

「烏龜！」麥特喊道。這就是他的歡呼詞。就是這個詞，讓他的臉上露出了笑容。

「都是烏龜！隨時隨地！」我回答道。對於麥特來說，離實情並不太遠。自從他的藝術作品更出名之後，人們常常聯繫他聊烏龜：烏龜的目擊報告、烏龜的新聞、烏龜的相關問題。除了他和艾琳的兩隻狗，蒙地和盧的照片外，麥特手機裡的大部分照片都是烏龜。麥特坦承，艾琳有時會在社交聚會前提醒他不要老把話題轉到烏龜上，但他總是依然故我。

「還有什麼比這個更好聊的呢？」娜塔莎問道。

我們四處徘徊，娜塔莎現在用她的白手杖當作拐杖，不久後她找到了一個完美的地方來進行第一次野放。這裡是一座緩坡，通往一個由河狸築造的池塘，周圍長滿了香蒲、叢生草和葉片如劍的菖蒲，為這些幼龜提供了豐富的隱蔽處。我們將在這裡野放五隻幼龜，我們每個人類每隔4.5公尺（5碼）蹲下，以減少單一

捕食者（如青蛙、蒼鷺、浣熊、擬鱷龜或鱒魚）一次就大快朵頤所有幼龜的可能性。

「你到家了，孩子。」娜塔莎說著，將第一隻幼龜放入淺水中。這隻幼龜先把頭縮進去，然後害羞地伸出來，東張西望了一下，接著像是突然意識到什麼似的，衝進水裡游走了。

娜塔莎的第二隻幼龜則更加自信。稍作觀察後，就像在拍賣中血拚的顧客一樣，大步走進淺水區。「真有趣，看著每隻烏龜以迥異的態度評估每種情況。」娜塔莎說：「有些馬上進行一場味覺饗宴；有些則躲起來；有些會展開探索。」麥特野放的第一隻幼龜像石頭一樣坐在水邊。麥特等了一分鐘，將牠移動了幾英尺，但牠仍然靜止不動。不過他的另一隻幼龜則如火箭般從他的手掌中衝出，像飛魚一樣游走了。我的幼龜是最小的；牠的頭和腿都縮在龜殼裡，好像被龐大的自由壓垮。我移動了牠兩次，但最後，即使是這隻害羞的小小龜也準備好迎接世界的挑戰了。

在這個時刻，當我們許多同胞都感到憤怒、困惑和恐懼時，這些幼龜怎麼能顯得如此堅強和勇敢？牠們怎麼能勇敢地擁抱這個充滿危險與奇蹟的世界呢？我曾經問過大衛·卡羅這個問題。「那個小小的腦袋裡蘊含了幾億年的歷史。」他告訴我：「我認為牠們是土壤科學家、植物學家和水文學家。牠們對這些東西知之甚詳。牠們知道該做什麼。牠們已經在這個地球上生存了如此之久。」

有些人可能會說，幼龜似乎很有智慧，是因為牠們對自己的命運還不夠了解，無法感到恐懼。但大衛——以及艾莉西亞、娜塔莎、瑪凱拉、托靈頓龜夫人們，還有麥特和我——從另一個角度看待這個問題：這些幼龜很勇敢，是因為牠們真的擁有智慧，

6.
圍欄彼端

一種跨越數十萬年的智慧。智慧的起源不在於某種人類編造的教條。若要尋求真正的勇氣和智慧，我們必須回歸烏龜的知識，那個古老的智慧泉源，讓我們在這個地球上努力勇敢地生活時也能借鏡。

這些幼龜現在全都消失在泥土和樹葉中，回到了牠們母親去年春天離開的野生水域中。鳥鳴如祝福般降臨在我們身上。一隻雄性沼澤帶鵐發出清脆、感嘆的顫音，一隻灶鳥（*Furnariidae*）在叫：「老師！老師！老師！」（按：原文以「Teacher」英文詞彙模仿鳥叫聲，此處以意譯並加上原文表示）隱夜鶇（*Catharus guttatus*）吹奏著持續的口哨聲和盤旋的歌聲。在圖鑑中，這些音符以文字呈現，好像鳥兒在說：「哦神聖神聖，哦純潔純潔矣，甜美甜美。」（Oh holy holy, oh purity purity eeh, sweetly sweetly）我們轉身往回走。

我們突然從這次探險中，回到了停在州際公路邊、發燙的車子旁，感覺就像從夢中醒來。

但究竟哪個是夢，哪個是現實？

在現代西方文化中，夢通常被視為我們大腦在睡眠時隨機生成的故事。然而，在其他社會中，情況正好相反。在古代世界，夢境被認為是神明傳遞訊息的管道。美索不達米亞的國王特別重視夢境，占夢術是古希臘和羅馬宗教中的常見特色。從亞馬遜的狩獵採集者到《聖經》作者，對古人而言，夢境承載著深遠的意義。在這種特殊的意識改變狀態下，普通人可以打破現實的束縛，進行時空旅行：夢境預示著未來。

澳洲原住民在他們的藝術、文化和宗教慶典中喚起了被稱為「夢創時代」（Dreamtime）的概念。這是一個外界難以理解

的概念。西澳庫努納拉的阿爾特蘭什（Artlandish）原住民美術館的網站解釋說：「夢創時代是一個永無止境的開端。」「夢創時代」這個詞用來解釋動物、植物、景觀和地球靈魂的不斷創造和行為。該網站繼續解釋：「夢創時代是一個包含過去、現在和未來的演變。」當然，這個詞是由一位西方人創造的。一位居住在愛麗斯泉的白人創造了這個詞，這是他所能想到的最好的翻譯，並在1890年代由英國出生的人類學家華特·鮑德溫·史賓塞（Walter Baldwin Spencer）普及。然而，數百種歷史上的原住民語言中都沒有「時間」這個詞。

在澳洲原住民的宇宙觀中，夢創時代是一個超越線性時間的領域。在基督教中，這個領域被稱為永恆。在印度教中，這可能被稱為解脫（Moksha）；在佛教中，則稱為涅槃（Nirvana）。希臘人創造了時機（Kairos）一詞描述神聖的時間，並將其想像成一個我們能逃離編年時間的永恆螺旋。許多物理學家和哲學家認為，這些宗教的觀點是正確的。他們認為過去和未來之間的區分是一種虛構的概念；在他們看來，一切過去的、現在的和將來的「都包含在一個龐大的永恆宇宙中，膨脹但不移動」，正如路易斯·拉潘（Lewis Lapham）在《拉潘季刊》（*Lapham's Quarterly*）某期以時間為主題的序言中所寫的，愛因斯坦也持這樣的看法：他認為，如哥達德太空飛行中心（Goddard Space Flight Center）的科學傳播助理主任蜜雪兒·塔勒（Michelle Thaller）所解釋的那樣：「大爆炸在一瞬間創造了所有的空間和所有的時間，因此過去的每一個點和未來的每一個點，都與你現在所處的時間點一樣真實。」換句話說，「你此刻已經死了數兆年……你還沒有出生……所有發生在你身上的事情，如果你能從

宇宙的正確角度看待，你會同時看到一切。」塔勒表示，愛因斯坦假設時間像一道景觀，過去、現在和未來都展現在你面前，完整無缺。他堅決認為「過去、現在和未來之間的區別只是一種幻覺，即便這種幻覺頑固難消。」塔勒接著說，在某些情況下，時間實際上並不存在。「在光速下，」她解釋道：「時間不會前進，而光線不會經歷時間。」

然而，「時間」是英語中最常用的名詞。時間必須像金錢一樣計算，也像金錢一樣會耗盡。根據我們的時鐘和日曆，時間是一支箭──不可避免地射向我們的末日。60幾歲後，我愈來愈意識到這一點，新的皺紋和新的關節痛開始出現。這在比我和丈夫年長的許多朋友身上更加明顯，這些曾經看來青春永駐的人，現在走路很僵硬，站起來很緩慢，還變得很健忘。我不害怕自己的死亡（無論是進入平靜的虛無、天堂，還是另一個維度，我都將與那些比我先走的狗、雪貂、鳥、豬、烏龜和章魚們相會），但我極度害怕我所愛之人的死亡。然而，我無法阻止這一切的發生。時間只能朝一個方向流動，一如希臘哲學家赫拉克利特（Heraclitus）的著名比喻：人不能兩次踏進同一條河流。或像一支箭，惡意地射入無辜的羅賓漢的頸部。

然而，時間也具有治癒和恢復的力量。如今，清晨喚醒我的已不再是丈夫設定的收音機新聞鬧鐘，而是臥室窗外鶇鶇的歌聲。這些鶇鶇每年春天都會宣示牠們的築巢領地，一如既往的春天，溫柔地將我從夢境中喚醒。

兩種時間並存：一種是像州際公路上的車流一樣匆忙、短暫、急促的時間，另一種則是四季循環、永恆且不斷更新的時間。烏龜穿越這兩種時間。跟隨牠們到達高速公路護欄外的世

界,我們進入了野性、大自然心跳的懷抱,暫時逃離了短暫無常的陷阱。

我們無法確切肯定所有幼龜的母親來自何處。淡水龜的旅行距離比我們想像中要遠得多。儘管比不上革龜在2008年從印尼到奧勒岡州長達2萬5百57.8公里（1萬2千7百74哩）的創記錄旅程,一隻雌性擬鱷龜曾有過從池塘出發,徒步遠至16公里（10哩）的紀錄；1983年在加拿大薩克其萬省南部進行的錦龜無線電追蹤研究中,曾記錄到一隻烏龜在一天內行進了6.4公里（4哩）。牠們是怎麼知道該去哪裡的呢？

海龜為了在遠距離的海洋旅程中找到方向,會使用一個磁性指南針。事實上,牠們有兩個。北卡羅萊納大學的研究人員發現,這些海龜從出生起就擁有一種感應地球磁場線與地表相交角度的磁性感知,以及另一種感應磁場強度差異的感知能力。這兩種感知系統提供的訊息類似水手使用的經度和緯度,因為海洋中的大多數地點都有一個獨特的磁場角度和強度組合。

我們無法確定所有烏龜是否都以這種方式導航,或是否使用其他感知方式。但是我們謹慎地將幼龜送回牠們被發現的城鎮,因為地理位置對牠們來說至關重要。此外,我們也希望保持自然基因庫的完整。然而,如果有可能,我們會在同一濕地的不同地點和稍微不同的棲地野放,增加牠們生存的機會。

娜塔莎引導我們進入一片偽豪宅區（McMansions）。我們把車停在一條死巷旁邊,卻不得不停在一個車道旁——因為沒有其他地方可以停車——正好有一個男人下車。我心想,我們三個陌生人,提著一個神秘的大箱子,是否該向這位房主自我介紹並

6. 圍欄彼端

透露我們的任務。但是他連看都沒看我們一眼。

所有稍微新一點的房屋都背對著一片雪松沼澤，彷彿在假裝它不存在一樣。「這是秘密、隱藏的世界。」娜塔莎說道：「沒人在意那個充滿生命的地方。」

在棍棍先生的幫助下，娜塔莎帶領我們穿過那些房屋，來到雪松沼澤的邊緣。這片濕地宛如一座大教堂，上方是茂密的針葉樹天蓬，空氣中瀰漫著像鉛筆屑般的香味，地面則覆蓋著海綿般的水苔，每走一步都會感覺到腳下的軟墊輕輕壓縮並發出吱吱聲。不久，我們的腳踝就浸入了酸性茶色的水中，漂浮的水苔小島隨著我們的腳步沉下去。閃著光澤的浮萍和心形的睡蓮葉點綴著深色的水面。在這裡，我們野放了另外五隻幼龜。

最後，我們開車前往奧本鎮（Auburn）。這個面積4247.5公頃（16.4平方哩）的小鎮，容納了不下於四條州際公路，其中包括90號和290號公路，兩條公路在鎮中心交叉形成一個「X」。不知怎麼回事——她是怎麼*做到的*？——娜塔莎引導我們來到了一個郊區的住宅區，花園裡的紫色杜鵑花和黃色的德國鳶尾爭奇鬥艷。她找到了一個完美的地方來野放最後五隻孵化的幼龜，那裡有很多曬太陽的岩石、倒下的樹幹，以及一條通向水邊的緩坡。娜塔莎的幼龜在她手中停留了一會兒，伸出頭來，呼吸著溫暖空氣的氣味，黑色的眼睛閃閃發亮。「歡迎回家，孩子們。」娜塔莎對這群小龜說道。接著她提醒麥特和我：「如果不是我們的努力，這些小傢伙現在可能只是一堆腐爛的蛋而已。」

但相反地，從牠們踏出我們的手掌那一刻起，牠們的生命便開始與延續了數千年的傳統相連結。至少對這些烏龜而言，世界

在此刻已恢復了正常。

娜塔莎查看了一下簡訊，發現簡訊堆積如山，有來自其他州的幾個受傷通報。附近有一隻可能即將下蛋的錦龜情況不妙，牠在49號公路上被撞到，這條公路穿過了一片又一片的濕地。一位志工會把這隻錦龜帶過來。到時，瑪凱拉會完成龜蛋救援的行動，準備接收這隻錦龜。在此同時，我們前往卡車工會的所在地。史考特已經回報了一個活躍中的巢穴，我們抵達時可能會發現更多的巢穴。

我們在下午三點半左右駛入停車場的車道時，映入眼簾的是幾個橘色的三角錐，上面貼著幾張影印的標示宣告：「龜季來臨！請小心行駛。」娜塔莎說：「史考特真的很認真對待這件事，我喜歡他這一點。」標示上還有一隻箱龜的圖片——那種帶著拱形背甲、看起來像是用核桃殼裝飾的烏龜，它的腹甲上還有鉸鏈，可以緊緊閉合，這是大家都熟悉的一種烏龜。然而，這個物種並不在這裡築巢，但擬鱷龜和錦龜會在這裡出沒。

我們把車開到停車場的後方，走去看史考特用一塊鐵絲網標記的新巢。這個巢距離停車場的柏油路邊緣只有15公分（6吋）。然而，就在1.8公尺（2碼）外，一隻錦龜準備就緒，她的頭部大部分被那肥厚的「龜脖子」包裹住了。她專注的方向並非在眼前，而是在她的身後。起初，她搖搖晃晃地向右傾斜，然後又向左傾斜，慢慢地，她從一側搖擺到另一側。「她在跳築巢的舞蹈。」麥特低聲說。

我們悄悄地靠近，不想打擾到她的任務。艾蜜莉曾經告訴我們，有時母龜似乎會進入一種築巢的恍惚狀態。這種現象常出現

6.
圍欄彼端

115

在海龜的紀錄中。在傑克‧瑞德勒（Jack Rudloe）於1979年的著作《烏龜時間》（暫譯，*Time of the Turtle*）中，他寫道：「一旦海龜開始下蛋，牠們對周圍的一切活動都置之不理。即使有人在牠們面前使用電子閃光燈或照射燈光，也不會有任何影響。即使是敲打牠們的龜殼，也不會讓牠們停下來。」

這對於烏龜來說是什麼樣的感受呢？加拿大的陪產員史蒂芬妮‧昂德烈克（Stephanie Ondrack）見證了一隻巨大的綠蠵龜在哥斯大黎加的海灘上辛苦挖掘巢穴並下蛋後，提出了一個有趣的猜測。陪產員通常在家裡支援人類母親分娩。她寫道：「就像這些烏龜一樣，人類母親在分娩時會隨著催產素逐漸滲透到大腦中，逐漸進入一種恍惚狀態。」她解釋說，這些激素「柔化了她的感知邊緣，使她的思緒變得模糊，並賦予她平常無法擁有的應對能力。」她表示，如果這些激素能達到自然的濃度，分娩中的母親將脫離時間的流逝，意識不到房間中有其他人。她將無法回答問題，而且會希望有昏暗的燈光和安靜的環境。這種恍惚狀態將使她能夠深度內省，完全專注於分娩的過程。

烏龜在築巢恍惚狀態中的體驗究竟是什麼模樣？我們無從得知，因為烏龜無法告訴我們。然而，人類母親可以。而那些在家中分娩時由昂德烈克幫助過的許多女性，後來都能向她描述她們的體驗。她寫道，她們描述了一種狂喜，就像「你將贏得馬拉松、攀登山峰、獲得諾貝爾獎、與真愛發生關係、並經歷宗教奇蹟的感受融合在一起，變成了一種成功、賦權、喜悅、激情、神聖與令人目眩的愛的綜合體驗。」這並不是一種理智上的活動，而是完全由激素傳達的——這些激素與築巢的烏龜體內所存在的激素相同。

昂德烈克強調，大多數分娩的女性從未體驗過這種狂喜狀態，是因為當今醫療化的產房中，分娩過程及其激素連鎖反應不斷被打斷。同樣地，如果一隻築巢的烏龜在開始生蛋前被打斷，可能會讓她完全無法執行任務。所以我們給這隻烏龜充分的隱私。「下蛋可能需要幾個小時，」娜塔莎提醒我們：「在她完成之前，我們無法做任何事。」

我們保持著適當的距離，掃視母龜身後那片長滿雜草的沙坡，尋找其他活動的跡象。高速公路上的卡車呼嘯而過，遠處傳來刺耳的救護車警笛聲，車窗敞開的汽車裡發出喧鬧的嘻哈音樂。

「等一下，」麥特低聲說道：「我好像聽到有烏龜在走路。」

我們從未修剪的草地和高聳的雜草，努力觀察那片坡地。鐵絲網圍欄隔開了團結工會土地與鄰近保育用地，我們看到圍欄前的幾碼之外有一個低矮、圓潤的形體，大約12.7公分（5吋）長。那是烏龜嗎？我保持在築巢母龜的視線之外，踮著腳輕輕走近、心跳加速，想看得更清楚。

不，那是石頭。

在此同時，那隻錦龜繼續著她的築巢舞蹈：一種費力而催眠的搖擺動作。「妳能分辨出她是在挖掘還是在填塞土壤嗎？」娜塔莎問道。

「在填塞。」麥特肯定地回答道。他已經見過很多次烏龜築巢。挖掘是更有活力的行為，通常你會看到泥土飛濺。有些科學家推測，就像人類在不同文化中透過體力鍛鍊、苦行或舞蹈來誘發恍惚狀態一樣，烏龜在挖巢的體力勞動過程中也會

6.
圍欄彼端

進入築巢的恍惚狀態。但我們現在看到的動作則更加隱約和溫柔，先是一隻強壯的後腳，然後是另一隻，將土壤輕輕地壓回她珍貴的蛋上方。娜塔莎解釋道，為了進一步壓實土壤，她會用膀胱裡的液體濕潤巢穴。因此，她警告說，如果你幫助雌龜穿越道路，處理上必須非常小心。因為感受到威脅的烏龜常常會釋放尿液來驚嚇或阻止掠食者，但如果一隻築巢的母龜在前往巢穴的途中被迫這麼做，那麼她必須繞道去喝一口水，才能繼續完成她的任務。（審按：準確來說，龜由副膀胱攜帶水分上岸產卵，排出的不是尿液，如果副膀胱內的水在禦敵時用掉，則需要重新由副膀胱攜水。）

　　母龜開始慢慢走開。除了少數幾個物種外，大多數的母龜就像大多數的母蛇，將蛋交給大地孵化，不再回到巢穴查看正在發育的胚胎。下蛋本身就已經是極大的勞動。這隻母龜肯定已經精疲力盡，這樣的狀態讓她更容易受到掠食者的攻擊。「我來送她回河邊吧。」麥特自告奮勇。他再次赤腳，小心翼翼地把母龜舉起，然後把她帶到水邊。走到那裡時，麥特發現了另一隻烏龜──他早先確實聽到她在走動。她也是一隻錦龜，現在正躲在蕨類和松樹的陰涼處休息。

　　顯而易見，這兩個巢穴距離停車場太近，極不安全。為了在史考特標記的巢穴下坡處定位，我必須坐在柏油路上。即使透過輕薄的褲子，我仍感覺到皮膚被燙得滋滋作響。在25度（華氏77度）的天氣下，柏油路的溫度可以達到51.6度（華氏125度）；在29.4度（華氏85度）時，瀝青原料則能超過60度（華氏140度）。對於蛋來說極為不利。對大多數物種來說，溫度決定了孵化出的性別，較低的溫度會產生雄性，而較高的溫度則成為雌

性。但超過某個溫度之後，只會變成水煮蛋。在哥斯大黎加的築巢聖地奧斯諾海灘（Ostinal Beach）的研究發現，當空氣溫度飆升到35度（華氏95度）時，欖蠵龜（*Lepidochelys olivacea*）所生下的成千上萬顆蛋中，沒有一顆孵化成功。

麥特挖掘錦龜蛋的時候，娜塔莎則指導我挖掘下方的巢穴。麥特已經做過很多次了。錦龜通常會挖一個深度不超過10公分（4吋）的巢穴。他那靈活的藝術家手指憑著肌肉記憶，熟練地摸索著錦龜瓶狀巢穴的輪廓。他瞬間辨認出冰涼、光滑的橢圓形曲線，通常是四到五顆蛋，然後再以細心有效率地將蛋取出，放入鋪著護墊的運輸箱中。

不過我很緊張。娜塔莎告訴我，我挖的是擬鱷龜的巢穴，我可能必須挖個15公分（0.5呎）甚至更深，經過石頭、樹根、泥土和沙子，才能找到最上層的蛋。我擔心我會把蛋刺破，這最有可能發生在你終於找到巢穴的那一刻，當你的手指穿過一層壓實的沙土和石頭，進入巢室時。「這不僅僅是一個洞，」娜塔莎告訴我：「它是一個有明確牆壁甚至屋頂的結構，你一找到就會立刻知道。」我已經挖了12.7公分（5吋），現在每次只用指尖刷去不到四分之一吋的沙子。

然後，第一道蛋殼的微光閃現。在這一刻之前，我並不完全相信它們真的在那裡。這些蛋是完美的圓形，大約像乒乓球一樣大，同樣潔白無瑕。我吃驚地凝視著蛋，感覺自己就像一個從未仰望過夜空的人，突然看到——*就在那裡懸著！*——的滿月。

我輕輕地拿起我找到的第一顆蛋，小心翼翼地讓這顆球體保持完全水平，然後移到運輸箱裡，以免打亂裡面的內容物，害死那些可能活過一個世紀的生命。在它旁邊的沙子露出另一顆，接

6.
圍欄彼端

119

著又是一顆……。

各種時代和文化的神話都對蛋抱持敬意。每一顆蛋都是一個新的開始,其光滑的外殼包裹著一個自成一體的宇宙,它的圓形提醒我們生命的循環。至今,基督徒仍會送出復活節彩蛋慶祝耶穌的復活(這似乎十分適合:儘管祂並非從蛋中孵化,但我們被告知祂確實像一隻孵化的小海龜一樣,從地上的洞穴中升起)。

那隻母擬鱷龜將她的蛋牢牢且仔細地埋在土裡,像木柴般同樣整齊地一排一排堆放著。麥特已經搬完了7顆錦龜的蛋,但我還在挖掘。「想猜猜有多少顆?」娜塔莎問我。我想了一會兒,猜說:「10顆?」她笑了起來:「繼續挖吧。」

我很感激自己的手並未因為這一刻的莊嚴而顫抖。梵文經典中說,一切的存在皆源於一顆蛋。埃及神話的其中一個版本提到,太陽神拉(Ra)——統治秩序、冥界、王者與天空的神祇——從一顆蛋中孵化而出。而在遙遠的地球另一端,澳洲的原住民則解釋說,在夢創時代,太陽是從被拋向天空的一顆蛋中誕生的。希臘的奧菲斯傳說(orphic tradition)則相信,原始神祇法涅斯(Phanes)是從一顆由命運和時間創造出的初始蛋中孵化而生的。

即使在今日,宇宙學家們仍然借用蛋的概念,來描述科學是如何解釋宇宙的起源。根據理論,近140億年前,整個宇宙的質量被壓縮在一個密度無限大的「時空奇異點」(space-time singularity)中——在這個奇異點爆炸之後,產生了我們所知的一切:空間、行星、太陽、物質、烏龜、人類以及時間。然而,在這個理論被稱為「大爆炸」(big bang)之前(這個術語最初帶有嘲弄的意味),比利時神父喬治‧勒梅特(Georges

Lemaître）於1927年在《自然》（*Nature*）期刊上發表了一篇論文，試圖解釋宇宙膨脹的概念。他將那個初始、無限密集的奇異點稱為「宇宙蛋」（Cosmic Egg）。

我目前已經挖出了20顆蛋，但仍在繼續挖掘中。在停車場的邊緣，我的座位和大腿都在炙熱中烘烤。汗水從我的鼻子上滴下來，螞蟻爬上我的手、手臂，甚至鑽進了我的衣服裡。「螞蟻是我們需要帶走這些蛋的另一個原因。」娜塔莎提醒我。她的聲音似乎變得遙遠。此刻，我彷彿進入了逆向的築巢恍惚狀態。世上再也沒有什麼比挖掘這些蛋更加重大、更加充實或更加歡欣鼓舞的事情了。

終於，我從巢穴中取出明顯是最後一顆、珍貴的蛋。總共有31顆。

「幹得好，隊友們！」娜塔莎說道。我們的一個箱子裝滿了蛋，另一個箱子中的保護對象也已經野放，帶著勝利的心情，我們驅車返回醫院。

當我們轉進保護聯盟的車道時，一輛藍色的Prius緊跟在我後面停了下來。一個年輕人從車上下來，雙手捧著一隻15公分（6吋）長、殼呈深色的烏龜。這個年輕人住在附近，開車經過時注意到了那棟螢光綠的房子，前面還停著烏龜救援聯盟的車。找到我們看來讓他鬆了一口氣。

看了一眼這隻烏龜橘紅色的腹甲和深色圓形的背甲，我們便知道這是一隻錦龜。而她黃色條紋前肢末端的短爪則告訴我們，她是隻雌龜。她看起來沒有受傷。那麼，為什麼要把她帶來這裡呢？

「我看到牠在過馬路，」他解釋道，而他手中的烏龜正不安

地空中游泳,「但是我不知道該把牠帶到哪裡。這裡沒有水,也沒有草,只有鋪好的路面⋯⋯。」

他並不知道——怎麼能責怪他呢?——這些綠洲就存在於我們認知之外的某處。就在郊區後院的後方,有時離柏油停車場僅僅幾吋,這些最古老的脊椎動物正在重現那些維繫世界生機的奇蹟。

娜塔莎以感激的態度從這位好心男子的手中接過烏龜。「別擔心,」她安慰他道:「我們會為她找到一個好地方。」當天下午稍晚時,娜塔莎和艾莉西亞從門口出發,走向後方的濕地放她自由。

錦龜曝曬在太陽的溫暖之下

6.
圍欄彼端

7.
快與慢
Fast and Slow

厚切薯條回到他的池塘

鮑伯・加菲爾（Bob Garfield）在哭，我也心碎了。

鮑伯・加菲爾與搭檔主持人布魯克・格拉斯頓（Brooke Gladstone）一起主持了美國全國公共廣播電台每週的節目《媒體觀察》（*On the Media*）。丈夫與我都是受過訓練的記者，因此經常在每週日收聽這節目。「這事情發生了，至少對我來說，當疫情破壞了我們的此時此刻，」加菲爾在那年春天告訴聽眾們：「不知道時間的流逝將帶來什麼，這讓我失去了方向，就像我內心的陀螺儀出了問題，在空中轉個不停。」

「時間不僅僅是度量單位，」他說：「也是讓我們聯繫世界的引力。」失去時間的連結，他感到迷失。「失去對未來的覺察，我也失去了當下⋯⋯老實說，」他坦白道：「我最近會哭，常常。」

我一直以為加菲爾是個硬漢——至少是一個意志堅強的記

者——所以想到他哭泣的模樣使我更加難過。但更糟糕的是，我們許多同胞都在經歷相同的絕望。之後在另一週的週日，《紐約時報》週日風格（Sunday Styles）版的封面頭條寫著「一切都很模糊」，並肯定地告訴大家「孤立、單調乏味和慢性壓力如何摧毀我們對時間的觀念。」文章接著描述了「2020年的悖論，或其中之一：這一年是如此重要，但某種程度上又像什麼都沒發生一樣。」心理學家向作者艾力克斯・威廉斯（Alex Williams）解釋，這其中有許多原因。面對神秘的致命病毒、政治混亂、環境災難和種族暴動，導致一種嚴重的慢性壓力狀態，會干擾大腦形成記憶的能力——這種腦霧與長新冠的患者經歷的狀況相似。記憶是我們組織時間和變化的基本方式，是我們在生命之流中穩定自我的工具。但如果每天、每週甚至每個月都感覺不到變化，會發生什麼事呢？隨之而來的就是「對人生依序前進的安心感的崩塌」，而這種安心感對人類的心理穩定至關重要。否則我們會變得像翻倒的烏龜，既無助又動彈不得。

年輕人在面臨人生重大分水嶺的時候，錯過了畢業舞會和畢業典禮等里程碑。在封鎖期間，幾乎沒人能找到工作或實習機會；許多人不得不和父母一起住，重回兒時的生活狀態。瑪凱拉在18歲時，剛從高中畢業不到一年，她說：「時間就像是凝固了一樣。我既不在高中，也不在大學，我只是和我阿媽、表弟一起待在家裡。」

對於被困在療養院的老人家來說，情況甚至更糟糕。親戚朋友無法探視他們，一個又一個陰沉的日子融合在一起，彷彿無望的獨白，像馬克白得知王后去世後的哀嘆：「明日復明日，明日何其多，／日復一日徐徐而行，／至歷史終章之時；／昔日之光

皆照愚人，／引其赴塵埃之歿途。」對於許多等待危機過去的人來說，時間失去了邊界，生活也因此失去了意義。

　　但當我們與烏龜在一起時，我們對時間的體驗——事實上，我們對幾乎所有事物的體驗——與我們的同胞截然不同。例如，瑪凱拉的女友安笛（Andi）就感到自己被困在疫情的時間異常中。她本希望在大學學習攝影找到一些方向，但線上課程過於無趣，現在她不知道該如何規劃未來。然而，對瑪凱拉來說，接觸烏龜的工作帶來了「平靜、穩定和人生的意義」：「我投身於一項真正有意義的事情，做些幫助生物的事情。」

　　多虧了烏龜，我們深深沉浸在春天的展開，與烏龜日常生活中的劇情進展緊密相連。

　　娜塔莎強壯的手臂正使勁地保持厚切薯條的位置。「他可能是我們收留過的第三大的擬鱷龜。」她說。他重達21.7公斤（48磅），又大又壯，所以艾莉西亞和娜塔莎需要用電動螺絲起子固定，並在之後移除他巨大水缸蓋子上的螺絲。

　　娜塔莎坐在手術台旁的旋轉凳上，努力維持「方向盤握法」的姿勢，牢牢抓住厚切薯條的龜殼。他那38公分（15吋）長、配著裝甲的尾巴垂在雙腿之間。然後，在厚切薯條的尾巴下方的開口處，伸出了一個巨大、17.7公分（7吋）長的紫色管狀附肢，頂端看起來像一根棍棒，像是一種你可能認為會在火星上發現的瘦長奇妙蘑菇。

　　這是他17.7公分長的陰莖。「令人驚嘆的景象，無論是新手還是經驗豐富的爬蟲類飼養者，都會大吃一驚。」日本研究者本多（M. Honda）如此寫道，這句話被引用在「科學

人」（*Scientific American*）網站上「四足動物學」（*Tetrapod Zoology*）網誌發表的文章《烏龜令人驚恐的性器官》（The Terrifying Sex Organs of Turtles）當中。（是的，所有烏龜的陰莖都出奇地大，有時長度可達背甲的一半。「龜殼的演化可能迫使雄性烏龜演化出創新的陰莖，以便與伴侶進行生殖器接觸。」文章的作者、古生物學家達倫·奈許（Darren Naish）沉思道。然而，有時在處理烏龜時，烏龜會以不明的原因「丟掉」陰莖。）

艾莉西亞對厚切薯條的另一端很有興趣，那可是更尖銳得多的部位。當娜塔莎抓著這隻大龜時，艾莉西亞用右手拿著婦科工具撬開龜的下顎，然後用左手將香檳軟木塞插進去。由於烏龜的新陳代謝速度緩慢，通常盡可能避免使用麻醉——不只因為需要很長時間才能生效，而是因為會更難康復。軟木塞不僅可以保持嘴巴敞開，還能防止烏龜咬人。

艾莉西亞的手機響了。她將手機夾在肩膀和耳朵之間。「嗨，媽！」她說。我可以聽到她母親在另一端愉快地喋喋不休。媽媽們已經習慣聽到成年女兒說自己太忙無法聊天，但艾莉西亞確實有很好的理由：她正在對一隻很大、野生且完全清醒的擬鱷龜進行口腔手術。

昨天，艾莉西亞擠出厚切薯條下顎穿刺傷中的膿瘍，那是最近一根已被移除的魚鉤所留下的；他嘴裡也有了膿包的痕跡。她用牙科器具觸碰其中一個膿包。厚切薯條猛然一撲，軟木塞幾乎要移位了。「媽，我現在手上有隻烏龜，」她對著電話說：「我晚點再打電話給你，好嗎？」

整個星期，烏龜救援聯盟的電話都響個不停。「昨晚我們

累得不行。」那天早上我們到達時,娜塔莎透過她的口罩低聲說著。儘管我們只離開了幾天,卻發生了很多事情。

今年的新患者,包括那些已經去世的,現在已達53例。那隻被狗咬傷的錦龜,叫塔可餅,狀況不太好。她的背甲聞起來像腳臭,代表她的傷口可能已受到感染。然而難以置信的是,那隻被車撞到並拖行的大擬鱷龜下護板,仍在持續康復中。儘管下護板的腹甲、尾巴和泄殖腔受到了嚴重損傷,但他的消化系統又開始運作了,最近的一次排泄物中充滿了他受傷前吃下的松針,證明了這一點。另一隻巨大的擬鱷龜被稱為刮痕(Scratches),上週來到這裡,昨晚產下了72顆蛋。她在娜塔莎與艾莉西亞照護下,晚上9點時生了最後的12顆。隨後在晚上11點半,他們接到了一通來電,一名駕駛撞到了一隻擬鱷龜,卻因害怕而不敢接觸他們撞傷的動物。「我們給了他當地復育人士的聯絡號碼,」娜塔莎說:「但復育人士那裡卻沒有傳來任何消息。」可能那位駕駛並未真的打電話求助,可能是把受傷的擬鱷龜丟在路上,讓牠不斷被車輾過,或是讓牠自行離開,如果無人發現並救援的話,這隻擬鱷龜可能會死去。娜塔莎說,今天如果有時間的話,可能還得去尋找這隻擬鱷龜。

艾莉西亞正在修理機器,瑪凱拉則從羅德島帶著在花圃土堆中築巢的擬鱷龜的蛋趕來,我們的首要勤務是需要準備好三隻9個月大的擬鱷龜,將牠們野放。

為了讓牠們展開新生活,我們前往了一座墓園。

紀念公園緊鄰著由同一位捐助者慷慨捐贈給鎮上的保護區土地,這裡是我們這些過冬幼龜的理想棲地。娜塔莎拿著她的白手

杖領路，我們從悉心呵護的草坪進入黑莓叢，越過被丟棄的墓地塑膠花和50毫升的酒瓶，進入了一片鐵杉林。這片森林是在19世紀晚期農田廢棄後長出來的。石松和帶著乾草氣味的蕨類植物為我們腳步提供緩衝，潮濕的早晨空氣中瀰漫著蕨葉被踩碎而釋放出的辛香氣息。我們沿著石牆前行，來到一個大而淺的池塘，水獺的巢穴為烏龜們提供了大量曬太陽的原木。讓我們開心的是，麥特馬上就發現了錦龜正曬著太陽的烏亮亮龜殼。這隻害羞的爬蟲類迅速潛入水中。「他感覺到我們在看他。」麥特說道。

在樹蛙的高聲鳴叫和牛蛙的呱呱聲中，我們排成一列，相隔1.5公尺（5呎），分別野放一隻小龜。我野放的那隻是最大的，接近10公分（4吋）長，牠急忙衝進水裡，游了五下後，就躲到泥巴下。麥特野放的那隻則停在一處草叢下，然後鑽進去，而娜塔莎的那隻「似乎是一名哲學家，享受著一切。」她說道。她別過頭了一下──接著，那隻小龜就不見了。

我們興高采烈地走回年紀尚輕的森林中，但還沒離開樹蔭，娜塔莎的手機就響了。

「烏龜救援聯盟。有什麼需要幫忙嗎？」

打電話的是一位滑板手，他在羅德島的自行車道旁發現了一隻正在挖巢的母擬鱷龜。他很擔心那隻母龜，也很擔心龜蛋。他該怎麼做呢？

「蛋還在洞裡，還是散落各處？」娜塔莎問道，一邊用一隻手握著手機，另一隻手則拿著白手杖，在一根倒下的木頭上搜尋方向。

「我們最多只能將鬆散的泥土耙平、蓋住蛋，再用手掌輕輕拍實。」娜塔莎說道。那位滑板手很樂意這麼做。「謝謝您幫助

7.

快與慢

129

這隻烏龜!」娜塔莎熱情地說道。

我們坐進車裡,關上車門。但還沒來得及離開墓地,電話又響了起來。

「烏龜救援聯盟。有什麼需要幫忙嗎?」

「好的,好的,沒問題。」她回應道。滑板手又打了回來。現在那隻母擬鱷龜正在自行車道上,他擔心她會被撞到。「您知道最近的水域在哪裡嗎?」娜塔莎問道,那可能就是母擬鱷龜正要前往的地方。「找一根粗壯的木棍。如果您怕被咬到,用木棍輕輕把她推離自行車道。她剛生完蛋,需要一個地方休息、喘口氣。」她解釋了端盤法,看他是否願意嘗試,但他並沒意願。

「很好,很好,完美!」娜塔莎耐心地鼓勵著。他正在用他的滑板鼓勵那隻擬鱷龜前進。「這個階段她真的只想回家,」娜塔莎解釋道:「您今天確實是一位烏龜的英雄!非常感謝您!」

接著,我們朝著總部的方向駛去時,娜塔莎看了救援聯盟的臉書粉絲專頁。來電和私訊堆積如山。來自其他州、其他國家、甚至其他大陸的求助通報接踵而至。每年,他們都會接到來電詢問如何幫助被撞傷的地鼠陸龜,這是一種在路易斯安那州西南部到佛羅里達州的南方物種。還有來自阿爾巴尼亞的私訊:一對遊客發現了一隻受傷的烏龜,但當地的獸醫都不肯治療,他們不知道那是什麼品種。人們打電話通報受傷的烏龜、生病的烏龜、築巢的烏龜——還有一些只是嚇到人的烏龜。一位住在波士頓西邊小鎮貝爾蒙的男子緊急來電,表示他打開車庫門時,有一隻烏龜「衝」到裡面,使他非常焦慮。他害怕到不敢移動那隻烏龜。

12:40:「烏龜救援聯盟!」這次又是那位滑板弟打來的電話。「是的,您真的不必一路跟著烏龜回到水邊。」娜塔莎向這

位烏龜守護者保證道:「她已經離開了小徑,這樣人們就不會打擾到她了。您現在可以祝她一路順風,讓她完成自己的旅程了。完畢……結案!」

12:52:「烏龜救援聯盟!今天有什麼需要幫忙嗎?龜蛋狀況。我們會派人過去。可以給我們您的位──」斷訊。

但他們又打回來了。「所以,情況如何?」一隻不明種類的烏龜一如既往在某建築工程中運來的泥土裡築巢。「烏龜是今天才剛下蛋嗎?把您的地址傳給我們。我們會派人過去。可能要花幾個小時。」事實上,的確需要:地址位於麻州最西邊的蘭斯伯勒,兩小時車程的距離。娜塔莎傳了簡訊給瑪凱拉。她會去處理這件事,但她先得趕去布魯克菲爾德處理一隻在路邊被撞到的烏龜。

2:19:「烏龜救援聯盟。今天有什麼需要幫忙嗎?」這次是來自威明頓鎮的動物管制官。一隻烏龜被車撞了,蛋全噴到馬路上。「好的。我們有一位志工在紐伯里波特,距離只有20分鐘。」正是麥克·亨利,他曾帶羅賓漢過來。娜塔莎派他去檢查屍體裡是否還有未排出的蛋。他會取回任何可救的蛋放進孵化器。這是好事,烏龜救援聯盟有五個孵化器,每個都是改裝過的113.5公升(120夸脫)的野餐保冷袋,裡面放著塑膠食物儲存容器,上面擺著放在無菌土壤上的蛋盒。容器的蓋子則用曬衣夾支撐成斜屋頂的形狀。透過可調節的魚缸加熱器加溫,底部2.5公分(1吋)的水提供濕度,這些孵化器的溫度能保持在26.6~30度(華氏80~86度)之間,而這五個孵化器可能要容納多達一千枚蛋。然而,五個孵化器幾乎已經滿了。

2:30:瑪凱拉傳來一則簡訊,娜塔莎指示她的手機大聲讀出

來。手機以兩倍速度讀出來,因為娜塔莎能消化超快的語速。這條機械化的訊息聽起來像是由一個昆蟲機器人單調地讀出來的。它甚至還讀出了表情符號:「這——是——一——隻——死——透——的——烏——龜——我——差——點——在——路——邊——吐——了——咬——牙——表——情——。」

2:39:一位長期志工,黛安・道格緹(Dianne Dougherty),打來說在附近的杜德利鎮有一隻烏龜被車撞了,有人看到至少一顆蛋掉在柏油路上。

2:46:回到烏龜救援聯盟,黛安的紅色福特車停下來。「她快散開了。」她戴著口罩咕噥著。我們瞥了一眼瓦楞紙箱裡在粉紅毛巾上休息的傷患。那是一隻錦龜。她的背甲破裂了,連接背甲和腹甲的甲橋被壓碎。紅色的血液和黃色的蛋黃浸透了毛巾。然而,她的頭探了出來,眼睛仍然睜著。娜塔莎傳了一則語音簡訊給正在工作的艾莉西亞:「黛安的烏龜在這裡,狀況非常糟糕。」我們將這隻烏龜帶去樓下,轉移到一條乾淨的毛巾和一個醫院箱裡。

2:58:艾莉西亞在業務通話後,以創紀錄的速度抵達。她看來活像動畫週邊出的可動人偶,身穿緊身黑色萊卡纖維和軍武風的高筒靴,手機則像在槍套中的槍一樣,綁在靴子的吊帶上。艾莉西亞打開放著黛安的烏龜的蓋子。「你好,小猴子⋯⋯。」

「噢。痛。壞壞。」她將烏龜放在檢查台上,打開燈光。她用左手拉出烏龜的脖子,右手拿著牙科器具撬開嘴巴,檢查是否有血塊。

「好了,小姐。」她說。她斜抓著烏龜,並沿著碎裂的甲橋擠了林格氏液清潔傷口。她用另一把牙科器具將從破裂甲橋湧出

的粉色肉團推回烏龜體內。隨後,她將烏龜的兩側重新合併,並用超級膠水和鋁箔膠帶固定起來。

「這隻烏龜會活下來嗎?」我膽怯地問。

「老實說,機率微乎其微。」她回答:「我只是試著把她帶到一個如果奇蹟會發生,就有機會發生的程度。不過,每隻烏龜在這裡都有機會。」

3:15:注射了止痛劑、抗生素和輸液後,這隻破碎的錦龜被安置在醫院箱的新的毛巾上。箱子上的膠帶以麥克筆標註了她的重量,370克,以及編號54。艾莉西亞將注意力轉到堆放在檢查台周圍的五層高的箱子裡,裡面裝著等待複診和藥物治療的烏龜。但她先把元氣(Spunky),一隻頭部受傷的大擬鱷龜,從與刮痕共用的水箱裡拿出來,放在我們腳邊的水泥地上。我瞬間憶起了我做醫療記者的那些時光:我經常參加手術,但從未見過出現大型爬蟲類在手術室的地板上到處亂跑。

「放輕鬆。」她對著烏龜說,並輕拍她的頭頂。烏龜的頭明顯向右傾斜。這隻大擬鱷龜像是一個有點心不在焉的教授,差點忘記處理雜事的模樣,朝樓梯跑開。

艾莉西亞解釋道,走動對元氣有好處,有助恢復她的精神平衡。「如果讓他們參與並刺激他們,會有助他們更快康復。」她告訴我。她打斷了元氣的旅程,輕輕地捏她的腳,然後再捏她的尾巴。當她退開時,烏龜繼續做自己的事,艾莉西亞則繼續她的工作。

4:10:箱子塔的每隻烏龜都仔細檢查過了。編號36的錦龜接受了頭孢他定(ceftazidime)注射,並從艾莉西亞的手心喝了水。編號52的擬鱷龜兩天前因為龜殼後半部斷裂被送進來,今天

接受了輸液治療。編號47的錦龜換了繃帶,活像換上了新尿布的嬰兒。編號53,體型很大的老錦龜,甲橋斷裂,但最終被艾莉西亞說服,自行從她的手中喝水,不需要再注射水分補給。編號44的擬鱷龜因嚴重的頭部創傷而注射了抗生素⋯⋯。

4:30:艾莉西亞從檢查台下滑出另一個更大的箱子。這是編號27:下護板。娜塔莎以方向盤握法將下護板架在她的腿上,以便艾莉西亞檢查他擦傷的腹甲。當他在柏油路面上被撞到的車拖行時,他的腹甲、尾巴和後腿成了像艾莉西亞這樣的摩托車騎士所稱的「道路蠟筆」(a road crayon)——在路上留下了一條長長的肉痕,就像彩色蠟筆在紙上畫出的痕跡。

「他表現得非常好!」艾莉西亞宣布。她愉快地清理掉他大尾巴上的一些便便。「我喜歡他的便便從正確的地方排出來,」她說:「我真的很擔心那條尾巴的傷口。」擬鱷龜需要他們的尾巴、頭和脖子,才能在翻倒時自己翻回來,但更緊迫的問題是消化道可能會受到損傷。與哺乳動物不同,哺乳動物的腸道末端位於尾巴下面,而烏龜的排泄孔則位於尾巴本身的下側,性器官也在那裡。「做得好,下護板!像這樣的病例,」艾莉西亞告訴我們:「你真的會產生感情。」

「他已經偷走了所有人的心。」娜塔莎也表示同意。

• • •

整個夏天,烏龜們不斷偷走我們的心。那隻討人喜愛的紅腿象龜披薩俠和他的緬甸朋友轉輪總是帶給我們驚喜和歡樂。現在他們都認得我和麥特了,似乎很享受我們撫摸他們伸出的頭。在

樓下,我們總會去看看波西,那隻已經是百歲的箱龜,雖然年紀大了,但他依然充滿活力。當我們清理他的棲地並換水時,我們會把他拿出來,讓他在地板上追著我們跑。還有一隻星點龜,我們叫他睡衣先生(Mr. Pajamas),因為他在車禍中失去了大約三分之一的黃點龜殼;與下方的肉連接的龜殼正在漂亮地長回來,但並沒有完全復原——大部分還是粉紅色的。他的黑色腿不客氣地伸出來,不像一般烏龜被背甲覆蓋,看起來像是沒穿好衣服。

因為牠們獨特的外貌、出眾的個性,以及牠們所經歷的一切,這裡的許多烏龜都深深吸引我們。那些腦部受損的烏龜,像是雪球、刮傷和元氣,在我心中有著特別的地位。那些大紅耳龜充滿個性。我們也很喜歡鑽紋龜(Malaclemys terrapin)炸熱狗(Corndog),她胖得幾乎要撐破自己的龜殼。麥特對杏桃情有獨鍾,這隻外型修長的陸龜常常和瑪凱拉最喜歡的義式臘腸待在一起。「她有一張非常善良的臉。」他說。他喜歡把她抱起來,當她用她那雙深色眼眸看著他時,很明顯她認得他,也享受他的關愛。

但在所有烏龜中,麥特和我最喜歡的是消防隊長。

我們總會去看看這隻巨大的老擬鱷龜,他住在一個擺放在高架上的大水缸裡。對我來說,這有點讓人不安。麥特因為身高183公分(6呎),所以能輕易看到水缸內部,艾莉西亞和娜塔莎也都很高。而我只有165公分(5呎5吋),要看到消防隊長,我必須把臉靠得離他的臉只有幾吋遠——這個位置讓他可以像鱷魚一樣從水中猛撲過來,像我們曾看到的、抓住香蕉午餐時的模樣。但是他從來沒有這麼做過。

「在整個房間裡的烏龜中,他是特別的。」麥特說。這就充

分說明了。那麼,究竟是什麼讓消防隊長如此與眾不同呢?

消防隊長回望著我們。他的眼睛隨著我們的移動,他對我們有興趣。雖然他的龜殼在意外中被壓爛,四肢和尾巴也因此癱瘓,但他的頭部並未受傷。他的大腦完好無損。他是一隻狀態極佳、巨大而古老的擬鱷龜,並且他自己也清楚這一點。儘管他已經在醫院待了兩年,他仍然保持著完全的野性。麥特說,他擁有的是「一種野性的吸引力」。

然而,消防隊長居然降尊紆貴將注意力放在我們身上。麥特與我已迫不及待想在7月初築巢季結束後,著手幫助他進行物理治療。或許——只是或許——能夠替他恢復他後腿和尾巴的全部功能。艾莉西亞認為他完全康復的機會很渺茫。但她和娜塔莎都同意:我們有責任給消防隊長,以及烏龜救援聯盟這裡所有符合條件的烏龜們,回歸自然棲息地的機會,讓他們能在野外茁壯成長或奮鬥,甚至再活一個世紀。

有一天早上,我們帶著痛苦的心情來到救援中心,手中拿著一隻從艾蜜莉家附近的築巢地撿到的母錦龜。鎮上另一邊鄰居的狗把這隻烏龜當作了咬咬訓練玩具:從狗的角度來看,烏龜堅硬的外殼提供了愉快的咀嚼運動,如果牠們咬得夠久,最後還能得到裡頭美味的肉點心當附帶獎勵。

這隻小母龜的背甲幾乎毀壞殆盡,龜殼前後的大部分區域都被狗咬進肉裡。她腹甲有好幾處破裂,只剩下一些碎片勉強連在一起。但她依然非常活躍。當艾莉西亞處理她的傷口時,這隻精力充沛的錦龜掙扎著,試圖逃跑。她還把艾莉西亞的拇指咬出血來。「啊!」艾莉西亞喊道:「好痛!」

「她真的很想活下去。」麥特悄聲說。

「我愛這些鬥士。」瑪凱拉說道。

但艾莉西亞告訴我們,這種情況很少能活下來。「他們通常無法存活,因為傷勢太過嚴重,而且狗的嘴巴帶來大量細菌。」

儘管如此,艾莉西亞還是試著治療。她注射了一些利都卡因,一種局部止痛劑,然後沖洗傷口,試圖將被咬碎和壓壞的殘餘龜殼恢復原位。她為烏龜輸液,並注射了高劑量的抗生素。波西的前飼主獸醫芭芭拉·邦納在一些孤注一擲的案例中,透過在治療的最初幾小時內讓烏龜保持低溫,取得了成功。艾莉西亞決定在這件個案中也嘗試這種方法。

「這就是編號70號烏龜了。」艾莉西亞說著,關上了醫院箱的蓋子。「我們來看看她明天是否能醒過來。被狗咬的情況最多只能做到這樣了。」

娜塔莎一如既往地試著鼓舞我們。「好消息是,」她告訴我們:「下護板還是表現得很好!」距離他受傷已經過了一個月,他也成功度過了一個重要的轉捩點。艾莉西亞和娜塔莎發現,烏龜面臨的存活難關通常出現在三天、三週和三個月時,而下護板已經成功跨過了其中兩個關鍵時刻。

「我真的跟那孩子有很緊密的連結,」娜塔莎坦白說:「每次替他注射拜有利時,我都得抓住他的前腳。他的痛苦反應像是無法控制的肌肉顫抖。我能感受到。我對他說:『孩子,我們真的已經盡力了。』我覺得他能感受到我們之間的連結,這也對他有幫助。」

很快地,下護板就不再需要那些痛苦的注射了。他已經打了四週的抗生素,傷口癒合得很好。這代表著他即將從鋪著毛巾

的箱子畢業,進入更像家的含水棲地。「他只差一週就可以下水啦!」艾莉西亞說。

艾莉西亞把大箱子從檢查台下拉出來,急切地打開蓋子。

「嗨,甜心!」

但下護板一動也不動。

他的眼睛凹陷,超音波顯示沒有心跳。

娜塔莎輕撫著他的腳。「噢,孩子⋯⋯。」

「他應該是剛走不久,」艾莉西亞說:「*這*真是糟糕透了。他本來也該是我們的奇蹟孩子。」

我們都沉默了。我想哭,但我沒有。如果有誰應該流淚,那應該是娜塔莎、艾莉西亞和瑪凱拉——而不是我和麥特,相比之下我們只是半吊子。但我們也需要他活下來。我們需要下護板幫助我們抵擋住那些註定會失去的心碎案例,比如編號70。在這個瘟疫肆虐、暴力猖獗、污染破壞氣候、人類貪婪和人口爆炸的時代,以及那些被刻意忽視解決之道的問題,我們至少需要這隻烏龜能夠戰勝困境。

「這世界,至少/有一半是悲慘的,」詩人瑪姬・史密斯(Maggie Smith)在《良骨》(暫譯,*Good Bones*)中寫道:「每一隻鳥,都有石頭向牠擲去。/每一個被愛的孩子,都有另一個破碎、被裝袋、/被沉入湖中的孩子。生命短暫,而這世界,/至少有一半是悲慘的⋯⋯。」

然而,詩人訴盡悲苦之後,傳來她不屈的回聲:「我將這些藏於孩子心外,」她寫道。為什麼呢?下一句中,她如是回答:「因為我正努力/向他們兜售這世界。」

她執意要熱愛這個絢麗、殘酷、令人心碎的世界——愛得如

此癡狂，所以將自身血肉化為生命，在巨大的痛楚中將其送往世間：這些孩子終究會反覆讓她傷心（這不就是孩子們長大並離開時會做的事嗎？）。然而，她依然選擇生育、愛護，並盡其所能地保護她的孩子——這一切都是為了讓他們也能有機會目睹這個世界的奇蹟，儘管當中充滿了悲傷。

每年，艾莉西亞都向我們保證，至少會有一個「奇蹟孩子」。就在下護板去世一週後，我們慶祝了一個奇蹟。

麥特、艾莉西亞、娜塔莎和我蹣跚地跨過一面石牆，最後坐在一根懸吊在某個受保護池塘上的原木上。池塘裡滿是盛開的白色睡蓮——這裡是觀賞我們野放烏龜探索水域的完美地點。我們剛剛將甜酸醬野放，他就是那隻曾因頭部受傷而幾乎生存無望的「滾筒」，當時某位獸醫甚至建議把安樂死當成唯一的人道選項。

整整四個月，他真的不知道哪邊是上，每次翻倒，艾莉西亞就得重新調整他那斷裂的下顎。

而今天，這個看似無望的案例痊癒了，還獲得了自由。甜酸醬走路時，連頭部都不再有任何傾斜。在池塘的水裡，他那柔軟、滿是皺紋的頸部平滑流暢地伸出來，堅決急切地向前，幾乎像是獨立出來的生物。他發現、捕捉並吞下了一隻蟲子——這是他三年來第一次在野外進食。味道一定美妙極了。

2020年7月7日：我們國家的新冠肺炎確診病例達到了三百萬，單日死亡人數800人——再一次創下了新紀錄。這已經是九天內的第五次紀錄。然而，隔天，我們將注意力從疫情上移開，沉浸在與烏龜共度的時光中。

地下室的地板爬滿了正在不同康復階段的擬鱷龜們。我把元氣移開,讓麥特能夠把厚切薯條從他的水缸裡抬出來,移到一個189.2公升(50加侖)的運輸箱裡。當麥特抬起厚切薯條時,厚切薯條5公分(2吋)長的爪子抓傷了他的指關節,鮮血淋漓。厚切薯條可能甚至沒意識到自己做了這件事,烏龜在被抬起時常常會做空氣游泳,彷彿是本能地想要逃離掠食者。

運輸箱完全塞滿了我的後車廂。儘管我們在已上扣的蓋子另外用彈力繩固定,但車子開動時,我看到箱子不祥地晃動著,我們還聽見蓋子發出喀噠聲,彷彿快要彈開。此時麥特正在開車,娜塔莎坐在副駕駛座,如果有個巨大的尖喙頭部,連同強壯的裝甲前腳突然伸進車裡,我就是第一道防線。「這種事以前發生過。」娜塔莎說道——她從來不開車,所以總是那個負責迅速捕捉逃跑的擬鱷龜,並盡快把他們塞回箱子的人。不過她也記得有一次,在野放途中逃跑的擬鱷龜,一路坐在運輸箱的頂部,透過後窗興致勃勃地觀賞街景,其他駕駛和乘客也愉快地朝他揮手致意。

幸好,當我們開上麻州高速公路時,厚切薯條已經平靜下來了,但我們卻沒有,我們很興奮:厚切薯條已經完全康復,正要返回他棲息了百年的池塘。然而,我們也感到焦慮,因為我們正在送他回到過去兩年裡,他曾三次遭受嚴重傷害的地方,這些傷害甚至可能是刻意造成的。執法機關難道無能為力嗎?娜塔莎告訴我們一個令人沮喪的事實:雖然大多數其他原生龜都受到法律保護,但在麻州捕捉和殺害擬鱷龜——無論是用陷阱、魚鉤、矛、槍甚至是箭,整年都是完全合法的。「我很不喜歡這麼想,你花了這麼長時間照顧他們,」麥特說道:「讓他們恢復健康,

有人卻可以隨意殺死他們。」

　　幸運的是，厚切薯條的朋友遠比敵人多。在馬布爾黑德，當地人稱他為龜吉拉（Tortzilla），他有一大群粉絲。鄰居們會來等著迎接他回家。他受傷和康復的故事還上了當地報紙，某戶人家經常打電話到烏龜救援聯盟詢問他的情況。上週他們打來說，很擔心池塘水面露出的一個大龜殼。仔細一看，似乎是兩隻烏龜，一隻在另一隻上面。他們擔心另一隻雄性擬鱷龜不僅霸佔了龜吉拉的領地，還在追求他的女友。娜塔莎安慰他們：大多數池塘裡都有好幾隻擬鱷龜，許多DNA研究顯示，一窩擬鱷龜蛋可能有多達五個不同的父親。

　　我們抵達目的地時，南西和菲爾向我們打招呼。在龜吉拉80.9公畝（2英畝）池塘如詩如畫的沿岸，他們的家位在沿岸豪宅之一。「他常常在這裡待著。」南西說，藍色的眼睛在口罩上方微彎。「每天他都會把頭伸出水面，直直地盯著我的眼睛。」這對退休夫婦即將搬到鎮上較小的房子裡，但在此之前，他們想見見他們的老朋友，並盡可能地讓他的家園更安全。菲爾說，在他們池塘的這一端，沒有人會釣魚，但在對面的那一端有一片空地，他計劃將一根大樹枝拖入淺水區，來阻礙拋竿。南西補充道，他們經常聽到那邊有孩子在玩耍，菲爾打算教他們照顧烏龜的相關知識。

　　很快地，另外兩位鄰居也出現了。碧姬穿著優雅的裙子，帶著法國口音說話，她和丈夫保羅也是這隻大擬鱷龜的朋友。他們住在市區，透過南西和菲爾認識了龜吉拉，於是特別開車過來參與這個重大的時刻。不久後，另一位粉絲彼得也會抵達，並負責拍照和錄影來記錄這次的活動。

7. 快與慢

麥特和我把沉重的旅行箱搬到後院，經過種滿玉簪和繡球花的石階，這些石階一路延伸到水邊。在等待彼得時，我們了解更多關於龜吉拉的故事。

當菲爾和南西13年前剛搬來的時候，他們偶爾會在碼頭看到這隻大擬鱷龜。有時他會爬上石頭，好像在調查這些人一樣。「一開始我以為他想咬我們，」南西坦言道：「我有點害怕他。」但這隻爬蟲類持續的好奇心最終贏得了他們的心。「他認識我們，」南西強調：「而且我已經愛上他了！」大約五年前，他們開始餵他香蕉，他總是欣然接受——但南西注意到，即使他們沒有拿出水果，龜吉拉也會出現。「這不僅僅是因為香蕉，」她堅信：「他愛我。」而且這還是家務事：有一年，一隻他們稱作「龜吉拉太太」的大母擬鱷龜在他們石頭車道旁的土壤裡產下了蛋。當27隻幼龜孵化出來後，南西一一將牠們帶到池塘野放。

「他真是一個非凡的個體。」娜塔莎同意道：「他非常好奇。即使我們進行了那麼多的治療，其中大部分並不愉快，但他總是急切地想看看誰來探望他。」去年夏天，南西和菲爾注意到龜吉拉下顎上的第一根魚鉤。在一對前來做客的年輕夫妻幫忙下，他們設法把這隻龐大的烏龜從水中拖出來，放進箱子裡，並將他送到烏龜救援聯盟進行治療。這個魚鉤很大，不是小孩用的，而是盜獵者用的。龜吉拉花了三週時間康復。他在傾盆大雨中被野放，娜塔莎和瑪凱拉與菲爾、南西，以及其他客人一起享用乳酪、餅乾和冷飲來慶祝。僅僅兩週後，南西又打電話給聯盟。她注意到浮標，接著發現有一個較小的魚鉤卡在龜吉拉的脖子上。但在他們再次抓到烏龜之前，魚鉤就明顯消失了。當時他們沒意識到的是，魚鉤、浮標和連著的釣線已經被扯下來，導致

烏龜喉嚨上出現了一個裂口，這個裂口在夏天、秋天和冬天的感染漸漸嚴重。南西和菲爾注意到龜吉拉在陣亡將士紀念日前幾天從冬眠中醒來。幾天後，他們發現龜吉拉嘴裡有一根新的魚鉤。「如果我們當時沒有救他，」南西問娜塔莎：「他是否就無法活下去？」

娜塔莎解釋說，那個小魚鉤可能已經在龜吉拉的嘴裡腐爛掉了。但之前魚鉤引發的感染，如果不加以治療，很可能會害死他。

不過，烏龜在對抗感染方面出類拔萃。當牠們覺得自己生病時，會主動採取行動來治癒自己。生病的烏龜可能會花更多時間離開水，尋求陽光的熱能來提高體溫，對抗病菌。有時，生病的烏龜甚至會從冬眠中醒來曬太陽，享受冬日陽光帶來的療癒暖意。

「我們該如何確保他不再受傷呢？」保羅問道。

「嗯，我希望他能對人更加有戒心。」娜塔莎回答：「我們也希望減少餵他零食能讓他學到這點。」

「我們會跟新屋主談談，確保他們不會對他過度友善。」菲爾保證道。

彼得，一個穿著棕櫚泉T恤的年輕人，帶著相機來記錄這次野放。麥特將龜吉拉從箱子裡抬出來，放在水邊的草地上。

「噢，厚切薯條，」娜塔莎懇求道：「請小心！」

這隻巨大的烏龜飛快地跑進池塘，幾乎瞬間就被清涼黑暗的河水所吞噬，然後他就消失了。

「想像一下他從醫院的水缸中來到這裡。」麥特輕聲說。

我們八個人站在水邊，靜靜地望著。「我看見他了！」菲爾

7.
快與慢

143

喊道。「那是他，在水面那條氣泡軌跡的地方。」麥特指著說。「歡迎回家！」碧姬大聲喊道。「我真高興他回來了。」南西說。我們戴著口罩相視而笑。

就在這時，一位帶著西高地白㹴的老婦人走了過來。南西走上前去迎接她，儘管我們聽不見他們的對話，但很明顯內容不太友善。南西回到我們這邊，簡短地說道：「她討厭擬鱷龜。」她解釋道，那位婦人和她的丈夫相信擬鱷龜會吃掉鴨鵝的幼雛。

「但他主要是個清道夫啊！」娜塔莎氣憤地說：「他大部分的食物都是從池塘底部獲得的。他不會去捉鵝吃。狩獵需要花很多力氣。」擬鱷龜確實喜歡蛋白質，年輕的擬鱷龜會吃很多昆蟲、幼蟲和小魚，但成年的擬鱷龜主要以動物屍體為食，在這個過程中，也幫助了保持池塘的清潔。

南西告訴我們，這位西高地白㹴的主人的丈夫可能想射殺龜吉拉。當然，我指出，在住宅區開槍很可能會讓他被逮捕，而且也不值得冒這個險。不過她的偏執還是讓我們感到擔心。

「我們去年野放他時，」娜塔莎稍後在車裡向我和麥特坦承道：「那是百分之百勝利。那次野放結束時我非常開心。兩週後發現他又被魚鉤掛住，我十分震驚。當我們聽說魚鉤已經被拉出來時，我還想，噢，只是擦傷而已⋯⋯。」

「我當然也共享了看見他衝入水中的喜悅。但我不會說這個世界似乎不會變得更可怕。這個池塘似乎變小很多。在野放的時候，總是會被不確定性所困擾。」

現在，娜塔莎站在池塘邊，對她的恐懼三緘其口。水面上的氣泡軌跡顯示龜吉拉已經游到了池塘的中央。「我希望他的智慧和技能足夠保護他自己。」她說。

接著，彷彿是回應一般，一隻鶚（osprey）展翅飛過池塘。鶚有時被稱為魚鷹（按：fish hawk，魚鷹美洲亞種，*Pandion haliaetus carolinensis*），這種猛禽比鵝還要大，狹長的翅膀和修長的腿適合從水中抓取魚類。「我將這個視為大自然母親給的絕佳預兆。」娜塔莎說道：「厚切薯條，或龜吉拉，到了一百歲都可能還只算是中年。我希望即使在我們離世很久之後，這隻龜仍能統治著他那美麗的池塘。」

8.
第一步
First Steps

錦龜正在挖洞築巢

　　在河流上方的一個陰涼的山脊上,艾蜜莉、珍、麥特、艾琳和我正坐在鬆軟的松針堆上,俯視著托靈頓的烏龜天堂。

　　兩層樓下,一些原本被美洲河狸(*Castor canadensis*)家庭啃來建造兩座水壩的原木,成為了成年錦龜和一隻體型頗大的北美木雕龜,在炎熱的夏日陽光下曝曬的安全平台。在這個完美的湛藍天空下,空氣本身似乎也閃爍著生命的光芒。漆黑的豆娘,是一種像奇妙仙子般收起翅膀的小蜻蜓,在沙岸上翩翩飛舞,菝葜則舒展出細長而帶刺的捲鬚。褐斑翅雀鵐(*Spizella passerina*)在我們四周發出長而乾燥的鳴聲。一隻大藍鷺以183公分(6呎)的翅膀在天空中滑翔。

　　突然間,那隻曬太陽的錦龜一頭潛入涼爽的河中。我們用望遠鏡看到她在追逐一群米諾魚。現在我們發現了另外兩隻游動的烏龜——艾蜜莉一眼就認出他們是北美木雕龜。「有一隻正朝我

們這裡游來！」麥特說。不遠處，另一隻烏龜正專心地探索著茶色河流的沙質底部。「那隻擬鱷龜可真大！」珍充滿欽佩地說。

「真是個美妙的地方。」艾琳說道：「我想變成烏龜。」

幫忙珍和艾蜜莉替巢穴澆水澆了一個早上之後，能在這裡休息的感覺真好。這是整個北半球有記錄以來最熱的7月，也是新英格蘭這個角落最乾旱的時期之一。這表示為了防止蛋被煮熟或乾涸，每隔三天，總有人必須在無情的烈日下，背著49.2公升（13加侖）的水壺，跋涉過陡峭的斜坡，經常要穿越沙地，替分佈在托靈頓10公頃（25英畝）巢穴保護區中的46窩受保護巢穴澆水。

這個築巢季特別忙碌。一開始很緩慢，經過6月某次雨天之後，突然之間「到處都是烏龜，」艾蜜莉回憶道：「北美木雕龜、擬鱷龜、錦龜，甚至還有一隻流星澤龜！」

「就像侏羅紀公園一樣，」珍的丈夫布萊恩說。有一天晚上，「那裡有30隻烏龜，還有像翼龍一樣飛過的大藍鷺。」那天晚上，珍在外面足足待了10個小時，等著烏龜們挖好巢穴，這樣她才能為她們的蛋設置防護裝置。（「我全身痠痛，」她說：「我真想對她們說，『快回家！』」）艾蜜莉也在場——還有許多像這樣的夜晚。有時候，她甚至懷疑自己監視的烏龜是否變成了一塊石頭。她看著一隻流星澤龜挖了45分鐘的巢穴，接著又挖了四個，結果她在這些巢穴裡連一顆蛋都沒下。

我們以前也見過烏龜捉弄我們。六月的一個星期天早晨，我帶了12歲的朋友海蒂‧貝爾（Heidi Bell）來幫忙。有一隻4.5公斤（10磅）重的擬鱷龜，頭上沾滿沙子，正在一處斜坡上挖她的巢穴。我們離開了一會兒，檢查其他巢穴，給她一點時間完成。

8. 第一步

半小時後,我們回來時,發現她正休息,看起來非常疲憊,距離她小心填好的洞口只有幾步之遙。

「幹得好,親愛的!」珍對那隻擬鱷龜說。「這個巢穴將會是今年第11個擬鱷龜巢穴。」她說道。但為了不浪費巢穴的保護罩,以及確實放對位置,龜夫人們總是先查看蛋的狀況。

那隻母龜似乎毫不在意七個人圍繞在她精心打造並填好的巢穴。當海蒂驚奇地看著這一切——她從來從未如此接近過成年的擬鱷龜——艾蜜莉、麥特和我在上午9:56開始挖掘。我們怕傷到蛋,極其謹慎地只用手指。「誰會先找到寶藏呢?」艾蜜莉以鼓舞的口吻問道。我們挖了7.6公分(3吋)、10公分(4吋)、12.7公分(5吋),到了15公分(6吋)時,我們七個人全都來挖了。

到了10:15,洞已經有91.4公分(3呎)長、45.7公分(1.5呎)深。「這個洞大到我都能進去了!」海蒂說。可是我們還是沒有找到蛋。那隻母龜依然坐在91.4公分(3呎)外的地方,像獅身人面像一樣高深莫測。「她是不是在耍我們?」麥特問道:「這太瘋狂了。我開始懷疑了⋯⋯。」

「也許只是假性收縮?」海蒂猜測道。(她媽媽是護士。)

「簡直瘋了。」布萊恩說:「你們準備放棄了嗎?」

到了10:20,艾蜜莉和珍正式宣佈這個巢穴是個騙局。「我們被騙了!」我對那隻一動也不動的擬鱷龜說。麥特從她的左後腳上拔下了一隻大水蛭,但她依然沒有動靜。

隔天早上,珍發現了一個新的擬鱷龜巢穴,裡面滿滿是蛋——距離我們花了將近半小時挖掘的洞穴只有幾碼遠。我們非常確定,這是那位聰明母擬鱷龜的傑作,她用說服力十足的誘餌成功欺騙了這個地球上最致命的掠食者物種,也就是我們人類。

「烏龜總是能讓我們大吃一驚。」艾蜜莉說道。一陣清涼的微風拂過水面，為我們的皮膚帶來一絲涼意。「這也是其中的樂趣之一。」在保護這些巢穴的17年裡，艾蜜莉、珍和其他志工們見證了許多奇蹟：那些他們認為體型太小而無法繁殖的烏龜居然產下了蛋；在坡度如此陡峭的斜坡上，烏龜們幾乎得用後腿站立才能築巢；那些出生時過小而難以存活的烏龜，卻依然活了下來。

烏龜還引領志工們發現了其他內幕。有一天傍晚，艾蜜莉正在檢查斜坡上的巢穴，她發現靠近其中一個棒球場旁邊有一顆小牛圓石頭和楓葉碎片。「這些東西顯然不是自己跑來這裡的。」她告訴我們，於是她掀開那些楓葉，發現下面藏著一隻剛孵化的雛鳥，全身光禿禿顫抖著。她拾起雛鳥，不想讓這隻雛鳥孤獨死去，決定帶回家照顧。正當她離開時，她聽到其中一個她先前注意到在棒球場附近徘徊的男孩大喊道：「牠不見了！」

那天晚上，艾蜜莉用加溫墊保住了這隻幼鳥的生命，並用滴管餵食壓碎的藍莓。第二天早上，她聯繫了一位野生動物復育人士。艾蜜莉不確定這隻鳥的品種，是知更鳥嗎？但復育人士沒有治療知更鳥的許可。不過，也許是麻雀？復育人士持有治療麻雀的許可，於是收留了這隻雛鳥。

四天後，幼鳥睜開了眼睛。牠開始嘰嘰喳喳，羽毛也長了出來，顏色是藍色的──牠是一隻東藍鴝（*Sialia sialis*）。東藍鴝的顏色象徵著和平與滿足，牠是一種廣受喜愛的生物，象徵著幸福的預兆，每年春天再次來臨的保證。復育人士替這隻鳥取名為歡樂（Glee），牠已經長得夠強壯，能重返野外。

艾蜜莉寫了一張便條，放在地上並用石頭壓住，留在歡樂被

發現的地方。便條上寫著:「給那些救了我的男孩們」:

「我過得很好,」便條上寫著:「我是隻東藍鴝。謝謝你們救了我。」

隨著忙碌的築巢季結束,一種平靜的氣氛籠罩在烏龜救援聯盟那棟螢光綠的房子裡。當麥特和我早上十點到達時,披薩俠依然在黃色瓷磚浴室的遮蔽處裡熟睡著。娜塔莎將轉輪從澡盆移出,但他想再泡久一點,所以大發雷霆,現在已經恢復了正常(提供陸龜適當的浸泡可以替他們保持水分,防止膀胱結石,而且他們顯然很喜愛泡澡)。娜塔莎告訴我們,早早被驅離水盆的轉輪,憤怒地四處跺腳了好幾個小時,還推翻東西,然後將自己擠進角落裡。但現在他又恢復了隨和的性格。他的獎勵是與一顆來自鄰居農場的帶殼熟鴨蛋玩一場「蛋棒球」的遊戲。當他咬鴨蛋時,他那角質的喙在光滑的表面上滑動,使得鴨蛋轉來轉去。由於蛋是橢圓形的,它在廚房粉紅色和藍色瓷磚地板上滾動,然後神秘地繞回來。轉輪的眼睛閃爍著喜悅的光芒。他咬、踩、撞,讓蛋以另一種不規則的路線搖晃移動。就這樣過了5分28秒。在第六次嘗試中,轉輪終於將蛋逼到了角落。它無法逃脫。他咬破蛋殼,喙切進了橡膠般的蛋白和卡士達醬般的蛋黃。他獲得的滿足大到讓我們四人都不由自主地發出了一聲滿意的「嗯……!」。

然而,我們這個7月下旬的工作重心將是消防隊長。今天,我們著手進行他的物理治療。麥特和我愈來愈喜愛他,每次經過他的水缸,他將那巨大的頭從水中伸出來,尋找我們的臉龐時,我們總會停下來與他對望。

麥特將這隻巨大的烏龜從水缸邊緣舉起，放進水泥地上外出箱裡。消防隊長的龐大身軀幾乎占滿了整個箱子。為了安全地將他搬上樓，我們試圖將蓋子扣好，但他那巨大的頭竟然把蓋子撐開，探了出來，就像電影《侏羅紀公園：失落的世界》（Lost World）裡的暴龍一樣。我和娜塔莎用力將他的頭壓回去，緊緊地按住蓋子，而麥特則從地下室走上樓梯，穿過客廳，來到露台。在這裡，他將那隻不停掙扎的巨大爬蟲類從箱子裡舉起，將他抬過91.4公分（3呎）高的木製柵欄，放進了烏龜花園。

消防隊長在外面的氣勢比水裡更加驚人。他的頭跟龜吉拉一樣大，脖子肌肉發達而非肥胖。他那35.5公分（14吋）長的尾巴上長著11個高聳、驕傲的紅褐色骨板，這些朝天生長的齒狀骨脊，如同劍龍尾巴上的尖刺，然而它們並不鋒利，而是圓的。其中有些骨脊足足有2.5公分（1吋）高。消防隊長的龜殼色澤異常美麗，呈現出一種獨特的紅褐色，這種顏色正是麥特從他的藝術家調色盤中所認識的（而我則從1966年豪華版繪兒樂蠟筆組中認識的）焦赭色（burnt sienna）。

他的殼述說著那個故事，那場將他帶到這裡的災難。一位好心人目睹了一輛卡車輾過他。「這不是意外。」，娜塔莎說道。他翻倒了，然後沿著堤坡滾了下去，掉進了他常避暑的消防池中，這個池塘距離救援聯盟的總部有數小時的車程。當娜塔莎和艾莉西亞帶著他們的獨木舟趕到現場時，整個消防隊都過來了——他們既擔心這位受傷的擬鱷龜朋友，也對他感到畏懼。消防員們驚嘆地看著體重只有58.9（130磅）的艾莉西亞跳進水中，經過一番纏鬥後將這隻受傷的龐然大物扛進了小船。

消防隊長的龜殼前段仍然看起來像有瘤狀的凸起，那裡有一

大片撕裂傷癒合了，凌亂地像是撞在一起的地殼板塊一般。但最嚴重的損傷位於龜殼之下，後面較隱蔽的地方。「毫無疑問，這次骨折粉碎了他的脊椎骨和脊柱。」艾莉西亞告訴我們。幾個月來，他只能拖著無用的後腿。

娜塔莎搔了搔消防隊長的龜殼後段，消防隊長的尾端便滑稽地搖擺起來，但這並不是件好笑的事。娜塔莎解釋說，這是反射反應，就像顫抖一樣，這個反應透露了：在她觸摸的時候，脊椎的神經在發射訊號，但這些訊號可能是隨機發射的，就像彈珠撞來撞去，而非有秩序地傳遞訊息。消防隊長能夠稍微移動他的腿，本身就是個小奇蹟，而這也給了她希望。但要真正康復，他還需要數個月，甚至可能花上數年受監督的物理治療。

「今天的計畫，」娜塔莎告訴我們，「是讓他探索，讓他感受完整的重力。」消防隊長似乎非常渴望這麼做。烏龜花園大約是一間小學的大教室那麼大，裡面有草地、日日春、蕨類植物、花朵、落葉、一棵桑樹、一棵藍莓灌木，隧道裡鋪著沙子供烏龜爬行，還有一座被稱為奧林帕斯山的小草丘，丘上有一座淺瀑布和一座小池塘，裡面有青蛙跳來跳去。消防隊長的脖子完全伸展，他那強壯、布滿鱗片的前腳拉著他向前，5步、10步、15步、20步，支撐著他朝著圍欄的邊緣前進……。

他的頭腦顯然很清楚，頭部沒有受傷。他充滿好奇，活躍又專注。然而，他正拖著他的腹甲後半部，而沒有受傷的擬鱷龜走路時通常是高高地抬起四肢，腹部遠離地面。消防隊長的腹甲前半部是高高抬起的，後半部卻在地面上拖行。

但重要的是，他的後腿*正在移動*。當他強壯的前腿和爪子抓住地面並拉動身體時，受傷的後腿交替著幫助推動他沉重的身軀

向前移動。只是後腿的力量還不足以將他的後半身抬離地面。

走了25步後，消防隊長停下來休息。兩分鐘後，他又開始移動，興致勃勃地沿著木製柵欄探索。他的脖子伸得很長，看起來像是迫不及待想要前進。大多數的擬鱷龜不會這樣移動，而是把部分的頭縮回他們的「高領皮衣」裡。

「這是他今年的第一次外出。」娜塔莎說道。她小心翼翼地評估著他的每一個動作。雖然她對外宣稱已經失明，但她的視網膜對動作仍然很敏感，她非常了解健康擬鱷龜與神經損傷烏龜的步伐有何不同。「他顯然沒有癱瘓，但他脊椎的訊號有限。我們需要幫他把尾端抬起來。我毫不懷疑他的肌肉已經萎縮了。」當然會萎縮，自從他肉體和龜殼的傷口癒合後，他一直待在水裡，處在無重量狀態。

「我很希望能讓他重返野外，」娜塔莎說道：「對於一隻擬鱷龜來說，無論多大的水缸都不夠。他的世界應該是廣闊的幾英畝。由於長期的傷勢，他被關在四面牆太久。我們在他的康復過程中似乎停滯不前。除非我們重新設計他的療程，否則他不會有所改善。」

消防隊長穩定地沿著籬笆踱步，轉過一個角落，然後努力處理一個5度斜的上坡。「繼續加油，孩子！」娜塔莎在躺椅上鼓勵道。可是他並不是個孩子，娜塔莎心裡明白。他是一位睿智的長者：威嚴、成熟、完整。他的年紀可能和我一樣大，甚至更大。忽然間，身邊圍繞著比我年輕很多的人，我突然覺得很驕傲，因為我和消防隊長有一個共通點：我們都很老。

我們的文化並不歌頌老化。我的朋友莉茲曾在1950年代與納米比亞的布希曼族（bushman）一同生活，她認為，在一個我

8. 第一步

們已不再需要擔心受到獅子、老虎或美洲獅捕獵攻擊的時代與地方，衰老本身成了終極掠食者。正因如此，我們試圖掩飾，將白髮染色，注射肉毒桿菌去除皺紋，以手術拉提鬆弛的下頜和下巴，以免死亡跟隨並找到我們。

對於布希曼族來說，這一切截然不同。「老」是一種敬語：在他們的語言中，「老」（n!a）這個詞也是用來形容神靈的詞彙，一個傳達敬意的字。在像他們這樣的文化中，達到老年是一種獎勵；與其認為生命正在衰退，布希曼族人從他們的長者中看到的是累積起來的生命。就像大象、虎鯨，還有不知多少其他物種一樣，他們明白，年長者擁有一座充滿故事和智慧的寶庫，是充滿活力與熱情的年輕人望塵莫及的。麥特記得曾看過一段影片，聲稱人類的活力在30歲左右達到巔峰。他馬上就知道那是錯的。他認為對某些體能技藝來說或許為真，但對靈魂的生命來說並非如此：「我知道我的作品比以前好，而且10年後會更好。你也是一樣。」他安慰我說：「我們有點像烏龜。經歷愈多，我們就愈好！」對於藝術家來說，生命力並不隨著年齡而減弱，對作家來說也是如此，對烏龜來說，更是如此。

「老東西比新東西更好，」卡蜜・嘉西亞（Kami Garcia）在她的哥德小說《美麗魔物》（*Beautiful Creatures*）中斷言：「因為老東西裡有故事。」消防隊長一定有許多故事，而我們正在幫助他寫一個新的篇章。

「我很確定他一定覺得很沮喪，」娜塔莎說：「他是一隻處於壯年期的大雄龜，曾經在這60年、也許100年的時間裡，強壯而自由地生活。但不知為何，現在這個世界變得更加困難了。」

麥特和我緊緊跟著這隻巨大的老龜，看著他那龐大的鱗狀

154

腳掌和2.5公分（1吋）長的爪子緊抓著地面。我們仔細檢查前方的底材，以防尖銳物體割傷他的腹甲。我們也確保他不會翻倒——由於他腿部和尾巴損傷，他很難自行翻回來。到目前為止，他一直在柔軟的新鮮草地和腐爛的棕色葉子上行走。對烏龜來說，他的速度相當快，但仍然在拖行尾端。前方有一塊岩石突起。「我會幫助你！」我告訴他。這一刻的溫柔和感激之情將我帶回了過去。

我再次回到了那個時刻。我那76歲的父親飽受肺癌攻擊，因化療而體弱，我則幫助他努力爬上通往臥室的樓梯。他曾是一位陸軍將軍，年輕的他在巴丹死亡行軍（Bataan Death March）中倖存下來，並在日本人手中當了多年的戰俘。我小時候曾騎在他的肩膀上，也曾踩在他的鞋子上學習交際舞的舞步。

我再次回到了那個時刻。當我們年老的邊境牧羊犬泰絲（Tess）在夜裡醒來，困惑且無法站起來時，我會把她扶起來，幫助她找到方向，然後再抱她下樓去外面。泰絲是一隻被援救的狗，在我們相遇之前曾克服被遺棄與嚴重的意外。泰絲也是一個英雄。她教會我玩飛盤，當我那長腿的丈夫在遠足時走前方，她總是會等著我，以免我迷路。她在她的16年生命裡，有14年帶給我無盡的慰藉和快樂。

「我會幫助你！」是我唯一能對抗他們病痛的武器。但這是一個強大的武器，我很榮幸並無限感激能夠揮舞它。

能夠幫助一位備受珍惜的長者，與安撫哭泣的嬰兒或扶起跌倒的孩子相比，激發的是一種截然不同的滿足感。幫助一個擁有無限潛力的新生命，像是一種祈禱；而幫助一個已經完成使命的生命，則像是一種祝福。能夠回饋一些慰藉給那些曾經滋養和啓

8. 第一步

發我的生命，是一種至高無上的榮譽。或許，練習日本「金繼」藝術的工匠也有相同的感受。金繼或金繕，是一種修補破損陶瓷的古老技術。工匠不會試圖讓器皿看起來像新的一樣，也不會試圖掩蓋破損的痕跡，而是用黏著劑將破損的邊緣重新黏在一起，再刷上金粉、銀粉或鉑粉。這反映了侘寂的哲學，擁抱衰老和不完美的理念，慶祝破損之物的美麗，為時間的痕跡增光，並將此份禮物贈與能夠修復的工匠。這讓我想起了艾莉西亞修復烏龜破碎龜殼時的關懷與愛意，也讓我想起了消防隊長背上的傷疤。

我輕輕地、恭敬地托起消防隊長的龜殼尾端，避免他擦到岩石。他繼續往前走了幾步，但隨後停了下來。在陸地上行走對他來說非常疲憊。麥特和我由衷地欽佩他。

再休息了兩分鐘後，消防隊長轉身開始往下坡走去，脖子伸得很長，眼睛閃閃發亮，飢渴地透過他敞開的感官，吸收著這個熟悉而又新奇的戶外世界。

「他確實很有決心。」娜塔莎說。消防隊長現在已經來到烏龜花園的另一個區域，緊貼著圍欄，並接近更多的岩石。「再過幾分鐘，我們就要檢查他的腹甲了。」娜塔莎宣布。

消防隊長現在正朝著奧林帕斯山最緩的坡道前進，然後衝進了淺水池。他迅速爬了出來，然後再次滑下坡道。我和麥特像直升機父母一樣緊跟著他。他再次朝著圍欄走去，我幫他越過另一塊岩石。我們停下來進行腹甲檢查。雖然像背甲一樣，腹甲也是由骨頭組成的結構（一共有9塊骨頭），但仍然可能因擦傷而受損──這就是為什麼可以避免的話，烏龜走路時不會拖著腹甲在地上摩擦的原因。

麥特將消防隊長舉起來，腹甲朝向娜塔莎和我方便檢查。令

我們安心的是,我們看到它光滑無損。消防隊長出奇地有耐心。他沒張嘴、沒撲向我們,也沒咬人。麥特把他放回地面,他靜靜地站著。

然後,麥特和我突然產生了同樣的衝動。某種力量驅使我們做出一個任何理智的人都不應該嘗試的事:伸手觸摸一隻我們幾乎不熟悉的巨大野生擬鱷龜的前端。

我沒在想他如何謀殺一根香蕉。我沒記起當羅賓漢終於受夠了,向艾莉西亞撲過去的情景。我的腦海沒閃過我試圖幫一隻烏龜過101號公路時,她如何哈氣還咬人的畫面。我的思緒只專注在這個特定的時刻,這個特定的個體,以及麥特和我對他的關心和欽佩。消防隊長與我們都同樣享受一起在外面的時光。我們建立了連結。

麥特和我各伸出一隻手。麥特輕輕地撫摸消防隊長的脖子,我則觸碰了他腋下附近意外柔軟的皮膚。「你是一個大香蕉奶油派。」麥特低聲說。最後,我們用手指撫摸他的強壯頭部。

麥特和我並未多想,這完全是本能反應。為什麼我們會伸手觸摸我們所關心的生物的臉龐呢?臉部,在所有擁有臉部的動物中,充滿了觸覺感受器。目前已知皮膚中至少二十種不同類型的神經末梢,不僅僅用來感受冷熱、疼痛、壓力和震動。最近發現,人類擁有一種特殊的神經末梢,稱為C類觸感神經纖維(c-tactile fibers),只對溫柔的觸摸有反應。但這種神經末梢早在1939年就已在其他動物身上被發現。如今,這些神經末梢被理解為「撫摸感受器」。我們和其他動物演化出了渴求溫柔觸碰的神經,正是這種需求多麼重要的強力證明。跨越不同物種,科學家發現,輕柔的撫摸可以啟動天然的鴉片系統,也就是身體的化

學愉悅宮殿。

消防隊長的眼神變得柔和，如同他將注意力從視覺轉向了觸覺。他顯然非常享受這種互動。我們靈長類過於依賴視覺，鮮少專注於其他感官。但有時我們閉上眼睛，品嚐美味的食物；我們在接吻時閉上眼睛，也在祈禱時閉上眼睛。認知科學家告訴我們，這樣做可以解放大腦，使大腦專注於非視覺的體驗。我認為我們這麼做的原因之一是，它讓我們變得更加脆弱，也因此更加敞開，去感受那些最古老的共享語言——觸覺與信任。

我們三個人都沉浸在這個時刻裡。對於我和麥特來說，這是一種難得的解脫：進入一個沒有時鐘、沒有日曆、沒有言語、沒有煩惱的世界——在這種愉悅的跨物種交流中迷失又重拾自我，在烏龜的時間中肌膚相觸。

我們一起休息。然後，大龜恢復了力氣，決定繼續沿著籬笆走。此時，我們看到一件奇妙的事情發生了：他已經完全將他的腹甲撐離地面了！他轉身，壓倒了靠近藍莓灌木的一棵玉簪，然後去調查其中一個隧道。他沒有進入隧道——好險，因為我不確定我們是否能把他弄出來。接著，他再次轉身，穿過花園中央，最後在陰影下休息。

「我在想我們也許可以定期安排一次療程日。」娜塔莎若有所思地說道。她提到，我們還可以讓其他烏龜參加復健療程。

娜塔莎表示，雪球似乎已經有所好轉。她和另一隻名叫特別（Special）的擬鱷龜成了朋友，現在經常在他們同居的箱子裡坐在一起，一隻的手放在另一隻的身上，或者兩隻一起躲在漂浮地毯下，這地毯模擬了野外的荷葉。特別或許也會喜歡這樣的戶外活動日。

近一年沒踏上地面的消防隊長，已經在外面走了45分鐘。「我覺得他累壞了。」麥特說。是時候讓他回到水缸裡了，現在輪到我抬他了。令我欣喜的是，當我把他抬起來時，他並沒有掙扎或反抗。或許是因為他的後腿已經精疲力竭，我可以輕鬆地用雙手抓住龜殼中間的兩側，以水平的方向搬運他，我本能地感覺到他會更喜歡這樣，而非用方向盤握法。與其把他放回箱子裡，我乾脆直接搬他下樓，他的龜殼後方靠著我的腹部的角度，讓他依然可以面向前方。麥特將他放進高高的水缸。「我們很快會回來的。」我告訴他。「我們會讓你康復的。」麥特承諾。儘管消防隊長能聽到我們的聲音，我們知道他無法理解我們的語言。但顯然我們之間已經有了某種理解。在我們把網蓋放回水缸之前，他抬起頭，直直看著我們的臉。我們滿懷希望與承諾，踏上了回家的路。

「每天早上第一件事就是檢查孵化器，」瑪凱拉告訴我們：「真是展開一天的好方法：看到嬌小可愛的龜寶寶們！」

我們迫不及待想再把消防隊長帶出去——但如果有什麼事情值得延後與這位古老大朋友的約會，那一定是看著新生的幼龜破殼而出的時刻。

到了8月中旬，已有85隻幼龜——包括擬鱷龜和錦龜——從烏龜救援聯盟的孵化器孵化，其中也有麥特和我在卡車司機工會挖到的蛋。這些幼龜目前都在育嬰箱中等待被野放，育嬰箱裡填滿了無菌的覆蓋物，有些幼龜已經鑽到下面，有些則在箱裡熱切地爬來爬去，有些還在角落疊羅漢成了烏龜金字塔。

在麥特和我的注視下，瑪凱拉打開了第4號孵化器，檢查裡

面的六個托盤,這些托盤都來自麻州中部。「要找破殼的痕跡和裂口,」她指導我們:「還有變癟或者『流口水』的蛋。」

「破殼點」是蛋孵化的第一個跡象——由幼龜的「卵齒」(egg tooth)創造的第一個小洞,這是幼龜喙上暫時的尖銳突起,之後會被吸收(審按:應為脫落)。接下來,幼龜會將這個洞擴大,可能還會用牠們小小的針狀爪子劃出一道裂口。蛋開始變癟則表示幼龜正在破殼而出——常伴隨著像口水一樣的出生黏液。

麥特立刻發現了一顆圓圓的擬鱷龜蛋,上面有一個小洞——他把它拿起來時,看到一隻小小的眼睛從裡面瞪著他。「歡迎,小傢伙……我們很高興你來到這個世界!」我說,心裡不禁好奇他對這個世界的第一眼有什麼感想。

孵化過程會令人緊張焦慮。娜塔莎說,有一次,一隻幼龜太早從孵化器孵化,他的皮膚甚至是半透明的。他繼續在孵化器中的溼毛巾上成長,最後一切都正常了。從麥克的孵化器中孵化的一隻錦龜,花了整整24個小時才成功從蛋中出來,光是把頭伸出來就耗費了14個小時。

我們要把有孵化跡象的蛋從孵化器移到有底材的箱子裡。我們需要在土壤中挖一個小坑,將有開口的蛋朝上放置,這樣幼龜的手才能抓住底材並爬出蛋殼。我們拿起的蛋中,有一顆露出了一隻錦龜的黃色條紋小手,似乎準備要抓住新的一天。一些孵化中的幼龜顯得有點無精打采,掙扎著想要從蛋殼中掙脫出來。有一隻幼龜甚至帶著蛋殼的後半部,像穿著尿布一樣。如果蛋內的液體在幼龜出來之前乾涸,蛋殼可能會卡住幼龜。瑪凱拉示範給麥特看,如何用針筒吸取林格氏液,再將液體注入幼龜和蛋殼之

間的空隙，然後輕輕地把幼龜解救出來。

一隻擬鱷龜寶寶已等不及想出來。當我拿著蛋時，我們目不轉睛地看著這小傢伙伸出一隻手臂穿過她打開的裂縫，然後再伸出另一隻手臂。寶寶休息片刻後，隨著一股羊水的湧出，這隻新生的幼龜——曾像墨西哥薄餅一樣摺疊在蛋內的背甲高高拱起——衝出了那個鈣化的禁錮，準備好迎接這個世界。

就像那些迷你的同伴們一樣，消防隊長也渴望擺脫他的禁錮。「自從他開始和你們一起做物理治療後，他的態度發生了很大的變化！」娜塔莎說：「他充滿了活力，經常在他的水缸邊大聲抱怨。我不得不多給他幾根香蕉，讓他忘記自己的不耐煩。」

在被抬上地下室樓梯，往烏龜花園出發時，消防隊長激動到後爪都劃破了麥特的指關節。他迫不及待地要行動起來了。脖子像潛望鏡一樣伸出，他立刻開始沿著圍欄的路線邁步前進。

他最愛的休憩處似乎是在圍欄最遠的邊緣，面向一個未完成的小屋，那裡的幾英畝之外是一片小濕地——消防隊長顯然知道這片濕地。此刻，他在休息，深深地吸氣，使他的喉嚨，甚至前腿都鼓了起來。克里斯曾在國際龜類存續聯盟告訴我們這種行為，這是所有陸龜和淡水龜的常見現象，被稱為「頰咽呼吸」（gular pumping）。這不僅僅是呼吸，消防隊長正在吸入氣味和滋味，確實地把周圍的世界吸到飽。

有時候，他試圖爬上圍欄，他巨大的爪子刮個不停，直到他用後腿站起來——然後，讓我們沮喪的是，他翻倒了。「他翻倒時一臉茫然。」麥特說道：「翻倒的烏龜就像看到寄居蟹脫殼一樣，讓人震驚。」我們急忙將他翻過來。當他從短暫的麻煩中恢

8. 第一步

復過來時，麥特和我撫摸著他的頭、脖子和手臂。不久後，他又開始行動了。

現在，其他烏龜也加入了消防隊長的物理治療療程。稅務人員（Tax Man），之所以得名是因為他是在4月15日被送進來的（按：美國提交聯邦稅的截止期限通常是每年4月15日），他因車禍而頭部受傷，一動也不動地靜止了一個小時。另一隻年齡介於10到15歲之間的烏龜，仍然被稱為「30號」（Number 30），他的背上布滿滑溜溜的青苔，體型非常肥胖，而且一被放下來就會咬人和衝撞人。（「他很會保護自己！」娜塔莎誇耀道。）

雪球經常加入，有時會和她的室友特別一起參加。一開始，雪球移動的範圍不大。但很快就發現，她非常喜歡爬進隧道。在一次治療療程中，她在半個小時內沿著兩面最長的牆走了九次。

「消防隊長確實在進步。」娜塔莎觀察道。好幾週過去了，他愈來愈常將腹甲抬起，以四條愈來愈強壯的腿直立著。

「他讓我充滿了希望，」娜塔莎某天告訴我們：「野外——毫無疑問，那才是他的家。他或許能再次成為他池塘的王者！」

艾莉西亞對消防隊長的前景較為冷靜。「我不知道他是否能夠重返野外，」她說：「或許永遠都不行。但是毫無疑問，他確實在好轉。」在她因修理家電而必須加班的日子裡，儘管回到烏龜救援協會時已經疲憊不堪，但只消在烏龜花園裡待上幾分鐘，她的精神便會為之一振。她對雪球表現得如此之好，感到特別驕傲和驚喜。

「她剛來的時候，狀況非常糟糕，大家都想把她安樂死。還有一次，她在浴缸裡過夜溺死了，真的死在我面前！」她提醒我們：「我灌滿空氣到她體內，把她救回來。再說，換作別人早就

把那條左前腳切除了,我把你修好了。」她對著烏龜說道:「對吧,小寶貝?不過,」她轉向我們說:「這一年的衝勁仍讓我很驚訝,只是你們還是有點糊塗。」她又轉向雪球說:「不過你還不錯!」

我們當時並不知道,讓娜塔莎和艾莉西亞吃驚的不只如此。艾莉西亞第一次看到麥特和我撫摸消防隊長時,幾乎不可置信。「他們在*摸他的頭*,」艾莉西亞低聲對娜塔莎說,低到我們都沒聽見:「你有跟他們說可以這麼做嗎?」

「我沒有!」娜塔莎回答說:「我以為*你*有說!」

經過許多療程之後,我們才知道此事,忍不住笑了出來。「沒人跟我們說可以碰他,」麥特說:「是消防隊長跟我們說的啦。」

「感覺不出上次來卡車司機聯盟後已經過90天了。」瑪凱拉說。然而,實際上更久,因為這就是擬鱷龜的孵化時間——而現在,8月18日,我們再次來到卡車司機聯盟的場地,帶了一個鋪了泥沙的淺盆,裡面爬滿75隻剛孵化的寶寶。他們全是從停車場邊的各種勘查中收集而來的蛋孵化的。由於錦龜經常在巢穴中過冬,所以聯盟會留著那些幼龜,讓牠們在春天野放前持續成長,變得更壯更大之後,野放時較不會被捕食。然而,今天我們要野放的是擬鱷龜寶寶,而提醒巢穴位置的維修人員史考特也加入了。

我們全都坐在停車場邊的草地上時,史考特的口罩掩不住他的笑容。我打開沉重塑膠箱的蓋子,讓他能夠一探究竟。「這裡有*75隻*嗎?太不可思議了!」

8. 第一步

就在牠們孵化的幾小時後，這些擬鱷龜寶寶那些高高的、如蛋一般弓起的龜殼變平了。這些只有3.8公分（1.5吋）長的嬰兒，看起來就像成年擬鱷龜的完美迷你版——牠們的腿和手臂上有著極小的疙瘩，長尾巴上也覆蓋著微小的骨板。這或許就是幾乎每個人都愛幼龜的原因：牠們一出生就皺巴巴的、滿身坑坑疤疤，看起來像小小的阿公阿媽。這些外貌與年齡不符的嬰兒使我們忍不住笑出聲來，感到無比的喜悅。

「牠們可以立刻進入水中，馬上回到大自然嗎？」史考特問道。

「沒錯，」娜塔莎肯定地說：「這些小傢伙天生就知道所有他們需要知道的東西。他們的知識可以追溯到恐龍時代。」

這些小寶寶還帶著他們的第一頓飯出生。瑪凱拉指著牠們腹甲上的「橡皮肚臍」，一個黃色的小凸起，來自蛋中的卵黃囊，為小龜提供營養，直到被身體吸收（在如錦龜等某些物種中，卵黃囊可以是驚人的紅色，像葡萄那麼大，看來就像幼龜有可怕的疝氣或腫瘤）。娜塔莎喜歡開玩笑地說，好像這些幼龜的媽媽已經為牠們準備好了午餐。

「來，」瑪凱拉向史考特提議：「想要拿著龜寶寶看看嗎？」

他當然想。他伸出手掌，不得不彎起手指，以免幼龜跑掉。

「牠們能活多久？」史考特問道。

「如果一切順利，」娜塔莎回答：「牠們能活到175年。」

史考特驚訝地瞪大了棕色的眼睛。「太驚人了！」他說。

接著娜塔莎大略敘述了計畫：我們將按照「五五規則」野放幼龜：五隻幼龜可以一起野放，但接下來的五隻必須在4.5公

尺（5碼）之外的地方野放。「小群體有其好處，」娜塔莎解釋道：「但你不希望讓掠食者來一頓幼龜吃到飽。」

我們帶著箱子走上從停車場開始的坡道，接著往下走穿過一片蕨類植物的森林。不久，我們就來到閃閃發光的濕地。鳥鳴聲與卡車噪音交織在一起，陽光幾乎愉快地照耀著。蝴蝶和蜻蜓在池塘上方飛舞，水黽在水面上滑行，而在水面下，至少部分幼龜可能會在這片涼爽、幽暗的水中成長，變得像消防隊長一樣龐大，而且在今天在場的所有人類過世後仍然生存著。

「好了，」娜塔莎說：「各位，每人拿五隻小龜。」

瑪凱拉分給我們每人五隻小龜，我們分散開來，完成這個意義重大的任務。在這裡，劍狀的野鳶尾、蕾絲般的浮萍、平坦的睡蓮葉片和高大的紫色梭魚草花叢中，我們正在挽救一項古老的協議———一項被汽車、柏油路和混凝土破壞的協議。

對我們每個人來說，這都是一個神聖的時刻。我們有些人把幼龜放在水中幾英吋深的地方，讓牠們游走。有些則把幼龜放在水邊，讓牠們自行爬進水中。我喜歡讓牠們從我的手掌上走進淺水處。

「祝你好運，老弟！」史考特對他第一隻幼龜說：「祝你有175年的幸福生活！」

我們只花了15分鐘就野放了所有的幼龜。「我只是一名水電工，」史考特謙虛地說：「但我從未見過這樣的事情。你們是一群可敬的人。我從來沒見過有誰做這種事。」

「你在乎牠們，而且你來找我們了。」娜塔莎輕聲說。

「你扮演了重要角色。」麥特提醒史考特。

「在當今世界裡，」史考特說：「還有什麼更能帶來如此重

大的影響呢？我們今天所做的，會在我們離世後繼續活著。175年！！」

當然，這一預測有一個大前提：「如果一切順利的話。」正如我們所注意到的——在種族暴力、全球疫情大流行、世界大火、海洋污染、氣候異常的背景下——一切並不總是如願以償。

即便是那些打破機率，長大到足以不被青蛙、魚、鳥類、浣熊、貂、臭鼬、狐狸或狗吞噬的幼龜們，仍然處處面臨著的挑戰。即便他們能夠長壽並變得像消防隊長那般強壯，危險也從未結束。「在60年、70年，甚至100年後，」麥特曾在我們與消防隊長的治療療程中對我說：「他只有一天運氣不好，只消如此就足以幾乎摧毀殆盡。」

不過同時，我們知道在完美八月的這個時刻裡，在這片壯麗的新英格蘭濕地上，我們已經幫助了75隻完美、健康的幼龜重拾牠們在野外的天賦龜權。「這是件偉大的事！」當我們返回停車場時，史考特幾乎是得意洋洋地說道：「有多少事能讓你感覺這麼美好呢？」

就在幾天之後，我們回到了托靈頓的築巢地，檢查巢穴。我們盡可能多加參與。「差不多每次出去檢查，都像是聖誕節早晨。」艾蜜莉說。龜夫人們每天檢查每個巢穴好幾次，確保幼龜不會被陽光烤焦。今年，我們第一次安裝了蓋子保護幼龜，以免受到飢餓烏鴉的侵害；艾蜜莉則縫製了數十條「窗簾」遮蓋幼龜避免烈日的曝曬。我們打開蓋子，拉開窗簾，然後看到了：成年擬鱷龜、錦龜、北美木雕龜、流星澤龜的完美小複製品。

我喜歡帶孩子們來幫忙把幼龜從巢穴運送到河邊。有一天，

我邀請了一位找我玩的5歲小女孩和她阿媽。這位小女孩對景觀中的各方面都非常著迷，從烏龜到像海洋生物般的真菌地星（earth star），再到紫色畫眉草和沙地結草的迷你花。另一次，我帶了一位13歲的鄰居，漢娜。那天麥特聽到了小小的腳趾甲在土壤上爬行的聲音。木雕龜寶寶正在孵化！漢娜和我都屏住了呼吸。四隻已經出來，正試圖爬上巢穴保護罩的邊緣，還有三隻正在從土壤中爆出。「我記得看到牠們的媽媽在跳龜舞，挖掘那個巢穴，」艾蜜莉說：「噢，真是個美妙的早晨！」

我12歲的朋友海蒂一次又一次地陪伴我們。有一天，她帶著擔任警察的爸爸來到這裡。我們再次拜訪了我們以她名字命名的擬鱷龜巢穴──一個她曾幫忙保護的巢穴──而且她也欣喜地得知這裡已經孵出了26隻擬鱷龜寶寶。其他的巢穴還有更多的寶寶要出生。我們檢查了一個從昨晚開始孵化的巢穴，艾蜜莉向我們擔保，這裡的孵化尚未結束。

海蒂掀開覆蓋在巢穴保護器上的鐵絲網，發現……「天啊！」……三隻小龜。「不對……是四隻！」她驚呼道。在艾蜜莉慫恿之下，她輕輕刷去明顯是出口洞上周圍散落的泥土。「不對……是五隻！等等，六隻……哇哦，不對，有八隻！」當我們把幼龜們從土裡拿到裝著少少的水和沙子的紅色塑膠桶裡時，牠們看起來還有些昏昏欲睡（這個桶子被珍和艾蜜莉稱為「紅色巴士」），但等我們抵達河邊時，牠們已經開始亂爬，充滿活力，彷彿水將牠們喚醒。爬回陡峭的沙坡時，海蒂被一株野玫瑰纏住，刺在她的手指上留下了一道割痕。「這是我們在這裡的證明。」她爸爸說道，也讓她對這個小小的傷口開心起來。除此之外，海蒂同意，「今天可能看來像一場夢。」

到了勞動節（按：美國勞動節為九月第一個週一），孵化季幾乎結束了。到9月12日，托靈頓的築巢地創下了新的紀錄：712隻幼龜孵化成功，其中包括528隻擬鱷龜、4隻星點龜、52隻錦龜，以及有史以來最多的瀕危物種——33隻流星澤龜和96隻北美木雕龜。

檢查完巢穴後，如果有時間，我們會再次坐在山脊上，一起俯望著母龜們必須攀爬的陡坡。艾蜜莉曾告訴我們，她有一次看到一隻母擬鱷龜幾乎快爬到山頂……卻突然滾了下去，但她馬上又重新開始往上爬。

根據不同的日子和到場的人，聚集在這裡的人類年齡範圍從幾乎還是新生兒的小孩，到60多歲的長者（這使艾蜜莉、我，以及消防隊長一起列入長者的行列）。我們都一起在這裡。背後是築巢地，眼前則是閃閃發光的河流，我們是見證者，站在潛力與實現之間——充滿信心地相信，世界又再一次被重塑、新生。

9.
等待
Waiting

消防隊長

「他*超*帥！」珍興奮地喊道，雙手捧著胸口，彷彿想要壓住她怦怦跳的心臟。在9月的一個涼爽的日子裡，她來到烏龜救援聯盟，第一次見到了消防隊長。

我和麥特早就給她和艾蜜莉看了數十張消防隊長的照片和影片，這些東西幾乎佔滿了我們的手機，也愈來愈常出現在我們的社群媒體上。我們拍這些影片原本是為了比較他在物理治療中走路的進展。但在無法來探望他的日子裡，我和麥特都會反覆觀賞一解思念之情。

珍親眼見到這隻巨大的擬鱷龜後更加讚嘆。他的體型更加龐大，頭部更加威武，脖子更加雄偉，目光也比我們拍的任何照片都來得更加迷人。雖然今天在烏龜花園的治療課上，天氣冷得讓我們人類都套上了羊毛毛衣，但消防隊長的龜殼依然保有他25.5度（華氏78度）水缸的餘溫，而且他的活動量依然驚人。

我把他放在奧林帕斯山附近，他便啓程朝著圍欄的方向走去。他左轉，經過一堆落葉，堅定地走上某個緩坡。走到一半時，他突然掉頭，再次下坡。他沿著最靠近濕地的圍欄邊緣行進。他經常停下來，他的喙不時開開闔闔，品嚐水、植物、魚類，以及在那裡生活的其它烏龜的味道和氣息。

今天，雪球與特別也加入了消防隊長的戶外活動行列。特別除了保持戒備將尾端高高抬起，展示她龜殼後方的鋒利鱗甲外，幾乎靜止不動。但雪球則非常活躍。在圍欄的另一端，遠離消防隊長的地方，雪球穿過她最喜愛的隧道。頭部歪斜的狀況幾乎消失了，而且她的行動變得更加有意識和目的性。

此時，消防隊長轉彎並沿著圍欄行進，朝著雪球的隧道前進。他探出頭來，脖子伸得老長，一步步逼近那隻體型小得多的雌龜。兩方勢必會打到照面。

兩隻擬鱷龜之間只剩10公分（4吋），我擔心他會重踏她一頓。但她似乎並不害怕，反而大膽地向他邁進了一步。兩隻龜停了下來，消防隊長張開了嘴，一次、兩次、三次。

「他在傳遞化學訊息給她呢。」娜塔莎解釋道：「他正在接收，可能也在傳送資訊。」

擬鱷龜的交配期可以從5月持續到9月，季節分配很有彈性，因為雌性可以儲存精子，有些案例甚至儲存長達數年。這是否是物色對象的徵兆呢？

珍則為消防隊長配音，對著雪球說：「你想懷我的**寶寶**嗎？」

我脫口而出：「嘿，*我很願意下那些蛋！*」我們都笑了起來。

不久之前，一位跟我同齡的女性朋友興高采烈地述說她暗戀的某位英俊奧運游泳選手。「可是他年紀小我一半，而且他已經結婚了。」她坦承道。

「嗯，我也有個心儀對象，」我回應道：「他強壯、帥氣、年齡也適中……*而且還單身*。」

「喔喔，」我的朋友催促道：「快說說！」

「可是，」我承認道：「他是一隻爬蟲類。」

雪球縮起頭，然後用四肢把身體撐得高高的，活像一把腳凳。接著她後退了一步。消防隊長也同樣把身體撐得高高的。

雪球向前走去，爬過消防隊長的頭，跨過他巨大的龜殼，還踩到了他的長尾巴……然後這兩隻擬鱷龜分道揚鑣。顯然，她對我們英俊的朋友並沒有*那種*念頭。

無論如何，雪球和消防隊長的行為顯示他們察覺到了一點變化。這可能只是因為他們現在感覺好多了，變得較能社交，或者是他們變得更加活躍，因為他們感受到季節的變換。

有時候，即使只是守護三隻出了名動作緩慢的爬蟲類，其中一隻幾乎完全不動，依然出乎意料地充滿挑戰。

10月初的某天，艾莉西亞在處理文件，瑪凱拉正在清理箱龜的棲地，而娜塔莎和麥特在忙其它事時，我則再次在烏龜花園監督雪球、還有一隻名叫長襪（Stockings）的擬鱷龜，以及消防隊長的物理治療。

長襪的頭部創傷逐漸康復中，像塊石頭一樣靜靜坐著。但等消防隊長和雪球一進入花園，他們立刻朝相反的方向散開。雪球慢吞吞地朝著她最喜歡的隧道前進，而消防隊長則立刻往水邊闖

9. 等待

步走去。但他並沒有待太久,隨後迅速朝著奧林帕斯山最陡的一邊走去。我趕緊跟過去,準備接住他,以免他翻倒。

雪球此時正在跨過一個水泥階梯,這階梯位於小屋前,構成了六邊形花園的一個邊界。我急忙趕過去,確保她不會臉朝下摔倒。

雪球順利地跨過了階梯,然後停下來休息,思考她的下一步——也就是,她又決定回到她最喜歡的隧道裡。長襪依然紋風不動,而消防隊長已經順利下了奧林帕斯山,抵達圍欄的最矮的角落。這裡掉落的橡樹葉為他的腹甲提供了些許緩衝,但同時也讓他的爪子難以找到著力點,對他來說是真正的鍛鍊。雖然他的四肢都在移動,但他並未持續抬起腹甲的後半部。他搖搖晃晃前進,我可以看到他背甲的鋒利邊緣每隔一步就落在他的左側,撞擊到他左後腳的一根腳趾,甚至造成了一道淺淺的割傷。

過去幾週,他每次出來時都會這樣割到自己。第一次發生時,我們都希望這只是個偶然的意外。稍後我們也希望隨著肌肉的復原,他能夠站得更直,問題也會停止。但每週只有一兩小時的治療療程,相同的傷口卻一再出現。傷口雖小也不深,依然令人擔憂:這則以血寫的訊息,顯示他的後腿可能永遠無法完全恢復。

我回頭瞄了一眼雪球和長襪。長襪仍然沒有動作,而雪球已經從隧道中出來,現在正朝著消防隊長走去。

面對那隻體型更大的擬鱷龜,雪球立刻轉身離開。消防隊長則繼續前進。當他暫時停下腳步時,伸長著脖子,將喉嚨填滿來自附近濕地的化學訊息。他想要離開圍欄。然後突然之間,他似乎有了點子。這裡有一段短短的圍欄以窗花格子覆蓋。他朝著牆

壁邁出兩步,利用他龐大的前爪,並以後腿站立,試圖利用窗花格子當梯子脫逃。

對於新英格蘭地區的野生烏龜來說,秋天是一個充滿急迫性的時節。由於爬蟲類是外溫動物——體溫與環境相符——他們必須找到一個安全的地方度過寒冷的月份,一個水域夠深,不會結冰,而且在冬眠期間不會被掠食者打擾的地方。研究發現,許多擬鱷龜會離開他們夏季的活動範圍,去尋找合適的地方,而且他們通常(但並非總是)每年秋天都會回到同一地點。自從他還是一隻幼龜以來,消防隊長在這個地球上生活了半個多世紀,幾乎每一年都遵循著這種強烈的本能召喚,他現在一定也感受到了這種呼喚。

消防隊長壯觀的爪子讓木頭發出斷裂聲。我對他前腿的力氣感到敬畏,對他的決心與專注感到謙卑。然而,他的後腿無法支撐著他,現在所有的重量都壓在他的後腳上,背甲尾端的尖銳鱗甲正深深刺入他腳趾的皮膚。

我將他拉開。雖然他試著緊緊抓住窗花格子,但他並沒有企圖咬我或抓我。我將他平放在地上時,他幾乎顯得有些悶悶不樂,頭半縮著,朝著那面禁忌的窗花格子。「我真的很抱歉!」我一邊撫摸著他的頭、他的爪子、他的腳和尾巴,一邊對他說:「你必須要有耐心。我向你保證,我們會盡一切努力讓你康復,回到濕地。我們不會讓你失望的。」

他靜靜地坐了兩分鐘,喉嚨起伏著,彷彿他正在考慮自己的選擇。最後,他做出了決定:他要再次嘗試攀爬那片圍欄。

他伸出頭,粗壯的脖子繃得緊緊的,抓住窗花格子開始攀爬。我用手托著他的龜殼,以免又割傷他的後腳,但不幸的是,

9.
等待

我發現自己正幫助他往上爬。我試圖將他從格子上拉下來,但他就是不放開。我需要以雙手承受他的重量,無法將他的爪子從木格子上解開。如果他爬到頂端還越過去的話,我的手臂不夠長,無法防止他摔落到地面。

我該怎麼辦?

麥特就像守護天使一樣出現了。他托住消防隊長,而我設法解開他的爪子。但我需要雙手才能解開他的一隻爪子,而且每當我解開一隻,他就用另一隻抓得更緊。瑪凱拉也過來幫忙——我們三個人一起努力,終於把這隻巨大的擬鱷龜拉離窗花格子。

麥特抓著他,我們才能檢查他的腹甲。雖然沒有出血,但表面已經刮傷了。血從他左側甲橋的小傷口滲出,這裡是腹甲和背甲相連的地方。而除了他腳趾上的傷口——像被紙割傷一樣,無疑讓我們比他還受傷——現在他右後腿上也有一個新傷口,是背甲上尖銳鱗甲的重量造成的。

他在鍛鍊腿部的過程中,我們能做些什麼讓他不再受傷呢?我們能不能替他的尾端鱗甲加個墊子?或者替他的腹甲做個護盾?「也許我們應該為他做個助行器。」麥特建議說。

我那強壯的朋友戴上手套,把正在表達抗議的烏龜抱回了他的水缸。畢竟,我們今天下午還有緊急任務待處理——而這也是由即將來臨的冬天所引發的。

昨天,娜塔莎開始挖洞。她挖了四個小時。她表示,土地乾涸得像混凝土一樣。今天,麥特花了一個小時幫她挖好洞,挖出了一個91公分(3呎)深、91公分寬、91公分長的巢室。

尋找冬眠的池塘引發了第二波烏龜遷徙——帶來了更多患

者和傷亡到烏龜救援聯盟。毫無疑問，這次遷徙也讓111號龜踏上了冒險旅程。這是一隻重達27.2公斤（60磅）的巨型雄性擬鱷龜，甚至比消防隊長還要大，可能已有百歲高齡。72小時前，他穿越馬路，不幸遇上了一輛車。

但與消防隊長不同的是，111號龜沒能挺過他的傷勢。

這就是為什麼艾莉西亞和娜塔莎安排了今天下午的緊急集體埋葬。烏龜救援聯盟0.14立方公尺（5立方呎）的太平間冷凍庫幾乎全滿，而111號龜太大放不進去，他的屍體已經開始發臭。

我們在下午四點開始清空冷凍庫。我們都戴著塑膠手套。已故的患者被裝在各種大小的塑膠冷凍袋裡。瑪凱拉伸手進冷凍庫，將裝著冰凍屍體的袋子遞給我們每個人。我們撕開每個袋子，取出屍體，將袋子和任何繃帶或膠帶丟入醫療廢物垃圾桶，然後將屍體放進一個顏色黑得像靈車一樣的大桶子裡。

有些烏龜看起來完整無損——除了他們已經死亡的事實外；有些烏龜的龜殼上則有金屬板或銀色膠帶；有些則被撞得粉碎。娜塔莎催促我們速戰速決。「我們會在墓地停下來緬懷他們。」她說。

艾莉西亞、娜塔莎和瑪凱拉總是對未能存活的患者遺體保持敬意。我在某一天深受感動，當時我看著瑪凱拉從一隻死去的母龜體內取出蛋，並將蛋放入我們的孵化器。這是一項漫長、精細、繁瑣的操作。我問她，為什麼不乾脆移除腹甲？「我盡量避免在他們身上做不必要的開口。」她告訴我。「這對我來說是出於尊重。而且等我完成時，我會盡可能將她復原到自然的狀態。」

但烏龜不該是這種模樣。「看到他們被冰凍，感覺很怪。」

9. 等待

麥特說。有時袋子會黏在一起，我們得用螺絲起子撬開。有時候，患者在被放進冷凍庫時還在流血，血液凍結在塑膠袋上，使得屍體難以取出。有時，烏龜的爪子會卡在袋子的接縫處，彷彿他們仍緊抓住生命的這一端。

還有一些袋子裡裝滿了來自夏天未孵化的蛋。未出生的寶寶，大大小小的烏龜——將他們全都倒進黑暗的桶子裡感覺糟透了。但是數量太多，我們的動作必須加快。否則，我們到天黑時仍在填墓穴。

我們迅速完成了這項沉重的工作。娜塔莎和艾莉西亞將裝有111號龜的桶子搬到側院，而麥特和我則抬著另一個桶子。

墓穴在一棵年輕胡桃樹下等待。艾莉西亞默默地抱起111號龜，先將他放入穴中。「對不起，孩子。」娜塔莎低聲對他說。接著，我們每個人伸手進入那深黑的桶子，一次取出一位患者，輕輕地將每一隻烏龜放進土裡——正面朝上，因為我們也無法想像，即便身處死亡之中，有任何一隻烏龜會願意翻倒。

麥特和我認出了許多患者：塔可餅，那隻精力充沛的母錦龜，因為殼被狗咬破後送進來的。34號，是動物管制官從艾許蘭大道帶來的擬鱷龜，那是我們擔任志工首日的其中一隻。還有薇洛，一隻美麗的箱龜，從野外被抓走，被當成寵物飼養了數十年，後來被棄養。她曾與另一隻雌性箱龜白楊當室友，當薇洛死去時——原因不明——白楊在那之後好幾個週都了無生氣。

這些烏龜的每一隻都有自己的故事，有的漫長，有的卻太過短暫。看到每一隻的屍體，所感受到的痛楚各有不同。我拾起一隻還在蛋裡的幼龜。他只伸出了頭和一隻手，僅僅活了幾分鐘。

麥特撿起一隻龜，牠的黑色龜殼上點綴著黃色斑點。

「噢！」麥特驚呼，彷彿身體因這一幕而疼痛。「一隻星點龜！」這個生命的熄滅對於這個瀕危物種來說是重大的損失。

娜塔莎拿著一隻被壓扁的北美木雕龜，她看起來就像是被壓路機輾過一樣。「我無法想像為什麼還會有人送過來，」她說：「連一顆蛋都不可能存活。」

瑪凱拉雙手戴著手套，拿著庫里歐，一隻成年雌性錦龜，她是在6月5日，也就是瑪凱拉生日那天來到烏龜救援聯盟的。瑪凱拉曾花了數十個小時陪伴她，與她說話，拿著她，甚至只是與她一起呼吸。「我會和烏龜進行深刻的對話，與他們一起深呼吸，交換氣息。」她後來告訴我。「我盡力向他們傳達，我是來幫助他們的，而不是傷害他們。」儘管她的背甲上有一道大大的Y形裂痕，頭部和甲橋也受了傷，庫里歐依然顯得非常好奇和自信……直到8月26日，她被發現死在醫院箱裡。「來吧。」瑪凱拉輕聲說，聲音中帶著她跟朋友說話時，一貫溫暖平靜的語調。

然後我們轉身去抬起下一隻烏龜，一隻大擬鱷龜。

是下護板──他曾那麼勇敢地為生存而戰！一週又一週，他戰勝了困難，忍受著治療，娜塔莎握著他的一隻前腳，幫助他忍受那些為了救治他的注射所帶來的疼痛。我們都以為他會挺過來。

「死亡似乎奪走了這樣一個如此尊貴的動物的尊嚴。」娜塔莎說道。

最後，所有冷凍的烏龜都被放入了墓穴中，一共有32隻。「這個洞裡裝滿了我們盡力幫助的烏龜，」娜塔莎說：「這是你唯一一次，也是最後一次看到他們聚在一起。我們為每一隻都付出了努力。」

瑪凱拉默默地落淚，艾莉西亞摟住她的肩膀。「妳讓他們走得比原本可能的更遠。」她說。

「你應該為那些你拯救的烏龜感到驕傲。」麥特溫柔地對她說。

娜塔莎在墓穴旁致上悼詞：「從一百歲的成年龜到小小的幼龜，」她說：「他們都曾活過，哪怕只是一小段時間。他們都嘗到了生命的滋味，感受到了大地母親的溫暖。有些甚至逆天成為了巨龜。他們從大地母親爬出，現在回歸大地母親。讓我們安穩地埋葬他們，完成他們最後的巢穴。大家可以隨意地在他們上面放石頭。」

我們用石頭覆蓋屍體是出於實際的理由：它們可以當成一道屏障，防止動物把屍體挖出來當食物。我們當然不希望死者被打擾，也不想吸引掠食者到這片土地上，因為這裡靠近烏龜花園，復健中的傷患可能正在鍛鍊，附近的濕地還有野生烏龜棲息。但當我們放下這些石頭時，我想起了古老的猶太習俗：在墳墓上留下小石子或鵝卵石。

這個儀式的起源不明，但可能與我們現在做的原因相似：為了防止惡魔或其他不受歡迎的訪客靠近。另一種解釋是，石頭將靈魂固定在大地上，讓它永遠與我們同在。有些人說這一習俗可以追溯到耶路撒冷聖殿時期，當時猶太人用石堆標記墳墓，用來警告某些祭司遠離——這些祭司被稱為「kohanim」，他們負責照管祭品，據說如果他們接近死者1.2公尺（4呎）範圍內，在儀式上是不潔的。還有人說，石頭比花朵更好，因為象徵著我們記憶的永恆，也提醒後來的訪客，逝去的靈魂並未被遺忘。

無論起源如何，猶太人都一致認為這是一種戒律

（mitzvah）——一種善行、一種仁慈與同理心的行為，旨在履行猶太教法中的戒律——在死者的墳墓上放置石頭。在哈西迪教義中，「mitzvah」一詞據說源於根詞「tzauta」，意思是「連結」。因此，我們在墓穴中放置的每一顆石頭，都是一個提醒：我們這些仍在世的生物與那些曾經活過的生物依然相連，我們的羈絆並未因死亡而斷裂。

我們每個人輪流把一鏟一鏟的泥土撒在墳墓上。「你認為我們死後會發生什麼？」我問娜塔莎。「我認為我們會從肉體解脫，回歸為最初的火花，」她回答道：「就像夜晚飛舞的螢火蟲一樣。我們回到大自然，回到源頭。我們同樣都是靈魂之類的東西組成的。這些老烏龜讓我忍不住想到這一點。這些大擬鱷龜知道如何讓自己閃耀到令人嘆為觀止。」她說：「我們放棄時，我們會失去很多，但烏龜從不放棄。而我們也永遠不會放棄任何一隻烏龜。」

我問了艾莉西亞同樣的問題。她直直地盯著我的臉，一副非常吃驚的表情，像是我剛剛請她解釋微中子在粒子物理學中扮演的角色似的。「我不知道。」她說。隨後她轉身離開墳墓，大步走回屋裡，那裡有數百隻活著的烏龜需要她的照顧。

・・・

在桑頓・懷德（Thornton Wilder）的舞台劇《我們的小鎮》（Our Town）第三幕中，舞台上擺放著三排椅子，象徵著墳墓的亡靈們坐在其中。年輕的主角艾蜜莉剛剛因難產去世，與其他已經在那裡的角色——包括她的婆婆吉布斯太太和在閣樓上自縊的

賽門‧史提姆森——會合。早些到達的亡靈們耐心、平靜地坐著，冷眼旁觀著小鎮格羅弗角上的生活，只是……等待著。

此時此刻，在現實世界裡，人們都在等待——等待著似乎永遠不會到來的變化。沒有暑假，沒有秋季開學。疫情持續肆虐，黑人的命也是命（Black Lives Matter）運動抗議者日復一日地聚集；而在國家燃燒之時，巴西總統雅伊爾‧波索納洛（Jair Bolsanaro）和美國總統唐納‧川普依然否認氣候變遷是人為因素的壓倒性科學證據。一分、一秒和一天的長度和去年一模一樣，現在卻顯得格外冗長。

等待的時間對每個人來說感覺都不同。德國心理學家馬克‧威特曼（Marc Wittman）曾要求研究對象坐在一個沒有任何事可做的房間裡，估算他們在那裡待了多久。實驗實際上只持續了7分半鐘，但有些人認為時間只有2分半，而很多人則說感覺像是過了20分鐘。

或許那年秋天最漫長的一天就是2020年大選日——事實上，這場選舉持續了不只一天，而是整整四天，才宣佈結果。麥特和我筋疲力盡地回來，不僅因為整夜聽著選舉報導，更因為不確定性讓人覺得疲憊。由於尚未統計郵寄選票，哪位候選人能贏得總統大選還不明朗。我們開車去南橋的路上，聽著車裡的新聞廣播，緊張感大到我們不約而同地大聲尖叫。

轉輪在門口迎接我們，龜殼上貼著艾莉西亞的「我已投票」貼紙，然後又回去享用他豐盛的早餐：綠色蔬菜、西瓜、南瓜和草莓。披薩俠大步走來討摸。我們有慶祝的理由：麥特特別喜愛的細長陸龜杏桃，在催產素的幫助下，終於生下了我們在X光下看到的四顆巨蛋。我們曾擔心這些蛋會卡住。我們藉由更換過濾

器、刷洗和消毒箱龜用餐用的石板讓自己冷靜下來。我們把五隻擬鱷龜帶到17.2度（華氏63度）的陽光下：雪球、蒸汽龐克、元氣、特別，當然還有消防隊長。為了避免他虛弱的後腳腳趾被龜殼鋒利的邊緣割傷，我們用藍色的寵物繃帶包裹住整個龜殼的邊緣，就像自帶黏性的ACE牌彈性繃帶。這個膠帶上以「型男」（Stud Muffin）的字樣裝飾。

每一隻擬鱷龜都在走動：在烏龜花園裡，元氣轉著圈，對替她龜殼抓癢的瑪凱拉做出哈氣的回應。特別第一次走了4.5公尺（15呎）。雪球離開11月的陽光，走向小池塘冰冷的水面。她聽從祖先智慧的催促，*現在就要尋找一座池塘冬眠。*

麥特和我把消防隊長帶到前面一個草地較多、石頭較少的區域，這樣他的腹甲就不會被刮傷。他有目的地朝著一片一枝黃花和薔薇走去。今天他的後腿似乎更虛弱，尤其是左腿，更像是拖著鰭足而不是腳。

但令人欣慰的是，寵物繃帶起了作用，為他的後腳提供了保護，不受龜殼上尖銳鱗甲的傷害。不久後，他似乎恢復了一些力量，將他的腹甲抬得更高，速度也加快了。

他似乎也被烏龜的智慧驅使，感受到季節使命的召喚。他停下來大口吸入空氣，吸收這個世界及其化學訊息。與我們在車上收聽到的喪氣消息不同，這些訊息是消防隊長能理解和接受的，而且他毫無疑問地知道該如何正確回應。

麥特和我很希望知道大選結果。但在這些時刻，我們與時間和平相處。我們不再想大叫。

9. 等待

「凡事都有定期，」這是我最喜愛的《傳道書》

（Ecclesiastes）中的一段話，來自第三章的開頭幾節：「天下萬物都有定時。」生有時，死有時；醫治有時，哀悼有時。急忙有時，等待有時。然而，對於我們這種人來說，等待往往是痛苦難耐的。

我第一次觀賞《我們的小鎮》時，讓我覺得等待是死亡最令人苦惱的部分。那些年長者靈魂的平靜讓我很疑惑。他們怎麼能忍受這樣的等待——尤其是這樣的等待似乎看不到盡頭時？

但烏龜是等待的大師。在北方，他們每年冬天都會進行這種等待，進入並持續數月的半停滯狀態。

冬眠狀態讓烏龜透過模仿死亡來欺騙死亡。他們不進食，也不呼吸。心臟可能每隔幾分鐘才跳動一次，新陳代謝可能下降達到99%。某些物種，包括西部錦龜（*Chrysemys picta bellii*）的幼龜，甚至被凍結成固體卻仍能存活。

大多數冬眠的烏龜在接近冰點的溫度下度過冬天。（有時，飼主會被建議將箱龜放在裝滿泥土的備用冰箱裡過冬。）四爪陸龜為了在中亞寒冷的草原上生存，會挖掘183公分（6呎）深的洞穴。星點龜則在冬天時藏身於草叢中，埋在岩石下，嵌在樹根間，並由柔軟的苔蘚包覆。北美大多數過冬的水生龜類都會選擇池塘和溪流——有時離開食物豐富的夏季池塘，前往更安靜的水域，有時會移動到同一濕地的另一部分。在整個冬季流動的小水道裡，擬鱷龜會在林木下冬眠；在湖泊中，他們會塞在靠近岸邊的木頭和樹樁下；在沼澤地區，他們則埋在泥土深處。有時，他們會在麝鼠的巢穴裡過冬；有時甚至是好幾隻擬鱷龜一起冬眠。

擬鱷龜和其他水生龜潛進水中，或埋進泥巴裡，水面可能會被冰封超過100天，他們能獲取的氧氣非常少。不過，這並不

成問題:他們可以透過屁股呼吸。他們根本不需要肺,而是透過靠近皮膚表面的血管吸收氧氣,其中一個最多血管的區域就是泄殖腔。(審按:能用膀胱輔助呼吸,降低肺的依賴,但並非不需要。)

為了在沒有食物的情況下維持細胞存活,冬眠中的烏龜會使用儲存在肝臟和肌肉中的能量。經過數月後會耗損,並產生過量的乳酸——這也是我們在運動過度後肌肉痙攣的原因,而乳酸過多可能會致命。為了中和這些酸,烏龜會調動他們殼中的鈣,就像我們服用制酸劑一樣。

儘管在冬眠期間,烏龜的代謝完全轉變——你可能會誤以為牠在睡覺,或者已經死亡——但冬眠中的烏龜並非意識全無。牠甚至可能不是隨時靜止不動的。站在結冰的池塘上,你可能會看到一隻錦龜或擬鱷龜在冰下游動。即使烏龜看起來完全靜止,牠依然是清醒的。在2013年發表的一項研究中,丹麥研究人員在紅耳龜的大腦中安裝了電極,觀察牠們在寒冷、缺氧的水中冬眠、靜止不動的情況。烏龜的大腦對光線和溫度的變化有反應。「冬眠的烏龜並非處於昏迷狀態,」作者寫道:「而是在過冬期間保持警覺。」

有些種類的烏龜可以在這種狀態下生存超過217天,而且依然能恢復。我不禁想,烏龜在這種狀態下是如何感受時間的流逝呢?牠們會覺得無聊嗎?覺得心曠神怡?還是根本不像等待呢?

當然,我們無法得知;我們甚至無法真正理解另一個人,無論是配偶、戀人還是孩子的感受,更不用說那些與我們截然不同的物種了。博物學家亨利・貝思頓(Henry Beston)稱牠們為「另一個國度」的生物。

9. 等待

正如我們所知，人類在準確察覺時間的流逝方面是出了名的差勁。根據威特曼的研究，大多數人只能準確追蹤五秒鐘的時間（而且我們的大腦需要大約半秒鐘才能意識到事情發生，取決於消息來自身體的哪個部位、哪種感官：來自足部的訊號比來自嘴唇的訊號，需要更長的時間才能到達大腦。因此，我們所有人實際上都有點活在過去）。

　　邁阿密大學（Miami University）生物學教授尼可拉斯·馬尼（Nicholas P. Money）在《自然之快與自然之慢》（暫譯：*Nature Fast and Nature Slow*）中寫道，人類在視覺、聽覺和觸覺方面的缺陷限制了我們對時間的概念。「時間很容易被錯過，只有在我們專注於時間時，才會到測量得到時間。」他指出。「即使我們保持警覺，我們也只能意識到其中的一小部分。」

　　正如亨利·貝思頓在《世界盡頭的小屋》中曾先見之明指出，動物是「仰賴我們已經失去或從未獲得的感官而生存的。」（該書於1928年出版，當時科學家們才剛剛開始發現許多動物感官能力的廣度和多樣性，許多能力至今仍未完全了解）。例如，許多狗每晚會在特定時間等待主人回家，有些狗甚至會準時到火車站接主人，牠們的時間掌握比火車還準確。（其中一隻秋田犬名叫八公，即使主人因意外在工作中去世，仍然每天在下午的那班火車前守候了10年）。牠們怎麼知道時間呢？哥倫比亞大學教授、犬認知專家亞歷珊卓·霍洛維茨（Alexandra Horowitz）認為，牠們可以嗅出時間的流逝。氣味分子會以特定的速度衰減，這也是為什麼追蹤氣味的狗能輕易找到蹤跡的起點並跟蹤到終點，而不會反過來。

　　我們嗅不出時間。根據一項估計，人類獲得的印象中有高

達80%來自視覺。然而，我們無法看見跳蚤跳躍。在我們眼中，蜂鳥拍動的翅膀只是一片模糊。為什麼呢？因為「我們以秒為單位生活」，正如馬尼提醒我們的那樣：我們的胃每20秒收縮一次，腸道每五秒擠壓一次，心臟每秒跳動一次。大約兩毫秒的突發刺激完全逃過我們的注意。我們聽不見蝙蝠用來回聲定位的聲波，那些以每秒200次、頻率達80千赫的聲波，但是某種有翅昆蟲的掠食性幼蟲（幼態時稱為蟻獅）卻能聽到，並會迅速潛入沙中躲藏。

　　昆蟲每秒能處理的影像比我們多得多。一隻蜻蜓看電視時，每秒能看到超過兩百張獨立的靜止畫面。在高畫質電視出現之前，狗看電視也會看到一系列被黑色間隔的靜止畫面，而我們則會看到流暢的動作。光源在被視為穩定之前，生物能看到的光閃爍速度的上限，被稱為「閃光融合閾值」（flicker fusion frequency），這是衡量我們和其他動物如何感受時間的一個指標。蒼蠅的閃光融合閾值是每秒250次，鴿子是100次，狗是80次，人類是60次，而海龜──唯一被測試過的龜類──是15次。

　　根據都柏林聖三一學院的科學家帶領的國際合作研究，基於30種動物的閃光融合閾值結果，做出以下結論：對時間的察覺能力與生命節奏有關。為什麼會這樣？因為提高視覺處理需要大量能量。這項發表於2013年《動物行為》（*Animal Behavior*）期刊的研究顯示，身體較小、代謝速度快的生物，在一段單位時間內，能比代謝速度慢的生物察覺更多訊息，對時間流逝的感受更慢。你可以想像，心跳*每秒*狂亂跳動25次的小臭鼩（*Suncus etruscus*）對每小時的時間體感，比心跳每分鐘僅八次的加拉巴哥象龜要長得多。這似乎是公平的，因為小臭鼩幸運的話，壽

命可能只有兩年,而加拉巴哥象龜可以活到至少175歲,甚至更長。

然而,人們或許會希望這兩種動物(如果能自然達到牠們截然不同的生命盡頭)都能體驗到完整的一生。如果真是如此,也許大自然賦予了這些慢活且長壽的烏龜,《我們的小鎮》中那種平靜亡靈的耐心。舞臺監督對觀眾說:「每個人的骨子裡都知道有某些東西是永恆的。」死者的心靈平靜,因為他們知道,在等待的盡頭,他們內在那永恆的一部分,就像春天的烏龜一樣,將會浮出水面。

「我們看不見、聽不到,也觸摸不到時間的流逝,」網站「史丹佛哲學百科全書」(*The Stanford Encyclopedia of Philosophy*)在「對時間的感受與察覺」條目中指出:「但即便我們所有的感官都無法運作,我們仍然會注意到時間的流逝。」

然而,該條目(最後更新於2019年)並未納入一項當時還鮮為人知的新發現:除了觸覺、嗅覺、聽覺和視覺之外,我們可能還擁有一種時間感,以及專門用來偵測和測量時間的細胞。牛津大學的神經科學家羅素・佛斯特(Russell Foster)在雙眼視力正常的小老鼠,以及被培育為天生失明的小老鼠眼中,發現了一種名為視黑蛋白(melanopsin)的色素,這種色素似乎會對光做出反應——即使看不見那道光——並以此將有機體的生理時鐘與晝夜的規律連結。這些察覺時間的細胞發出的訊息沿著視神經傳遞,但繞過處理視網膜中視桿細胞和視錐細胞資訊的大腦視覺皮質,直接傳到位於下視丘的一個更深的區域。這裡有一對稱為視神經交叉上核(suprachiasmatic nuclei)的細胞團,可能是我們未

意識到卻至關重要的晝夜節律協調的中心。青蛙的皮膚中被發現有視黑蛋白的存在；而其他類型的視蛋白（opsins）則存在於魷魚和章魚的皮膚中。這些發現的暗示令人難以置信：我們可能能夠用眼睛察覺時間，而其他生物則可能能夠用皮膚「看見」。

科學家們才剛開始研究烏龜那精妙的感官。經過漫長歲月的磨練，烏龜的各種感官功能——包括一些可能尚未被發現的——已經確切地引導牠們的生活，遠比地球上大多數其他陸生脊椎動物要長久。然而，有時這些感官也不夠用。對於一隻烏龜來說，以每小時96.5公里（60哩）的速度疾駛而過的車輛，可能只是一個模糊的影像，就像我們無法看清蜂鳥拍動翅膀的每一下。消防隊長、雪球、111號和我們的許多其他傷患，或許從來都沒看清那些撞上他們的車輛。

數億年的演化並未讓烏龜做好準備，應對人類在地質學時間方面眨眼間所引發的劇變。億萬年來，數量龐大的海龜幼體曾經佈滿德州和墨西哥的海灘，牠們會隨著馬尾藻海環流漂向大西洋中部；在三到五年後，這些年輕的海龜會游向北方，在鱈魚角灣度過夏天，享受豐富的螃蟹、水母和藻類資源。每年秋天，在水溫降到10度（華氏50度）之前，牠們便會南下，前往較暖的海域。但如今，氣候變遷正以比世界其他任何地方更快的速度，讓鱈魚角以及整個緬因灣水域到其北部暖化。許多海龜因此逗留過久，等到牠們準備遷徙時，大西洋的水已經過冷，不適合游泳。海龜被鱈魚角的鉤形陸地困住，被寒冷擊暈：冷到無法思考，冷到無法移動，最後冷到無法存活。如果風向合適，牠們就像浮木一樣被沖回岸邊。

1974年冬天，麻薩諸塞州奧杜邦威弗利灣野生動物保護區的

9. 等待

主任勞勃・普里史考特（Robert Prescott）開始拯救第一批因寒冷失去知覺的海龜，這些海龜被沖上鱈魚角的海灘。如今，每年冬天都有數百隻，有時甚至上千隻。

當我們在12月的第二天拜訪時，娜塔莎告訴我們這些海龜的困境。她一直在關注一個叫神奇海草網站（MagicSeaweed.com）的天氣預測。該網站預測三天後，來自西北方向的風將吹向岸邊，橫掃大島和丹尼斯，風速將超過每小時56.3公里（35哩），這樣的條件將使得失去知覺的海龜無助地被吹回岸邊。

通常在這種情況下，數百名奧杜邦志工會在鱈魚角地區組織起來，搜索海灘救援這些海龜，先將牠們送往麻州奧杜邦威弗利灣野生動物保護區的臨時海龜醫院，最後送到新英格蘭水族館的動物護理設施進行復育。但這一年並不尋常。感恩節假期過後，新冠病毒每40秒就奪走一名美國人的生命。麻州的醫療中心病床已經滿了，正在設置戰地醫院。基於安全的理由，志工的常規集會已被取消。

不過我們會在週日過去。

在冰下過冬的錦龜。

9.
等待

10.
海龜救援
Sea Turtle Rescue

肯氏龜

　　星期六中午，我們彷彿從窗戶望進雪花玻璃球裡。冬季風暴警告從麻州中部一直延伸到緬因州北部。低氣壓於週六集中在鱈魚角地區，沿海岸線的東北風速達到時速96.5公里（60哩）。新罕布夏州和麻州中部預計將迎來30公分（1呎）厚的嚴重濕雪——這種雪會導致樹木倒塌和電力纜線斷裂。聯邦氣象預報員發出警告，這場沿著新英格蘭海岸線移動的週末東北風暴將造成「極度危險甚至不可能的行駛條件」，並可能演變成「炸彈氣旋」（bomb cyclone）——這兩個詞單獨看已經令人不安，合在一起更是引起了我朋友的注意，因為他們知道我們的巡邏行程。好幾個人都勸我不要去。其中一人甚至寫了一段禱文給我：

漫漫長夜守望中
願祢的天使展開

祂們潔白的翅膀

環繞你的床邊守護

「星期天我會為那些被沖上海灘、等待我們救援的海龜默念這段禱文……」我回覆道——在我們的網路中斷之前。

週日早晨醒來，我們發現有超過20萬個新英格蘭家庭停電——包括麥特和艾琳的家。也許這是一件好事，麥特在早上的電話中愉快地說——他們的黃鼠蛇厄尼在本週稍早又逃跑了，也許寒冷會迫使他從藏身處出來。他解釋說，他們有一台發電機，可以為海龜的保溫燈和冰箱供電。接著他和艾琳又回去清理積雪，並搬走倒在車道上的那棵樹。

早上十點半，太陽出來了，通往麥特家的道路兩旁，被雪覆蓋的樹木變成了閃閃發光的白色大教堂拱門。整個世界看起來像一張聖誕卡片。除了那些大膽的北美山雀還在飛，一切都靜止不動，凍結了。對尋找爬蟲類而言，這似乎是個非常奇怪的日子。

我們在麻州三明治鎮的一家打烊的咖啡店門前、寒風刺骨的停車場裡與其他巡邏隊員會合。「歡迎加入海龜巡邏！」艾莉西亞的聲音從她的黑色口罩後傳來。藍綠色的眼睛和幾縷深色的頭髮，是她頭上唯一沒有被口罩、針織俄羅斯帽的帽頂和耳罩完全遮住的部分。

還有誰在這裡呢？每個人都包得密不透風，戴著口罩，看來像不同土匪版本的米其林寶寶。我們總共有11個人，包括我、麥特和瑪凱拉。還有麥克·亨利，另一位是烏龜救援聯盟的志工麥克·韋伯斯特（Mike Webster），以及一位應該是丹·崔西（Dan

Tracey）──一位傳奇英雄，曾在一次早期的遠征中，扛著一條120公分（4呎）長的虎鯊屍體回到威弗利灣野生動物保護區實驗室進行驗屍──瑪凱拉的伴侶安笛也在這裡。此外，還有一對蘇格蘭夫婦志工，他們是麥克・韋伯斯特的朋友，他們隱藏在口罩下的迷人蘇格蘭口音，我無法參透。

「今天，或者更確切地說是今晚，將會是一場真正的冒險，」艾莉西亞繼續說道：「天氣會變冷。天會變黑。我們要去的地方沒有馬路，沒有捷徑，沒有燈光，沒有補給，沒有救援。」

「也沒有廁所。」娜塔莎補充道。

我的一些朋友現在正舒適地窩在他們紐約上州的避寒別墅，他們慷慨地提供了在紐奧良南部（離鱈魚角非常遠）的避暑別墅，讓我和麥特在那裡過夜，讓小隊也有機會先行集合，解決如廁問題再出發，我們會在那邊再重新會合。

「今天我們要進行的是最困難的海龜救援之一，」艾莉西亞繼續說道：「點開手機上的地圖，你會看到大島（Great Island）像半島上的一根細針，延伸到海灣的中央。那地方非常奇怪。」

「走在沙灘上並不是一件愉快的事，」她接著說：「而且那裡會非常冷。所以不要走到筋疲力盡。記住，你還得逆著風走回來。我希望這是一場海龜救援行動，而非人類救援行動。」

娜塔莎再次強調手電筒的重要性。她強調手機的光線不夠亮，而且因為寒冷，手機電池會耗盡。她建議我們將手機放在外套內袋裡保暖，等找到海龜時再用手機聯繫艾莉西亞……如果手機那時還有訊號的話。

我們將分成兩隊，艾莉西亞向我們說：

其中一隊將巡邏大島的前側,也稱為外帶。這條路線稍短一些,但由於沙地的地質,也更加難走。麥特和我、艾莉西亞和娜塔莎、瑪凱拉和安笛將走這條路線。

另一條路被稱為威弗利墓園,因為那裡有很多海洋生物的骸骨被沖上岸而以此命名。艾莉西亞告訴我們,這條路更好走一些,但途中有很多障礙需要繞道。麥克・亨利、麥克・韋伯斯特、丹・崔西和那對蘇格蘭夫婦將負責這條巡邏路線。等我們折返時,他們會在海灘步道的最後幾英里與我們會合。

艾莉西亞說,我們可能會改變行程:威弗利野生動物保護區的協調員可能需要我們巡邏不同的海灘區域。已經有多起海龜擱淺事件發生。我們現在被要求比預期留得更晚。雖然滿潮時間是三點半,但我們要四點半才出發,代表會比之前更暗更冷。

「盡量不要弄濕。」娜塔莎懇求道。腳濕是導致失溫和凍傷的原因。「我們絕對不能下水。而且記得,回程時沙灘上可能會有更多海龜出現。」

艾莉西亞簡介了救援的流程:「如果你發現烏龜,可以選擇將牠帶走,或者先將牠放在潮界線上方,等折返時再帶走。一有發現就打手機。若有人累了,可以帶著海龜返回停車場。用乾海草覆蓋海龜,絕不能用沙子,才能防範寒風和掠食者靠近。記住要覆蓋頭部,海龜這時仍然能呼吸。」

擱淺在海灘上的烏龜比在冰冷的水中還要無助。「水具有隔離作用。」娜塔莎解釋道。今天水溫是10度(華氏50度),但空氣的溫度最高只達到2度(華氏36度),可能還會降到零下1度(30度)以下。在水中,烏龜無法生存;但如果我們不救牠們,牠們在沙灘上也將面臨死亡。等我們找到牠們時,有些可能已經

不幸死去。

「每一隻海龜,不論生死,都得從海灘上帶走。」艾莉西亞告訴我們。「記住,我們正在尋找世界上最稀有的海龜之一。」世界上所有七種海龜都遭受到威脅——無論是氣候變遷還是廢棄塑膠袋（牠們常把塑膠袋誤認為水母）——但肯氏龜（*Lepidochelys kempii*）是最瀕危的物種,因為牠們最常被漁民的蝦拖網、流刺網、延繩釣、陷阱和拖網捕獲。由於牠們的稀有程度,每損失一隻肯氏龜就是這個物種的巨大損失。「而且今天我們很有可能會找到活著的海龜。」艾莉西亞說。

當我們抵達大島海灘的傑瑞米岬角（Jeremy's Point）時,壯麗的夕陽灑滿天空。下方帶著血橙色的紫色雲朵,籠罩在一層淡淡的黃光之上,映照著銀色的海洋和灰綠色的沙丘草。麥特和我急忙爬上沙丘,追求更寬廣的視野。沙粒被風吹進我的眼睛,風勢強到我連站都站不穩。

麥特在「黑豹」（麥特的緊湊型皮卡）裡,帶了他的冰釣用雪橇:120公分（4呎）長,76公分（2.5呎）寬,兩側有30.5公分（12吋）高的側壁。這個雪橇大到足夠裝下他的帆布冰釣屋、裝備,以及他的狗蒙特,甚至還載過他的父親。「我們可以運很多隻海龜!」他大聲地說道。麥克‧亨利帶來了一個較小的輕便雪橇——像是小孩用來滑坡的尺寸。我們戴上帽子和手套,穿上最外層的冬裝,開始卸下裝備。有人帶了登山杖,所有人的背包都裝滿手電筒、額外的乾襪子、能量棒和水。下午四點半,我們滑下沙丘的坡面來到海灘,然後小隊分開行動。

橘色雪酪般的夕陽餘暉懸在白鑞色的海面上,能見度極佳,

我們不需要手電筒。風很大，但我們穿得很暖，處於有利的位置。沙灘上沒有積雪，我們一點也不冷。現在很明顯知道為什麼我們要等到滿潮一小時後才出發了——水位離沙灘邊緣很近，如果在滿潮時，有些地方甚至根本沒有沙灘可走。

最後的一絲陽光灑滿了沙洲，整個地方彷彿從內部透出光芒。麥特正想著：「一切都如此美麗，這裡肯定不會發生什麼壞事。」艾莉西亞則望向浪花朵朵的海洋，心裡想著：「那些海裡一定有*海龜*！」而我的心裡則是向大海祈禱著：「如果你的浪花中帶著任何被凍昏的海龜，請將牠們帶到我們這裡，讓我們可以幫助牠們。」

沙灘上散落著許多物品，但稍微掃一眼便發現，只是些石頭、貝殼和海草。我們的眼光集中在沙地，常常忽視幾乎拍打到我們的海浪，直到它們近在咫尺。我們趕緊跑開，像夏日裡玩耍的孩子般咯咯笑著。不過，不僅是因為冬天，若被海浪弄濕，尤其是在夜晚，後果可能相當嚴重。水讓體溫流失的速度比空氣快25倍，濕濕的腳在寒冬中很快會變成醫療緊急情況。

我們才走了10分鐘，我的腳就已經濕透了。海浪打過來，累積在沙灘上一個寬闊的凹陷處。我們用麥特的雪橇當橋樑跨過最深的部分，但對面看似堅實的地面，我的登山靴卻陷了下去，水漸漸滲了進來。幸運的是，麥特替我買了羊毛襪和發熱鞋墊。我默默祈禱，它們能在水中撐過接下來的三小時。

黑幕升起。我們打開手電筒。現在沙灘上的每樣東西看起來都像是烏龜。石頭、海草堆、一隻死海鷗。現在我們不再只是掃視，而是認真搜索。我們用鞋子戳那些雜物堆，用手杖探查。什麼也沒有發現。但每一個隆起物都必須仔細檢查。如果我們錯過

10.
海龜救援

了其中一個,本該再活30到50多年的年幼海龜將會死亡。

艾莉西亞那支11000流明的手電筒點亮了整個沙灘。我們停在一團發白的物體旁。那並不是烏龜,但到底是什麼?原來是一隻死掉的歐絨鴨(*Somateria mollissima*)——一種體型大、身軀厚重的海鴨。這隻公鴨,像其他同類一樣,有著醒目的黑、白、綠色羽毛。自2007年首次發現的病毒開始肆虐,這些鴨子在這片沙灘上大量死亡——這是一場地區「鴨瘟」。我們無法知道這隻鴨是否也死於該病毒;牠已腐爛到無法帶回進行解剖。就在半小時前,我們還以為這裡不會發生什麼壞事,現在卻發現自己被風困住,周圍一片黑暗,更加意識到那無形的巨大力量讓每個生命顯得如此渺小且脆弱。

艾莉西亞走在我們前面,隨著手上的燈光掃視。接近下午五點時,我們已經走了大約3.2公里(2哩),她突然猛然向左轉,朝著一塊石頭走去。

那塊石頭在動。

就像在與流沙對抗似的,這塊淚滴形、約40公分(16吋)長的石頭緩慢地向沙灘上移動。當我們靠近時,我們看到它慢慢地、慢慢地擺動著右前鰭足,同時左後肢也在移動……四秒鐘後,另一對肢體才開始移動,像是一個快沒電的玩具,以超慢動作前進。

這隻海龜,是一隻肯氏龜,沒有明顯的外傷,牠那光滑的、鋸齒狀的灰綠色龜殼上只有一顆小小的貽貝靠近背部中央,與周圍環境格格不入地筆直站立著,像是在叫計程車。「你在那裡做什麼?」我問這個軟體動物:「你不知道你正在搭乘的是活生生的生命嗎?」

但整個相遇本身都顯得不真實。冬天是不應該見到爬蟲類的，更別說是在陸地上的海龜。儘管我們試著準備好去面對不可能的情況，但我們看的所有的影片只是替我們做好心理建設來發現半死不活的海龜。

「牠在動是個很好的跡象。」艾莉西亞說。

我們都為這隻肯氏龜如此明顯地活著而興高采烈。但為什麼這隻海龜會試圖爬上沙灘，遠離那片能給予生命的海洋？如果這隻海龜是雌性的話，再過10年左右，她可能會和其他數百隻同伴一起進行這樣危險的旅程，登上海岸、在沙灘上下蛋。不是在這裡，而是在墨西哥；也不是現在，而是在夏天。在冬天的鱈魚角，海龜在沙灘上絕不會有好結果。這裡的氣溫比10度（華氏50度）的水中還要冷得多，加上寒風，體感溫度甚至更低。「水有隔離作用。」我們被提醒過。當然，這隻海龜不可能知道我們會來這裡尋找牠。如果我們沒來，如果我們沒看見牠，這隻海龜正一步步走向必然的死亡。

長得與這隻海龜相似的海龜，自從恐龍時代結束後，已經在地球的海洋中生活了6千5百萬年。為什麼祖先的智慧現在會失敗？為什麼要用最後的力氣爬上沙灘？這隻海龜到底在想什麼？

我想我或許明白。有次前往巴布亞紐幾內亞高地的探險中，經過一天在海拔3千48公尺（1萬呎）的長途跋涉，我因高山症和開始下雨時的失溫感到極度不適。我離開隊伍，悄悄地去嘔吐。然後因為迷失方向，我在無跡可尋，在雲霧森林中徘徊——雨水掩蓋了我的腳印與呼喊聲。幸運的是，探險隊的其他成員發現我人不見了，並在我完全失去蹤影之前救了我，不然我一定會死去。我曾經做過類似的事情，那是在20幾歲時，動完手術後醒

10.
海龜救援

來。我從麻醉中甦醒時，只覺得有某種不對勁的感覺，所以我應該試著逃走。一名護士發現我像烏龜一樣，四肢著地在瓷磚走廊上爬行。回想起來，我記得，儘管我當時覺得自己在遼闊且莫名其妙的病痛世界中孤立無援——好像與他人的聯繫和任何可能幫助我的想法都被切斷——我卻並未感到恐慌。我被一種本能的確信支配著：我必須逃走。就像這隻海龜一樣，我蹣跚前進。從演化的角度來看，這是有道理的：如果留在原地毫無希望，那麼幾乎不管去哪裡都可能得到更好的機會。

我們一起收集乾海草，為這隻肯氏龜在麥特的大雪橇尾端打造了一個舒適的巢穴。這些海草輕盈，而且像蕾絲一般，還掛著貝殼、浮標和小石頭，就像聖誕樹上的裝飾品。我們將雪橇底部墊滿海草，讓海龜舒適地躺在其中，然後用一層海草覆蓋住牠的頭、殼和鰭足。雪橇30公分（1呎）高的邊緣可以擋風。我打開口袋筆記本準備記錄時間時，風卻將那頁從塑膠線圈中撕開，彷彿海浪和大海在對我們說，*忘掉這些吧。時鐘的時間在這裡不重要，現在你們現在處於烏龜時間。*

救援這隻海龜讓我們湧現一股能量，就像剛喝了一罐紅牛提神飲料。驚訝、焦慮、喜悅、溫柔和緊迫感交織在一起，如同被丟棄的漁具。後來我和麥特聊起當時的情景，我們都覺得自己在那一刻可以走一整晚。

5:15：瑪凱拉發現了另一隻較小的海龜。「那是一塊石頭，但有腿和頭，而且在移動！」她驚訝地說：「我簡直不敢相信！」這隻海龜的背甲左後側上有個很卡通的咬痕——是被鯊魚咬過後癒合的傷痕。她的左後鰭足還有一處表面傷口正在流血。她筋疲力竭、挨餓受凍，心臟已經緩慢到無法再游泳，被

潮水推到我們這裡時，她無助地在岩石和貝殼中翻滾，身上留下了擦傷。

「把她放進去跟她的抱抱夥伴一起。」艾莉西亞溫柔地說。我們無法確定這隻海龜是否為雌性，但在缺乏反證的情況下，艾莉西亞如此深切地認同每一隻海龜，難怪會自然而然將這隻小海龜視為像她自己一樣的女性。我們將海龜安置在海草中，與她的新朋友一起。我很好奇她們對這個同伴的感受。

另一股像紅牛般的能量使我的感官變得敏銳。我變得高度警戒。那是什麼？那個呢？海草。岩石。漂流木。一顆浮球。某種塑膠箱子。一個龍蝦捕籠。廢棄的釣魚線。而現在，有一個不同的形狀：那不是海龜，但值得調查。我們圍著它。一隻狐狸的遺骸躺在沙子裡，像一塊磨損的浴室踏墊一樣慢慢崩解。

在娜塔莎走得更靠近海邊時，艾莉西亞用她耀眼的手電筒帶路。現在潮水正在退去，海灘變得寬闊不少。我們可以掃視更大的沙灘。瑪凱拉和安笛分散到離海浪更遠的乾沙區。麥特和我在後面，他拉著愈來愈重的雪橇，裡面裝滿了海龜和海藻。

其他人的情況如何？我們還沒收到來自墓園小隊的消息，且訊號不穩定，我們也可能收不到消息。我定期檢查了一下我們團隊中是否有人的腳弄濕了；我背包裡有多的足部暖暖包，它們成功地讓我濕透的襪子保持暖和。有人要能量棒嗎？一些杏仁？我擔心艾莉西亞；因為她身材纖細，容易著涼。娜塔莎因為跑步和騎自行車而非常健壯，但對於一個盲人來說，晚上在海邊走路可不是件容易的事。瑪凱拉和安笛都很強壯又年輕，但她們選了沙灘上最難走的部分，那裡的沙子並未被浪花浸濕也不厚實。看起來瑪凱拉可能會跌倒。但她告訴我她和安笛很好。或至少在風把

10.

海龜救援

她的聲音吹散之前,我認為我聽到她這麼說。

手電筒照亮了第三隻海龜。「又是一隻活的海龜!」艾莉西亞宣布。牠的大小和第一隻差不多,沒有明顯的傷痕。「賽,你可以把她抱起來。」她告訴我。感覺她比起同等大小的陸龜輕得多。我原本以為她的皮膚會像海豚或魟魚一樣有彈性,但不是,而是出奇地柔軟,就像消防隊長腋下的皮膚。我很驚訝這麼柔軟的東西居然能在海浪的衝擊下生存。

現在麥特真的感受到他拖著的海龜的重量。由於腳在沙子裡陷得很深,每一步提起來都需要耗費很多精力,走在沙子上的耗力是走在硬路面上的兩到三倍。此外,麥特現在還要拉著13.6公斤(30磅)的海龜,加上大約4.5公斤(10磅)的海草在他的雪橇上。即使有風,他也熱得不得不停下來脫掉連身服下的運動衫。我替他拉雪橇走了幾十步,當他堅持要自己拉的時候,我心裡暗自鬆了一口氣。

此時,我們都在心裡默默想著何時會走到海灘的終點,讓我們可以開始漫長的回程。確實感覺我們已經走了超過6.4公里(4哩)。艾莉西亞看了看她的手機地圖,確認這一點。「看看我們在哪裡。」她說。地圖上的圖釘顯示我們距離海岸已超過805公尺(0.5哩)──在水裡。「太狂了。我們在大海中央耶。」隨著滿潮退去,一個沙洲出現了。我們現在正走在上面。「額外的路程。」我愉快地說。我很好奇我們和海龜回去時會是幾點。

5:40:艾莉西亞在浪線處發現了第四隻海龜──還活著且在移動,但動作遲緩,大小與上一隻差不多。每一隻海龜的出現依然讓我大吃一驚。但是,還會有更多嗎?如果還有,我們能全部帶走嗎?這片海灘究竟有沒有終點呢?

額外的1.6公里（1哩）路程帶來了一隻額外的海龜。5:55，娜塔莎手電筒的光線照到了沙洲的盡頭。但在我們到達之前，發現了第五隻海龜，脖子和身體交接處有一道血跡，看起來像是淺淺的擦傷，但沒有人想為了檢查傷口驚擾她。她還活著，這就是最重要的。我們把她放進雪橇和其他海龜待在一起。麥特把雪橇放在這裡，我們繼續前進，直到陸地的盡頭。

迎接我們的是轟然飛起的一群鳥兒——那些原本在沙灘上休息的海鷗被手電筒的光驚動。「我們到終點了！！」艾莉西亞喊道。

我說，為我們的女祭司娜塔莎鼓掌吧！她一直仔細關注天氣預報，正確預測今晚海龜會需要我們的幫助！為我們的領頭龜探艾莉西亞和她強力的手電筒鼓掌！為發現我們第二隻龜的瑪凱拉鼓掌！還有為拖著所有海龜的麥特鼓掌，現在他要把她們全拉回去！

掌聲漸漸消散，我們關掉手電筒，靜靜聽著現在呼嘯的風，感受黑暗像一隻手般籠罩著我們。我們環顧四周，發現自己被海水三面包圍。我們現在站立的土地，如艾莉西亞地圖上顯示那般，幾個小時前還被海水所覆蓋。這片土地一直在這裡，但我們看不見——這片沙洲，就像這些海龜一樣，是由大海揭露給我們的。這種奇蹟讓我覺得有如聖經中的故事：像耶穌在暴風雨中於水面行走，或以色列人在逃離埃及人時，紅海為他們分開。我們在這個冰冷的海灘上遇見這些海龜，將他們從必死的命運中救出，這種經歷不亞於一次啟示。

在我們前方，一群歐絨鴨如詩般平靜地隨著銀色波浪起伏。這些鴨子屬於這裡，而我們卻不是。在這海角的黑暗、寒風、和

10.

海龜救援

冷冽中,我們這些喜愛光明、追求溫暖的哺乳動物顯得無所適從——就像蜷縮在雪橇裡的海草中,被暴風雨拋擲的肯氏龜一樣。

我們轉身,麥特拉著沉重的雪橇,迎著風朝停車的地方走去。

11.
出櫃
Coming Out

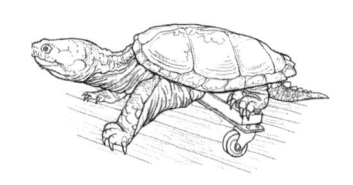

輪椅上的隊長

一週後,我們身體暖和又精力充沛,回到了烏龜救援聯盟溫度26.6度(華氏80度)的地下室。我們為箱龜準備早餐——大顆的黑莓、哈密瓜和綠色蔬菜,再配上一些雞肉,一頓你在水療中心能吃到的餐點——麥特、娜塔莎、艾莉西亞和我一起回顧了那次救援的成功結局。

儘管麥特從未抱怨過,他現在承認,拉著滿滿36公斤(80磅)重的雪橇,逆風在沙灘上走了那麼多路,確實讓他筋疲力盡。幸運的是,我們最後與墓園小隊會合了,他們並沒有找到需要救援的海龜,於是接手雪橇走完最後3.2公里(2哩)的路。

到了晚上8點,我們所有人都已筋疲力盡。娜塔莎跟跟蹌蹌,艾莉西亞、瑪凱拉和安笛也已耗盡體力,我差點無法抵抗風的阻力,爬上最後那段陡峭的沙坡回到停車場。但我們的成就也讓我們感到無比振奮。

「我們從沙灘上救了五隻世界上最瀕危的海龜，」艾莉西亞提醒我們：「他們原本一定會死，但現在他們一定會活下來。」現在，我們救援的這五隻海龜，已在那個寒冷黑暗的夜晚交給威弗利灣野生動物保護區，之後會轉到新英格蘭水族館在昆西的動物照護設施。她們會在那裡繼續休養，直到春天野放。

春天似乎還很遙遠。在烏龜救援聯盟，一切都變了。孵化器空蕩蕩，痊癒的患者與孵化的幼龜已被野放。從可能多達1千隻烏龜，到現在只剩下不到250隻患者和永久居民。

儘管如此，很少有枯燥乏味的時刻。箱龜們正四處搗蛋。我們送早餐時，發現杜松拼命想爬進橡實和櫻桃的棲地，而史畢蒂則試圖爬上他住的牆壁，想跟核桃親近。幾年前，波西逃出了他的棲地，拜訪了幾位雌龜鄰居。結果，一隻美麗害羞、名叫耐心的箱龜，很快就下了蛋，孵出了7隻健康的幼龜。

但這種旅行可能會遇到危險。人們通常認為烏龜溫馴，但有時牠們會打架，偶爾甚至相當兇暴。烏龜會為了爭奪支配權、食物、曬太陽的地點而爭鬥──而有時只因為某隻烏龜突然對另一隻心生厭惡。（有一對加拉巴哥象龜已經一起生活了115年，直到有一天，雌龜碧碧突然無法忍受雄龜波迪，持續不斷猛烈攻擊他，導致奧地利爬蟲類動物園的保育員不得不各自為他們打造住所。）我們趕緊豎起屏障與木材，加高圍牆，以免任何烏龜被咬得頭破血流。

消防隊長也變得焦躁。我們很驚訝發現，上週水缸的水位較低時，他曾翻倒了一下子。娜塔莎向我們保證，他沒有溺水的危險，並堅持這其實是個好跡象：「他漸入佳境，變得更強壯，精力過剩，因為他的力氣回復了。」她說。

但是現在地上覆蓋著白雪，我們無法繼續在烏龜花園進行物理治療。麥特把消防隊長從他的水缸裡抬了出來，帶他上樓。雖然外面對爬蟲類來說太冷，但至少他可以在客廳裡四處走動。

一開始，消防隊長似乎很興奮能離開水缸，向前用力伸著頭，像風車似的揮動恐龍般的四肢。但麥特把他放下後，他卻無法正常行走。在光滑的木質地板上，他的前腳打滑，後腿亂踢，拖著腹甲後端。我試圖抬著龜殼的尾端，讓他強壯的前腿帶他向前走。即使有我的幫助，他那雙在烏龜花園的土壤和草地上非常有力的前爪，卻無法在這片光滑的地面上抓住任何東西。我試著像推手推車那般帶著他朝著他想去的方向走，但他卻直接撞上了牆。

艾莉西亞稱這為「白牆症候群」（white wall syndrome）──對於野外的烏龜來說，大而明亮的光亮區域通常顯示那裡有池塘。接著，消防隊長走向一些白色的箱子。他伸長脖子去聞，但這些箱子卻沒有任何濕地的氣息，沒有來自植物、魚或其他烏龜的誘人化學訊息：只有紙板。〔審按：龜類常受道路或是白色牆面的偏振光（polarized light）吸引，誤以為是池塘的水面。〕

消防隊長試圖倒退，但他無法做到。我把他抱起來換了位置。他搖搖晃晃，朝著放著紅耳龜大水缸的桌子走去，結果他的龜殼卡在一把折疊椅下。我再次把他轉過來，但這次他想爬到滾燙的燃木暖爐下面。整個過程中，他的後腿完全沒動。就像他忘記了自己還有後腿一樣。

「他就是在拖著屁股走，」艾莉西亞說：「他沒辦法隨心所欲移動。」消防隊長顯然不太開心。我們都能感受到他的沮喪和挫折。

最後，在我們的幫助下，消防隊長緩慢地朝著玻璃拉門走去。他停了下來，伸長了脖子和頭，喉嚨不斷抽動，表露出對外面世界原始而強烈的渴望。他望著窗外被白雪覆蓋的烏龜花園，嚮往的模樣全寫在臉上，讓我們看了很傷心。

這是少數幾次，麥特和我帶著難過的心情開車回家。

「消防隊長絕對值得一次升級。」娜塔莎幾天後在電子郵件裡對我說道：「晚間巡視時，我目睹了一個相當罕見的場面。消防隊長瘋狂亂抓水缸。等艾莉西亞拿著一根香蕉出現時，他幾乎完全無視香蕉。我們的大傢伙已經嚐到了自由的滋味，特別是自從你們離開後，他缺乏運動，那股自由的滋味比香蕉還甜美。」她開玩笑說：「我們下一個發明可能得是擬鱷龜專用的滑步機。」

她說對了一點：我們確實得為消防隊長做點*什麼*。但該做什麼呢？

「如果這地方有地毯，他肯定會嗨起來。」艾莉西亞稍早指出。不幸的是，將樓上全鋪上地毯並非選項。披薩俠和轉輪大部分時間在屋內自由遊蕩，雖然有網站證明即使困難重重，仍可以訓練陸龜上廁所，但這兩隻沒受過訓練。

所以有一次，我帶來了四條從折扣商店購買的編織長毯，這些地毯可以機洗，希望這些地毯能提供他的腳一些抓地力。只是地毯在他的爪子下無法攤平，他才走幾步就把地毯搞得一團糟。（我們最後把地毯用在樓下箱龜住處的底下，令人失望的是，箱龜們現在開始推開棲地的前門，冒著掉到水泥地面的風險）。

我們討論了各種選項。其他正在康復中的烏龜經常在樓下醫

院的地板上自由走動，但這些患者都比消防隊長小得多，因此他們不太可能被卡在某處或弄歪過濾和管道設備，導致其他水缸溢水或漏水（儘管這種情況曾經發生過）。而且，大多數烏龜要嘛能夠支撐自己的腹甲，遠離堅硬的地板，要嘛移動的距離太短，刮傷腹甲的風險微乎其微。

如果我們替消防隊長做一個像雪橇一樣的東西，不但能抬起他的腹甲尾端還能當緩衝，他也許至少可以滑行？比如把一塊光滑的塑膠黏在折疊的毛巾上，然後以某種方式固定在他的肚子上？我們是否可以讓他依然使用後腿，但給予一點額外支撐，就像用助行器幫助人們在髖關節置換手術或中風後恢復行走一樣？

那吊帶呢？珍、麥特、瑪凱拉和我一起翻找人們捐贈的各種不同布料，這些布料都放在留給「破舊毛巾」的箱子裡——已經破舊到無法鋪在烏龜醫院箱裡，但對於節儉的新英格蘭人來說，還不到丟掉的程度。

裡面有床單、毛巾，還有一件寫著「洛杉磯」的藍色兒童T恤。這件T恤看起來剛好符合消防隊長的尺寸，但我們忍住了替他穿上的衝動，最終還是選了一條毛巾。我們把毛巾撕成兩條長條，然後綁在一起，並將結打在消防隊長的腹甲中間，這樣他至少能用四條腿承受自己的一些重量。麥特和我各自握住一條長條，三人一起走過客廳的地板。

這個設計並不完美。我和麥特都得密切注意毛巾兩端的確切拉力，當然，隨著我們的朋友每走一步，拉力也會發生變化。不過，打的結沒法長時間保持在腹甲正下方的位置，一直會滑動，每次滑動我們都得重新調整毛巾。

珍問道：「在尾巴和後腿的地方開個洞會有幫助嗎？」瑪

11. 出櫃

凱拉建議：「那在尾巴、後腿*和*前腿各開一個洞怎麼樣？」她用剪刀將一塊床單改造成新的吊帶，但這些洞太大了。隊長的體重使得布裂開了，後腿纏在碎布中。最後，我們又回到了原本的設計。

儘管有缺陷，吊帶讓消防隊長現在能快速移動，還可以朝自己選擇的方向前進。他的後腿似乎沒怎麼動，但至少他的前腿有稍微運動，而且他的腹甲和後腳也沒有受到損傷。最重要的是，他顯然很開心。他伸出頭來，眼睛發亮，急切地探索著客廳。「他做得很好！」珍說。「他很享受！」麥特表示同意。

隊長帶領著我們，經過沙發，右轉繞過熱烘烘的燃木暖爐，穿過廚房的粉藍磁磚。他會不時停下來，伸出頭來，嗅著氣味，然後再穿過客廳。最後，他來到玻璃拉門前，停下來凝視著外面的景色。

上週的積雪已經融化，氣溫反常地飆升到4.4度（華氏40度）。娜塔莎說在他著涼之前，可以出去待上15分鐘。我們把他搬到露台，放在地面上。

他站得筆直，意氣風發，彷彿在享受重新回到戶外的喜悅。然後，他開始走動了。現在他的後腿也在動了。雖然每一步都左右搖晃，但他靠著自己行走，顯然非常快樂。

艾莉西亞在思考接下來的方向。「吊帶幫助他度過了愉快的一天，」她說：「但我們需要的不只如此。」

我們希望能繼續鍛鍊隊長後腿的力量和協調性，不想讓它們萎縮。不過艾莉西亞提醒我們，他的心態和肌肉一樣重要。

「我們得考慮他是怎麼處理這些情況的，」艾莉西亞勸說道：「我不希望他的復健變成一種挫折。」

消防隊長在夏天的時候已經進步了很多。雖然我們希望繼續給他挑戰，但不想讓他面對失敗。

「他的後腿可能永遠無法完全恢復，」艾莉西亞說：「坦白說——雖然娜塔莎可能不同意我的看法——我甚至懷疑根本無法恢復。不過我認為，就讓我們來替他拿回移動的能力，讓他能自行行走，即使只靠他的前腿。」

但該怎麼做呢？

我們得為這隻擬鱷龜設計一台輪椅了。

我替消防隊長量了尺寸。曾有打造工作室經驗的麥特則畫下了草圖。我也向一些有建築和機械專長的朋友和鄰居請教。其中一位是杭特‧道斯（Hunt Dowse）——他曾經是我這個小鎮的消防隊長，他平時以修理木船維生，把修復古董車當嗜好。他建議用有兩個小輪子的車軸，連接到框架，然後綁在龜殼上，並在兩側延伸，這樣輪子就不會直接在腹甲下方妨礙後腿。另一位鄰居湯姆‧謝芬奈爾（Tom Shevenell）是一名地球科學家，工作時需要常化身「馬蓋先」。他提議用彈簧鋼條來提起消防隊長的腹甲後半部分，幫助承受他的重量，減少龜殼底部與地面的摩擦。

我們很驚訝發現，網路上已經有不少為烏龜設計的輪椅了。一隻被前端裝載機輾過的佛羅里達陸龜就使用了一個由Walkin' Pets設計的裝置，這家公司是為癱瘓犬製作輪椅的十幾家企業之一（甚至有慈善機構幫助飼主支付這些價格數百美元的輔助裝置）。在馬里蘭州的一家動物園裡，為了幫助一隻被救援、腹甲骨折的箱龜，獸醫們獲得一位來自丹麥的樂高愛好者的協助，設計了一個由樂高積木組成的四輪裝置。〔一年後，這隻名叫疾走

李維（Scoot Reeves）的箱龜已完全康復，並被放回野外〕。在路易斯安那州立大學的獸醫教學醫院，醫生們為一隻特別不幸的箱龜設計了一個滑板車，這隻箱龜的兩條後腿分別在不同場合被被不同的掠食者咬斷。醫生們使用樂高輪子和針筒的零件，用對動物無害的環氧樹脂將它們直接黏在龜的腹甲上。

這樣的設計並不適合消防隊長。由於牠大部分時間都待在水裡，輪椅裝置需要方便拆卸。此外，擬鱷龜的腹甲相較於其他龜類要小得多，就像泳褲相比泳衣一樣。牠短小的腹甲提供的覆蓋範圍有限，這也讓腹部成為一個更小、更不穩定的平台，難以支撐輪子。再者，他有一條35.5公分（14吋）長的尾巴，因為受傷而很難控制。設計輪子時還得考慮如何避免在他轉彎或倒退時壓到尾巴。

幸運的是，艾莉西亞已有替擬鱷龜設計輪椅的經驗。她曾為六月蟲（June Bug）設計了一個雛型。自從六月蟲在七年前從一批被救援的蛋孵化以來，後腿一直無法運作。於是，艾莉西亞用一塊彎曲的鋁片貼合六月蟲的身體曲線，搭配兩個割草機替換輪、作為軸心的螺栓，以及用掛勾固定好龜殼上的彈力繩，將裝置保持在正確的位置。現在，她可以快樂地在地板上滑行，也能在極小的空間轉彎。

但就像為人類設計的最佳輪椅一樣，動物的輪椅也應該根據牠們的需求量身訂做。席爾娃（Silva）是一隻曾被當寵物飼養的五歲擬鱷龜，擁有淺橘色的眼睛和精緻的面孔，她需要的輪椅比六月蟲的小得多。而娜塔莎和艾莉西亞不希望在她的殼永久黏上東西，因為席爾娃喜歡躲在毯子下，任何突起的部分都可能會卡住。

野生動物復育者經常收集各式各樣的物品，改造成新用途。有一天，我們過來時，發現瑪凱拉在九月於折扣商店買了一些迷你滑板，以防哪天可能派上用場。切掉滑板彎曲的前端，使滑板平坦地貼在席爾娃的腹甲上。以三秒膠將兩片滑板黏在一起，再用買外帶拿到的木製叉子固定，打造出一台加寬的輪椅。整個裝置使用超市綁生菜的魔鬼氈束帶與寵物繃帶加固，綁在席爾娃的身上。麥特和我非常興奮：我們一把她放在醫院地板上時，她立刻跑了起來。

確實，這個設計還需要進一步修改。由於席爾娃當寵物時被餵食過度，後腿上的脂肪從背甲和腹甲之間溢出，在地上拖行。因此，她需要更高的輪子。但這個初步的雛型已經證明了概念的可行性。

三十分鐘後，席爾娃仍然在四處奔跑，穿過了治療室，拜訪了箱龜的棲地，並迅速轉身探索了口袋巡佐所佔據的水缸底部。巡佐本來在露台上曬得很滿足，直到他聽到下方的騷動才跳進水裡。席爾娃已經更能平衡她在輪子上的重量，並以她一生中最快的速度移動著。

「我們會為消防隊長設計一個適合的裝置，」艾莉西亞保證道：「我只需要訂購更多材料，再實驗看看一些設計。我可能需要試好幾次，也可能需要幾週時間。但我們一定會做到。」

我們毫不懷疑艾莉西亞一定會成功。艾莉西亞擁有多樣且不同凡響的機械和設計技能。她的興趣之一是修復和重組收藏級摩托車，她擁有35輛，其中一些經過她的改裝後，速度比原本設計的要快得多，像是安裝了輪子的烏龜一樣。在她的職業領域中，她在家電修理方面的卓越技術備受尊重──儘管身分是女人，也

11. 出櫃

正因為是女人,所以達到這種認可。

　　某次冬季較為悠閒時,艾莉西亞跟我有空在樓上喝杯茶聊聊。當時珍和麥特則在樓下幫忙娜塔莎,而瑪凱拉則去上她的另一份工。這時艾莉西亞有機會和我談談一些看似與救援烏龜無關的話題。

　　實則不然。

　　我們聊到她的事業,以及她身為女性所面臨的一些挑戰。當她還在美泰克(Maytag)公司工作時,她抵達客戶家門口時,經常會被問到:「那個來修理電器的先生什麼時候會到?」

　　「最大的問題來自年長的女性,」艾莉西亞說:「我出現時,她們會問:『有什麼需要我幫忙的嗎?』然後我說:『我是來修你的冰箱。』結果她們會回應:『噢,我覺得你沒辦法,這東西很重!』」

　　但等到修好冰箱後,艾莉西亞表示這些女性「會擁抱我,並為我歡呼!」

　　有趣的是,年長的男性通常很歡迎她——儘管有時出於錯誤的原因。「剛做這行時,我有個粉紅色的工具箱,我綁了個馬尾垂在背後,以可愛的裝扮去某個老先生家裡修洗衣機,」艾莉西亞告訴我:「他打電話給朋友,似乎以為我沒聽到:『喬!你一定要過來看看!有個模特兒正在修我的洗衣機!』沒過多久,一輛小卡車停在門口,他的哥兒們喬還真的過來瞧一眼。」

　　在一場家電維修技師大會上,活動司儀請艾莉西亞站起來並向大家分享秘訣。他問她:「到底有什麼秘訣,讓你成為如此出色的維修技師?」

艾莉西亞是一位出色的技師。她的父母經營了一家維修餐飲設備的店，她從中學到了許多技能。但她認為，自己之所以很會修理，經常成功修好許多其他人無法修好的電器，是因為她看待這份工作的方式與大多數男性技師不同。

「我把情況視為一個遇到問題的人，而這個問題恰好跟電器有關。」她告訴他們。「我與客戶的關係至關重要：一場五分鐘的對話也許能引出修好機器所需的一切線索。」

舉例來說，有位女士的烤箱出了問題，連續找了好幾位維修師傅。「烤箱壞了，」這位女士告訴他們：「好像溫度過高。」師傅們設定烤箱溫度到176度（華氏350度），放入溫度計，發現溫度維持在176度。他們便告訴她烤箱一切正常。艾莉西亞說：「那些維修師傅都認為這位女士在發神經。」

那位女士又打電話到店裡，這次店主派了艾莉西亞過去。「你在這裡住了多久？」艾莉西亞問她。屋主回答：「六個星期。」艾莉西亞請女士講講她之前的舊烤箱。「噢，那一台富及第（Frigidaire）很棒，」她回答：「我用三十多年了。」

「那你做了什麼菜，讓你覺得新烤箱過熱呢？」艾莉西亞詢問。那位女士列出了幾道燒焦的菜餚，艾莉西亞則專心且同情地聆聽著。

然後艾莉西亞明白了問題出在哪裡。新烤箱並沒有壞或故障。它的「問題」出在運作方式與舊烤箱不同。「舊烤箱會隨著時間冷卻。」艾莉西亞意識到這點，所以迅速找到了解決方案：「我重新調整了她的新烤箱的烹飪溫度。」她解釋道：「她的新烤箱沒問題，但對*她*來說卻有問題——而且她*並沒有*發神經。」

艾莉西亞解釋她對待客戶的方式與她對待烏龜的方式相似。

「如果你把牠視為一個有渴望、有需求、以及有痛苦和苦難的生命,」她說:「僅僅解決問題是不夠的。你必須與他們建立聯繫。否則你把一隻烏龜舉起來時,他會縮回殼裡,然後這樣待上一小時。」

這的確是一種女性解決問題的典型方式。女性較可能比男性花時間並專注傾聽,而男性則較可能立即採取行動。這種差異反映在一項2001年首次報導的男女大腦研究中。印第安納大學醫學院(Indiana University School of Medicine)對健康男性和女性進行的磁振造影檢查顯示,當男性傾聽時,主要是大腦的左側——與空間資訊和數學相關的分析側——在活動。當女性傾聽時,兩側都會被激發,因此右腦的創造力和直覺能力也動員起來。

如今,艾莉西亞經營自己的公司,車輛上的標誌自豪地宣告:**一家女性經營的公司**。她的客戶中很少人注意到公司車輛上的藍色、粉紅色和白色貼紙,或者詢問貼紙的含義。

但麥特和我都注意到了。艾莉西亞喜歡貼紙,我們還發現她身邊到處是貼紙:在她的手提包上、門上、浴室鏡子上。並非所有的貼紙都跟海龜有關。我曾經評論過她手機背面的一枚貼紙。它的形狀像一枚粉紅色的火箭,下面寫著:「有些女孩有陰莖。」

*真的嗎?*我心想。這怎麼可能啊?

有一次,我讚美艾莉西亞戴的漂亮耳環,上頭有著藍色、粉紅色和白色條紋,她還搭了一條很相襯的藍色、粉紅色和白色條紋腰帶。「你是怎麼找到這些配件的?」我問。「是一套嗎?搭配得太完美了。」

「噢,那是跨性別的顏色。」她直截了當地回答。

214

我們之前從未真正談論過跨性別的問題。事實上，我也沒有預期在那一天會討論這個話題。艾莉西亞的坦率讓我感到意外，隨之而來的是我對自己的無知覺得尷尬。

我不知道變性者和跨性別者之間的區別。我對「跨」所包括的轉變完全沒有概念。雖然我對自己的無知感到羞愧，但我卻不敢提問解決這個問題——因為我擔心談論這種親密的話題，可能會冒犯我很珍惜的朋友。

艾莉西亞殷勤地為我解釋了一切。跨性別女性雖然以女性的身份生活，但在出生時被視為男性——跨性別男性則相反。變性者，艾莉西亞解釋道，是指已經接受過荷爾蒙治療和／或手術，使身體看起來或功能更接近他們所認同的性別的跨性別者（這就是為什麼有些女性擁有陰莖的原因。並非所有的跨性別者都會進行整套的身體外部重塑，但有各種手術可供選擇。此外，跨性別這個詞也包括非二元性別的人）。

我直接了當問艾莉西亞，是否有什麼問題是不該提的。她告訴我：「絕對不要問跨性別者『你出生時的名字是什麼？』」她解釋，這在跨性別社群中被稱為「死名」（deadnaming）。使用舊的名字感覺就像是在否定這個人的真實身份⋯⋯甚至可能更糟。公開地叫一個跨性別者的舊名字，可能會替他們「出櫃」，讓他們暴露在歧視、騷擾，甚至是致命的暴力下。

所以，大多數時候我只是靜靜地聽著。過了一陣子，在幾次不同的談話中，她又補充了更多細節。

「當我還小的時候，性別壓根不是我會去思考的事，」她告訴我：「那完全不重要。但我喜歡跟妹妹一起玩扮家家酒和絨毛玩具。我對哥哥在做什麼一點興趣都沒有。我和男生們一起玩

11.
出櫃

時，我總覺得自己是個冒牌貨。我大部分朋友都是女生。我從來不會把自己當成男生。」事實上，之前艾莉西亞每次提到她的童年時，她總是說「當我還是個小女生的時候。」

科學證據支持她的說法。儘管有些人認為性別完全是社會建構的結果——由每個性別的行為、角色和規範所創造——但腦科學研究已經穩定地顯示出，典型的男性和女性大腦之間也存在許多經過充分證實的生物差異。例如，男性和女性在不同大腦區域中的神經元數量，以及其連接方式上有顯著差異。我後來閱讀了一項2020年發表的研究，報告指出跨性別者的大腦中的雌激素受體（estrogen-receptor）途徑與性別認同與染色體一致的人有明顯不同。我們的性器官在受孕後僅11週的胚胎期就開始分化，但使我們的大腦成為男性或女性的變化則到出生前才發生——「而一旦某人擁有了男性或女性的大腦，就大勢已定。」這項研究的作者、美國國家衛生研究院（National Institutes of Health）研究學者暨奧古斯塔大學（Augusta University）的婦產科醫生葛拉罕・泰森（J. Graham Theisen）說道：「你無法改變它。」艾莉西亞是一個被困在男孩身體裡的女孩，但她不知道出了什麼問題。

「那時候還沒有『跨性別』這個詞彙，」艾莉西亞回憶道：「我當時經歷了嚴重的困擾。我覺得不對勁，但我也搞不懂。」她的父母也無法理解，但他們知道自己的孩子在掙扎。成長過程中，她的祖母常常替她剪頭髮。「我比較喜歡頭髮長出來的時候，只是祖母會替我理平頭，我就覺得心情爛透了。我還因此受創。」後來，她的父母終於讓她自己剪頭髮，於是她就開始留長，留到213公分（7呎）那麼長。

她花了好幾年時間蓄髮。在此同時，艾莉西亞解釋道：「我

開始慢慢做出其他微小的改變。」她自己購買衣服，偏好緊身牛仔褲和像紫色、粉色這樣鮮艷的顏色，按照自己的喜好來搭配穿著。她開始嘗試化妝，購買指甲油。她會每週塗一個指甲，然後下一週再塗另一個指甲——慢慢地，她所有的指甲都塗好了。「我從來沒有告訴任何人我要變性，」艾莉西亞告訴我：「我只是慢慢地改變，成為了真正的自己。」

對娜塔莎而言，以跨性別者身分出櫃的經歷則完全不同。有一天我們開車去新罕布夏州，接一隻受傷的錦龜，她在長途車程中告訴了我。娜塔莎特地選擇了特殊的時間和地點，分別告知每位朋友和家人，她發現了自己的真正身份。令她欣慰的是，親友圈裡的每個人都熱情接納、通情達理。

娜塔莎從國小三年級就知道自己和身體不相符。那時，她念的天主教小學開始要求男女生穿不同的制服，在彌撒時也要使用不同的入口進入教堂。她說：「我的自我認知就是女生。」她開始向上帝祈禱，希望能讓自己變「正常」。

當她被送到一所全男子的天主教寄宿學校時，她就不再祈求那個願望了。高中時，娜塔莎遭受了可怕的霸凌，直到有一天她做了一件完全違背本性的事：她在課堂上踢翻了一張沉重的桌子。她說，她平常絕不會這麼做。大多數男生在她看來是毫無目的地進行破壞，「只是因為他們能做到，就去推倒、砸爛東西。」她知道自己不是他們之中的一份子，也不想成為他們。但在這種情況下，她似乎別無選擇。從那以後，霸凌她的人就不再騷擾她了。

當她上大學之後，她開始在當時面世不久的網際網路搜尋，終於找到了自己困擾的根源：「我是一個困在男孩身體裡

11. 出櫃

的女孩！」

二十一歲時，娜塔莎開始了長達數月的諮商過程，為她所需要的荷爾蒙療法做準備。第一次雌激素治療讓她如釋重負：「睪固酮感覺就像一場龍捲風，」她告訴我：「而雌激素讓那場可怕的風暴平息了下來。」，每次治療後的感覺都愈來愈好：「感覺就像藥物，就像治癒。我變得愈來愈像我自己。」

與艾莉西亞不同的是，娜塔莎做了一些整容手術使她的臉部更女性化。一位慷慨的外科醫生為了向他所認識的跨性別者表達敬意，無償提供了手術。手術縮小娜塔莎的喉結，並重新塑造了她原本大而顯眼的鼻子。

這讓我大為震驚。

「你的意思是，你曾經有一個像我這樣的大鼻子嗎？」我問道。

「我看不見你的鼻子。」她回答。

那一刻，我對我的朋友感受到一股新的情感、感激與欽佩。對我那優雅的母親來說，我從來都不夠漂亮。我的外表——對我來說，是一個終身不自在的來源，隨著年齡的增長，還帶來討人厭的變化，所以也愈來愈令我困擾——對娜塔莎來說完全沒有意義。當然，她的視網膜正在退化，所以她從未看過我臉部的細節，但更重要的是，她永遠不會因為我的外貌評斷我。她學會了看見她周圍的靈魂，而不像許多視力正常的人那樣，因為外表的偶然因素而被蒙蔽了雙眼。

在她們的外貌開始更符合她們內心所認同的性別之前，娜塔莎和艾莉西亞都曾經受到威脅和霸凌。

「那時候的世界，只想把你踩扁。」艾莉西亞告訴我。「甚

至朋友也會問我很多愚蠢的問題，或我去買日用品的時候，有人會經過對我大叫難聽的外號。」

還有更可怕的危險籠罩著跨性別者，暴力事件常見到令人震驚。根據《全國跨性別者遭受歧視的調查報告》（National Transgender Discrimination Survey），47%的跨性別者在一生中曾遭受性侵害。更有十分之一的人在調查前的12個月內遭遇過肢體攻擊。

不過娜塔莎告訴我，面對這些危險，帶來了一項重要的好處：使她成為一個更敏銳的觀察者，也成為了一位更好的龜類保護代言人。跨性別者時常觀察周圍的人，學會辨別細微的線索，藉以察覺潛在的攻擊（酗酒者的孩子也是如此，我從年少時便有所體會）。這種對細節的敏銳關注，在與無法說話的生物打交道時就能派上用場。

即使沒有肢體暴力的威脅，身為年輕女性的艾莉西亞和娜塔莎，經常遇到長期、令人沮喪、甚至有時無地自容的困境，例如：合法更改姓名或變更駕照上的性別。但這兩位女性都認同，她們艱難的旅程迫使她們學會堅持不懈。「以前年輕時，我可不想等那麼久。」艾莉西亞坦言道：「在開始接受荷爾蒙治療之前，你必須進行數個月的心理治療，還要通過醫療評估。」而荷爾蒙本身可能需要數年才能達到最佳效果。

但治療烏龜也是如此。「經歷這段旅程教會了我耐心，」艾莉西亞說道：「對於烏龜來說，康復無法趕進度。」

這段掙扎讓她的心胸變得更加寬廣。「我一直都很有同理心。」她說道：「但毫無疑問，在心理、身體和情感上被社會打壓，讓我更加會去尋找那些最需要幫助的動物。」

11. 出櫃

「跨性別者總是抽到最不好的那根籤，」她接著說道：「烏龜也是如此。」

娜塔莎表示贊同。「艾莉西亞和我知道身為弱勢的感覺，」她說道：「我們處理的一些動物，在某種程度上是暗號的化身……」——一個隱藏的密碼、一個包裝過的訊息——「沒有聲音的動物，無法告訴你他們哪裡不對勁。當我在處理一隻烏龜時，我常常想起自己為了成為真正的自己所經歷的那些掙扎——我甚至無法清楚地定義這些掙扎。而事實是，就像烏龜躲進牠的殼裡，我曾試圖隱藏那種痛苦和不安的混亂。因此，我自然會被這些沉默的動物吸引。在一個大家都想要別人服務自己的世界裡，身處底層的人必須互相照顧。」

對於那些來到她這裡，生病、受傷或被遺棄的烏龜，艾莉西亞能夠以出自親身經歷過的真誠說：「放心從你的殼裡出來吧。你可以在我面前卸下防備。情況會好起來的。我在這裡，我理解你。」

節日來來去去。娜塔莎和艾莉西亞不過聖誕節，而是舉辦冬眠慶祝會，並為彼此準備精緻的手工禮物（有一年，艾莉西亞在一枚裱框的銅片上打孔，裡頭是她以點字為娜塔莎寫的情詩；而娜塔莎則為艾莉西亞製作了一個由木條製作的三孔夾封面，並打磨到如絲般光滑，用來收納她寫的詩）。我們覺得自己離為消防隊長設計出新輪椅的日子愈來愈接近。當然，還有很多其他工作要做：麥特、珍和我協助更新年度紀錄，為目前居住的229隻烏龜秤重、測量和拍照。我們正在為箱龜建造和粉刷新的、更大的棲地，為之後他們會搬到目前尚未完工的地方做準備，這個地方

叫「普瑞西絲花園」,是為紀念一隻她們深愛卻已過世的箱龜,這也能騰出更多空間給地下室醫院的實際患者。

雖然新烏龜到來的數量減緩,不像夏天那樣如洪水般湧現,但還是有穩定新增的零星龜數:一隻完全健康的四爪陸龜被送來,是人們莫名其妙「不得不處理掉」的寵物。一對來自韋爾斯利富人區的夫婦開著賓士來,帶來一隻耳部感染的烏龜,抱怨他們找的獸醫要收兩百美元治療費。(「你們是*沒有*這兩百美元——還是只是不想付?」艾莉西亞挑眉尖銳地問道,並沒收了這隻烏龜)。

轉輪和披薩俠讓我們一刻也不得閒:有一天,我的單肩包倒在地上,讓我驚慌的是,包包竟然開始扭動起來。原來披薩俠在裡面勘查,就像他也喜歡鑽進購物袋。轉輪同樣充滿好奇心,有一次,我們發現他站在打開的洗碗機前,似乎希望在那裡找到些吃的。另一回,他不願意從外出籠裡出來。娜塔莎解釋說,他又在鬧脾氣了,因為在他看來,她再次不公平地提早把他從浸泡盆中抓出來。

但我們大部分的討論和努力都像車輪一樣圍繞著消防隊長,思考如何打造出最好的裝置。

應該裝一個輪子?兩個?還是三個?哪種輪子最好?娜塔莎指出,現代化的四輪溜冰鞋(她在棍棍先生底部的小輪子的幫助下,與艾莉西亞一起瘋狂溜冰)是做成可以前後走的,應該能讓消防隊長的步伐自然。或是像麥特建議的,裝一個底板並加上轉接器增加機動性?至於如何將裝置固定呢?用魔鬼氈?還是用寵物繃帶?

一月初的某天,麥特和我發現艾莉西亞買了一輛火柴盒大

小的怪獸卡車,打算把它又大又具機動性的輪子拆下來用,她還把這些輪子安裝在一個25.4公分(10吋)長、12.7公分(5吋)寬的木製平台上,上頭墊著一塊橡膠地墊,也就是消防隊長的腹甲會貼合的地方。我們先讓他試用看看,沒有把裝置固定在他的殼上,希望光靠他的體重,就能把裝置壓在身下一段時間。

這個裝置將他的後半身抬高了整整5公分(2吋),令我們欣喜的是,儘管面對的是光滑的木製客廳地板,消防隊長立刻推動自己向前移動。他主要使用的是前腿,但我們注意到,現在他的前腿不再過度承受整個身體的重量,他虛弱的後腿也能開始動了。他的速度相當快,雖然左右搖晃,讓我想起盧克麗霞阿姨罹患小兒麻痺症之後走路的模樣。十步之內,他已經走到前門烏龜護欄前的半邊區域,並進入了客廳。他一直走到燃木暖爐附近,但這時裝置突然向左歪斜,尾巴垂在一邊拍打地板,輪子也移位了,不在他的身體下面。他用前腿又走了兩步,但後腿無法承受這個負荷,他驚訝地停在原地。

艾莉西亞決定用一條寵物繃帶,將這個裝置固定在消防隊長的身上。她必須把烏龜翻過來,讓他非常不舒服。這個龐然大物拼命掙扎,強壯的脖子伸長,努力想翻回正面。「寶貝,別這樣,小怪獸。」艾莉西亞輕聲哄著。「加油,孩子,我們是要幫你啊!」娜塔莎也在一旁鼓勵。沒多久,艾莉西亞就把繃帶纏好了,讓他恢復正常的姿勢。

消防隊長看起來有點茫然。*剛剛發生了什麼事?*「你的車掉了。」麥特語氣自若解釋道,就像對著一個人說話一樣。現在,消防隊長並沒有用前腿站得直挺挺的,因此他的腹甲前端貼在地上,而後端則高高翹起。

艾莉西亞替消防隊長心聲配上旁白:「我的屁股有點高。」

但消防隊長顯然決定他可以應付這個情況。他再次向前移動——同時使用前腿和後腿。我們都興奮不已。「這還只是個原型呢!」娜塔莎驚呼。

不幸的是,不到一分鐘,他又從輪子上掉了下來。

艾莉西亞和娜塔莎替他的尾巴上加了一條帶子,讓他在平台上更加穩定。現在他用前腿和後腿快速走了十幾步。「從物理治療的角度來看,」娜塔莎說:「這非常有效!」這不僅為他提供了強化後腿的機會,顯然也大大提升了他的鬥志。

「你們這次聖誕節沒來,他都快要瘋了,」娜塔莎坦承:「他拼命想要離開他的水缸,拼命想要運動。但現在他恢復了活力!」

我不禁想,現在的消防隊長在想什麼?他是否因這一刻感覺到再度完整而開心,彷彿他的行動能力回到了意外之前的樣子?他是否覺得自己的精神從受傷中的心理與身體重擔中釋放出來呢?或者,這些流暢動作的瞬間光輝,是否讓他對肢體失能的記憶完全消散?

他又再一次從裝置上滑落,艾莉西亞第三次調整了寵物繃帶。他的後腿被尾巴的帶子纏住,中間的寵物繃帶也鬆開了。他再向前爬了兩步,裝置卻掉在後面,他只能無助地用前爪在地板上亂抓一通。

為了避免再次把消防隊長翻過來,這是他最討厭的,而且寵物繃帶也快用完了,我們用手幫他撐住後端,替他完成這次的物理治療。麥特、珍和我輪流彎腰90度,手指卡進他龜殼後端的尖銳邊緣下,隨時準備被他後腿的腳趾甲劃傷。這個姿勢很不舒服

——但如果消防隊長願意，我們每個人都樂意這樣彎腰一整天。

但消防隊長顯然累了，我們幫助他走到玻璃拉門前，他停下來望向門外。我們討論了如何改進這個設計：是否需要一個更有彈性的帶子？增加一條更能支撐他尾巴的帶子？「也許我會把它做得矮一點。」艾莉西亞提議道。

「這台小卡車的輪子間距太窄，整個裝置也太長了。我覺得他不喜歡尾巴被裝置碰到。」麥特提出了他的看法。他贊同我們的鄰居杭特（前消防隊長）的建議：輪子應該放得離烏龜的身體遠一點。

而且一旦解決了設計問題——明年又如何呢？看來消防隊長可能還未準備好重返他的舊家。首先，如果他翻倒了，目前他似乎無法自己翻回來——這在野外猶如被判死刑。

即使在麥特、珍與我無法過來監督的日子中，消防隊長若能有更多的戶外活動時間，對他顯然有很大的助益。

娜塔莎提出了建造溫室以延長活動季節的想法——或許可以建造一個測地線拱頂（geodesic dome）。或在後院露台外的斜坡土地上建造第二個烏龜花園。麥特建議，即使不使用實心圍欄，這個空間也可以設計成防止掠食者入侵。他提到在花園州陸龜（Garden State Tortoise）這家致力於保育烏龜與陸龜的私人設施，他們利用通電的鐵絲網、覆蓋以防渡鴉的釣魚線，以及沿著周邊設置的誘捕籠，確保室外飼養區的安全。

「忍耐一下，消防隊長，」娜塔莎對我們的朋友說道：「我們為你的未來準備了許多美好的事物。」

「我覺得這次一定成功！」艾莉西亞在我們下次拜訪時宣布

道:「這是我所想到最好的設計!」

這是她的第四個設計:她將一個泡棉坐墊以超級膠水固定在一個鋁製十字架上,十字架的每個端點都用螺栓,固定了四個從五金行買來的活動輪。

這些活動輪應該能讓消防隊長在撞到像沙發這樣的物體時,能夠輕鬆轉彎。艾莉西亞拉上樓上的百葉窗,以免他對外面的景象流連忘返。他卡在桌子底下時,我們還是不得不幫忙,這是因為他太大了,根本塞不進去。(「他就像一個會走路的凳子。」娜塔莎說道。)

麥特把消防隊長放上他的新座騎,他立刻出發,所有的腿都動了起來。他的步態就是典型的擬鱷龜步態,娜塔莎形容這是一種「粗短笨重的步伐」,但這一次,這種步伐帶他比以往更快抵達目的地。

他走到雷夫,那隻北美木雕龜的棲息地旁邊,然後繼續巡航到廚房。他吸了烤箱底下的味道,接著去冰箱旁,然後是垃圾桶底部和廚房窗下轉輪空無一物的浸泡盆。他再繞到種著蓬鬆蕨類的大型垂榕盆栽前,調查轉輪喜歡用來睡覺的紅色寵物外出籠。他緊靠著義式臘腸和牠的夥伴杏桃的木製棲息地邊緣行走。

「他的前半身根本不知道後半身是壞掉的,」艾莉西亞說:「這對他來說真是太好了。」

他身後的尾巴筆直地伸展著,他完成了一個大大的橢圓狀路線,像是在改裝車賽道上:從玻璃拉門開始,繞到沙發前,然後又回到前門。他完美地來了一個K型轉彎,再次開始重複的路線。

「他在走他的圈圈!」珍驚呼。

「他真的在探索!」娜塔莎贊同道。

「這是空前的勝利!」麥特大聲喊道。

消防隊長走了整個寬敞的客廳三次。「他現在一定感覺非常好。他自信滿滿——就像一隻健康的60歲的擬鱷龜應該有的那種自信!」娜塔莎驚嘆地說。

「他可是曾在濕地裡當了大半輩子王者的野龜,」娜塔莎提醒我們:「我們從來不覺得他無害!這也是爲什麼艾莉西亞和我很驚訝,你和麥特能如此迅速、意外地跟他建立融洽的關係。這種事情我們常常在我和艾莉西亞身上看到,但親眼目睹你們三方之間的連結,實在非比尋常。我沒有主導這個過程,艾莉西亞也沒有⋯⋯。」

「這是消防隊長主導的,」麥特說:「我們能從他的眼神中看到。」

我們現在也能從消防隊長的眼中看到喜悅。

「等到春天繼續他的物理治療時,」艾莉西亞說道:「他會保持在良好的狀態,不僅僅是恢復而已。這些運動對他的心血管健康有好處,對他的肌肉也有幫助,對他的心情更是有裨益。」

「可以說,」娜塔莎接著說:「我們大大重新塑造了消防隊長。從戶外運動到今天,他已經是一隻完全不同的烏龜了。」

星點龜與新生蕨類植物的嫩芽。

11.

出櫃

12.
危機與希望
Peril and Promise

杏桃，一隻身材削長的陸龜

雖然外面是零度以下，但3月的陽光灑進客廳的窗戶。例行家務都已完成：水缸已清理，烏龜已餵食。下午，珍、麥特、艾莉西亞、娜塔莎與我一起在樓上的地板上，享受著太陽匯聚而成的光池，就像烏龜一樣在這片共同的幸福光輝中取暖。

過去幾週裡，消防隊長的力氣和自信心大幅提升。多虧了他的新裝置，他的前腿變得非常強壯，甚至試圖從地下室爬上樓梯──在娜塔莎的幫助下，他成功了。自從我們上次替他秤重以來，他已經增胖了將近2.2公斤（5磅），麥特和我滿意地注意到，他的後腿也開始累積了一些脂肪。

而且還有更多好消息。我們正在等待一隻新來的擬鱷龜歐薄荷踏雪鞋（Peppermint Snowshoes）下蛋。她的名字是為了紀念在1月份的英勇冰上救援行動。

艾莉西亞當時在工作，而娜塔莎和瑪凱拉接到通報，有人

在一片淺濕地的冰面上發現一隻擬鱷龜——這是烏龜在冬季偶爾會做的事情，通常是為了提高體溫治療某些傷口或感染。但有時候，牠們卻會因此凍死。

經過一小時的車程，兩人抵達了濕地。透過望遠鏡，瑪凱拉勉強看見遠處圓圓的背甲形狀；這隻烏龜距離岸邊一個美式足球場的距離。娜塔莎拒絕讓年輕但視力正常的瑪凱拉冒險，自己走上了結冰的濕地，放下棍棍先生，改用兩根登山杖。站在岸上的瑪凱拉焦急地大喊著方向，指引娜塔莎走向她無法看見的烏龜。娜塔莎穿越那片尚未完全結凍的水域，一步步往這隻可能早已死亡的烏龜走去。

冰撐住了娜塔莎的重量，烏龜也還活著。那天下午娜塔莎和瑪凱拉奇蹟似地帶著新一年的編號003回到了家——一隻年輕的雌性擬鱷龜，狀態相當好，只有尾巴和右腿有一些淺淺的傷口，以及左眼腫得睜不開。幾週後，歐薄荷踏雪鞋康復得差不多了，甚至能從她的病房水缸裡爬出來——進入了另一個水缸，裡面住著蘇格拉底（Socrates），一隻有腦部創傷的成年雄性擬鱷龜。他的傷勢非常嚴重，所以從來沒有人見過他動過。但「顯然，蘇格拉底比我們想像的還要有能力。」娜塔莎觀察到。最近的X光顯示，歐薄荷踏雪鞋的體內懷滿了蛋。

此刻，歐薄荷踏雪鞋、蘇格拉底、消防隊長和其他患者都在地下室，而我們正在與樓上的陸龜們一起享受安靜緩慢的時光。娜塔莎坐在沙發上，握著轉輪的一隻前腳，就像你與伴侶一起度過了許多幸福、舒適的歲月後，握住對方的手那樣。麥特一如往常赤腳盤腿坐在地板上，抱著杏桃。「她的眼睛真是迷人。」他喃喃自語。麥特用溫暖的雙手輕輕托著她黃綠色的腹甲時，她粗

短的鱗狀腿都舒展開來了。

艾莉西亞正沉溺在欣賞披薩俠的模樣。「你的尾巴真是可愛極了。」她對他說。

珍和我趴在地板上，仰望著轉輪。「轉輪的腳底真是有趣。」珍恍惚地說道。

「他們腳掌之間非常敏感。」娜塔莎回應道。

我們浸淫在有陸龜陪伴的時光裡，對話像夏日天空中的浮雲輕輕飄過。我們感到平靜、幸福，既舒適又充滿希望。在經歷了全國性的騷亂和暴動破壞，經歷了全球的火災與洪水，經歷了美國在新冠疫情中失去50萬人的重大沉痛時刻之後，情況開始好轉。新總統向全國國民發表演說，談論修補我們的國家和療癒我們的地球。新冠疫苗於12月宣布問世。我們很快都會受到保護，最終回歸到疫情前的生活。

「我等不及想在這裡再舉辦課程和女童軍活動了。」艾莉西亞沉思道。

「我等不及想把大家弄到戶外棲地去。」娜塔莎說。

「我等不及想讓消防隊長的腿跟上進度。」麥特補充道。

但事實上，我們*可以*等。烏龜們已經教過我們怎麼做。

我發現某個線上字典中，這個諷刺性的「動詞」有幾種定義——「行動」（action）這個詞被用來描述「不作為」（inaction）：「延遲行動直到某個特定時間或某件事情發生。」該詞條指出，這個詞常用來表示「迫不及待地想做某事或等待某事發生。」但「等待」這個詞還有其他更平靜、更溫和、更睿智的含義：「暫停，以便另一個人跟上。」或是一種「靜止的狀態」。等待（wait）源自法國北部的動詞「waitier」，其詞

源與「喚醒」（wake）有關：使人變得警覺；使某事物復甦。等待與喚醒並非對立，而是雙胞胎。

我們熱愛這一刻，和陸龜們一起在我們共享的陽光中伸展四肢──不只是因為我們終於可以瞥見那個渴望已久的未來。我們喜愛現在，是因為它*就是*現在，而且「現在」同時包含了完全豐盛的所有時間。

• • •

隔週，艾莉西亞並沒有等麥特來將杏桃從跟臘腸同居的棲地裡抱出來。這次她親手把這隻陸龜交給麥特，上頭還綁了大紅蝴蝶結。杏桃是送給麥特的40歲生日禮物。

他欣喜若狂。「真不可思議的一年！」他說。他上一次生日，我們才從龜類存續聯盟回來，隔天世界就因疫情封鎖了，但麥特指的並不是這個。「疫情剛開始時，」他說：「我和艾琳只養了四隻烏龜。也許，」他開玩笑道：「疫情也沒那麼糟嘛！」

去年9月，麥特從烏龜救援聯盟領養了第五隻烏龜，那是一隻被棄養的成年紅腹側頸龜（*Emydura subglobosa*），這個物種原產於澳大拉西亞（Australasia）。為了紀念她獨特的粉橘色腹甲，麥特替她取名為帕洛瑪（Paloma），一款他和艾琳最近出遊時所喝過、顏色相似的雞尾酒。帕洛瑪15.2公分（6吋）的背甲右側懸空的邊緣缺了一塊，像是被咬了一口的形狀，實際上，那是她在幼龜時期被另一隻烏龜咬的（雖然龜殼的其他部位可以癒合，但懸空的邊緣部分無法癒合，隨著龜殼的生長，缺口會愈來愈大）。

12.
危機與希望

帕洛瑪和杏桃只是最新的成員。新冠疫情早就讓派特森家的龜口大幅增加。

疫情剛開始時，艾琳意識到，身為一名語言治療師，她需要在患者的口腔中東戳西摸，會讓她多次暴露於可能致命的病毒下。「你可能會害死我！」麥特開玩笑說。

艾琳開始哭了。儘管麥特是用玩笑的口氣，但他確實有哮喘，即使情況一直有被藥物控制住，若他感染了這種病毒，仍然會使他成為高風險族群。

在麥特為艾琳調了一杯琴通寧後，消除她內疚的辦法逐漸浮現：艾琳承諾，如果麥特被她傳染新冠病毒，那麼他就可以帶兩隻新烏龜回家。隨著疫情月復一月地持續，她的承諾也轉變為，光是麥特面對風險就能得到兩隻新烏龜。

去年7月的某個炎熱週六，我們三人出發去兌現艾琳的承諾。艾莉西亞和娜塔莎告訴我們費絲‧利巴帝（Faith Libardi）的事，她是紐約新迦南的一名復育人士，她所經營的非營利組織「伯克夏三州的寵物夥伴」（Pet Partners of the Tri-State Berkshires）救援烏龜和狗，並幫助陷入財務危機的人保住他們的寵物（直到最近還照顧著一大群流浪貓）。費絲迫切需要為她的三趾箱龜找到新家，這隻與麥特和艾琳家最老的烏龜波莉是同樣物種，原產於美國中南部。「他們甚至不需要新的棲地。」麥特告訴艾琳。這兩隻新的三趾箱龜可以在夏天和波莉，以及艾迪一起住在寬敞的室外圈養區。

費絲到底有多少隻烏龜呢？「我儘量不去數他們。」她在會面時告訴我們。她是一位嬌小、充滿活力的女人，身高不到152.4公分（5吋），黑白交雜的頭髮。她解釋說，她正努力為這

些異國烏龜找到新家,好騰出空間來安置那些受傷的原生龜,讓他們康復後重返自然。她愉快地告訴我們,她每天凌晨一點起床,工作到早上五點半,照顧動物,然後出門去當地一家採石場的辦公室工作。她的朋友會在她外出時替她餵八隻狗,並讓他們在她占地廣大、設有圍欄的庭院裡自由奔跑和玩耍。費絲傍晚回家後,又將所有精力投入到照顧狗和烏龜中,直到她筋疲力盡地倒在床上為止。

費絲在一個喜愛動物的家庭中長大。她的父親在他們的穀倉裡安裝了窗戶,所以每隻乳牛在一天的放牧之後,仍然可以享受美好的景色。這一家人經常在婚喪喜慶遲到,因為她父親只要在路上發現受傷或失親的動物,就會停下來救牠們,無論是什麼物種——一隻貓頭鷹、一隻老鼠、一隻烏龜。車上總是放著一箱乾草,讓受傷的動物在回到家被照顧前可以休息。「小時候,我們以為每個人的後車廂裡都放著一箱乾草。」她告訴我。

但烏龜對費絲來說一直有著特別的意義。「他們的靈魂是那麼深邃,」她說:「他們有著某種古老而樸實的氣息。我從不放棄他們——除非他們自己放棄。」

她帶我們去了地下室,映入眼簾的是一排又一排很長、堅固的木製櫃子,上頭放著滿是泥土、浸泡缸、躲避洞和植物的盒子。大多數烏龜的飼養箱有305公分(10呎)長、122公分(4呎)寬,每一個都是用鋼架和玻璃板特製的,沐浴在全光譜燈和保溫燈的溫暖光芒中。費絲提到,光是燈泡就讓她每年花費1600美元。

「這些烏龜大多是沒收來的。」她解釋道。她向我們介紹了米古爾(Megul),一隻美國東部箱龜(*Terrapene carolina*

carolina），曾在一個博物館裡生活了50年——還跟水生龜被誤養在一起。威洛（Willow），是一隻小型的三趾箱龜，背甲高拱且畸形，也曾生活在同一個博物館裡，當費絲帶他回家時，他正遭受眼部和皮膚感染之苦。

另一個圍欄裡住著敏斯（Mims），他「像噴火戰機般大咬。」她還介紹了T先生（Mr. T），一隻美國東部箱龜，因在長島被曳引機撞到而失明。「他們真的很堅強。那麼我們對他們的所作所為又代表了什麼呢？」費絲說。她還讓我們看了一隻四爪陸龜，就像麥特和艾琳的艾文一樣，這是一隻雄龜，曾與一個家庭生活多年，還能在家中自由活動。「他超級親人，但有一天他的飼主卻不想養他了。你能想像這種事嗎？」

我立刻把他捧了起來，他伸長脖子打量我。

許多大型飼養箱裡養著好幾隻烏龜。費絲帶我們來到一個有幾個候選龜的箱子，並邀請艾琳先選她最喜歡的。艾琳選了一隻美麗的雌龜，年齡超過30歲，嘴邊有連成一片的白色斑點。她在艾琳的手中十分平靜友善。「她叫艾蒂（Addie）。」費絲說。

「我愛她。」艾琳立刻宣佈道。

接著，麥特也做了選擇：他選了薇拉（Willa），一隻臉上有橘色條紋、淺綠色的嘴巴，龜殼圓滾滾的烏龜。「她非常外向和可愛。」費絲告訴他。

「但其實，」她繼續說：「兩隻烏龜和三隻烏龜之間沒什麼區別……。」

在放置飼養箱的櫃子下面，艾琳輕輕彈了一下麥特的大腿引他注意，趁費絲沒看見時，她對麥特比出三根手指。三隻烏龜：沒問題。

麥特立刻反擊：他回敬了五根手指。艾琳做了個鬼臉。

「這個漂亮的小女生怎麼樣？」費絲說，並拿起一隻龜殼上有疤痕的箱龜。「她叫賽西莉亞（Cecelia）。她遇過火災，你可以從她的龜殼上看出來，她是個真正的倖存者！」

「噢，天哪，我們不能丟下她。」麥特說道：「她遇過火災呢！」費絲將烏龜遞給了艾琳。

她怎麼拒絕得了呢？

「呃，沒問題。」艾琳說。

費絲指著另一隻烏龜。「那這隻怎麼樣？是不是很可愛啊？」這隻箱龜的上喙有顯著的深色斑紋，像一撮小小的黑鬍子下藏著一抹微笑。「她叫路易絲（Louise）。一位女士養了她45年。她真漂亮！」

「有何不可？」麥特帶著大大的笑容說道。

「噢，我想也是吧。」艾琳一臉挫敗地說道。

「你看看！難道不能再帶一隻嗎？」費絲慫恿。「只剩下一隻三趾箱龜了，這樣我就能清空這個飼養箱了。她不能孤單地留在這裡，你們難道不能帶走這最後一隻嗎？」

第五隻烏龜叫珍珠（Pearl），取自她漂亮臉上的白色斑點。

但我無法不去想那隻曾經在屋裡自由活動，後來卻被遺棄的四爪陸龜。我脫口而出：「那隻四爪陸龜呢？」我替他感到難過，而且他那麼親人。「我真的不想丟下他！」

「是啊。」費絲說：「你能把這隻四爪陸龜帶走嗎？」

我丈夫在我出門時還非常堅決地說：如果我帶著烏龜回來，我就得流落街頭了。在我們一同生活40多年的時光中，我曾把雪貂、雞、鸚鵡、邊境牧羊犬，還有一隻小豬帶回家。小豬最後長

12.
危機與希望

235

到340公斤（750磅），活了14年，最後因衰老在睡夢中去世。霍華（按：Howard，作者的丈夫）愛過這些動物，但牠們都製造過混亂，譬如：我們的豬學會了打開自己的豬圈，多次跑去鄰居家大鬧，掀翻了草坪和花園。他經常被警察帶回家（我們小鎮的警察因此備好蘋果，放在巡邏車的後車廂）。這類災難通常發生在我遠在某座叢林中，幾週內都無法取得聯繫的時候。所以，儘管我很難過，但我還是覺得霍華的動物禁令至少是可以理解的。

麥特想出了解決方案。「你也許還是可以養他，賽。」他說：「他可以住在我們家。」

我馬上替他取名為同志（Comrade）。

此時，我察覺到麥特和費絲都急著在艾琳反悔前完成交易。我們迅速將五個裝著烏龜的箱子放上車，塞滿了後座，而艾蒂則坐在艾琳的腿上。我們關上了車門。

「天啊！」艾琳震驚地說：「我不知道怎麼了！麥特‧派特森，你把我們搞成這樣？我只想養**兩隻**！」

「但這太棒了！」麥特說。

「真是一座烏龜寶藏！」我興奮地補充道。我已經打開了同志的箱子，將他放在腿上，撫摸著他的頭和脖子。

「我本來是來**監督**的！」艾琳震驚地說。

「想像一下，如果你沒來會怎樣？」麥特回應道。

回到家後，我們把烏龜們安置在他們新的戶外棲地裡。我們最感興趣的是大蘇卡達象龜艾迪會如何對待新來的同伴。雖然艾迪最好的朋友是三趾箱龜波莉，但她非常討厭四爪陸龜艾文，甚至曾爬上91.4公分（3呎）高的柵欄，試圖衝撞那個比她小得多的敵人。

艾迪大步走去檢查這批新來的三趾箱龜。每隻都被她從頭到尾嗅了一遍，對每位新室友都很滿意，就離開了。在隔壁的獨立圍欄裡，同志和艾文相處得很好，這兩隻雄龜一起依偎在一簇草叢下。我不打擾這個新家庭共處的時光，於是開車回家。

但當天晚上8:04，我接到了電話。

「你猜怎麼了？」麥特興奮地宣布。「其中一隻烏龜正在挖巢！」

是賽西莉亞，那隻曾經遇過火災的烏龜。

「賽，這簡直是惡夢！」艾琳打斷了他。「萬一牠們全*都*開始下蛋怎麼辦？」

「對啊！」麥特大聲說：「萬一牠們全*都*開始下蛋怎麼辦？」

隔天，我們發現賽西莉亞挖了三個洞，在其中一個洞裡下了兩顆長形的蛋。兩天後，路易絲在晚上六點開始挖掘，到了早上，她在靠近水碟的草叢旁邊產下了三顆蛋。

正如母雞一樣，烏龜即使沒有雄性進行授精，也能下蛋。路易絲和賽西莉亞的蛋都未受精，讓艾琳如釋重負。

但多虧了蘇格拉底的貢獻，歐薄荷踏雪鞋的蛋有受精。

不幸的是，歐薄荷的時機不對：在麻州，擬鱷龜通常在5月，而非3月下蛋。艾莉西亞和娜塔莎決定替歐薄荷踏雪鞋打一針催產素，以促使她下蛋，這樣就能用孵化器培育她的蛋。

娜塔莎拿出一個151.4公升（40加侖）的儲水槽，裝滿溫水。擬鱷龜通常在陸地上下蛋，而不是在水中，但艾莉西亞和娜塔莎發現，對於經過催產的母龜來說，「水中分娩」更容易且更

12.
危機與希望

237

舒適。

麥特替歐薄荷踏雪鞋秤重，才能確認注射的正確劑量。她體型較小，體重不到3.6公斤（8磅），雖然體重和大小更可能反映的是食物供應情形，而不只是反映年齡，但她幾乎比普遍的首次築巢年齡——19或20歲——還要小。「她是個懷孕的青少女！」麥特宣布。

「拜託……我們就叫她『兒童新娘』吧。」我說。

艾莉西亞將3.6毫升的催產素注射到歐薄荷的右大腿，我則負責抓住她。她沒有咬人或掙扎。我輕輕地把她放進溫水中。幾個小時後，她會再接受第二次注射。

在此同時，我們可以帶消防隊長去鍛鍊一下……儘管烏龜花園裡還有一堆積雪，外面的氣溫已到15.5度（華氏60度），陽光明媚，所以我們可以帶他到戶外，他在那裡不需要用輪椅。當麥特把他從水缸裡抱出來，放到桑樹下時，艾莉西亞倒吸了一口氣。「他變胖了……他真是一隻大渾球。」她讚嘆道。這位我們的大朋友立刻動了起來，四條腿都在用力，這是他幾個月來第一次到戶外。他的後腿夠壯到能支撐起他的腹甲離開地面嗎？如果不能，會不會磨損到他的腹甲，或使他的後腿或尾巴的皮膚被他銳利的龜殼割傷呢？

「加油，孩子！」娜塔莎鼓勵著。然後對我們說：「他正在努力地用那雙腿！」

他動作迅速，並沒有傷到他的後腿或尾巴。他用力爬上了奧林帕斯山的一側。麥特和我隨時待命替他翻身，但他沒有翻倒。他自信地走下另一側，朝著圍欄邁步，充滿了活力，渴望感受土壤和落葉，以及外面世界的氣味。

「還記得去年他第一次出來的時候嗎?」麥特說道:「他常常不得不停下來休息。」

但他現在顯然不需要停下來休息了。消防隊長以龜類的熱情,大步走向結冰的地方——娜塔莎提醒我們,烏龜常常將白色誤認為開闊的濕地——但很快他就發現那邊很冷,然後轉身離開。接著,他繼續沿著圍欄前進,現在他的腹甲抬得很高!

我們不時有人會下樓查看歐薄荷踏雪鞋的情況。12:10,娜塔莎觸診她的尾巴。「產道裡有一顆蛋!」她宣布。12:25,麥特在水中發現了第一顆蛋。我把它拿起來,清除掉黏液,並放入一個鋪著方巾的小碗裡。我們回到消防隊長身邊,繼續等待更多蛋的到來。

當消防隊長爬上後院圍欄邊的枯葉時,他的腿稍微拖了一下。「這個區域對他來說一直是一個大挑戰。」麥特提醒我們。消防隊長轉身,朝下坡走去,再次昂首挺胸地站立著。

「他只是需要有人相信他的能力,」娜塔莎說:「當你飼養這麼多烏龜時,無法一直挑戰每隻烏龜,讓他們達到他們的最佳能力。但你們兩個信任他。」

「是的,」我和麥特異口同聲:「我們的確如此。」

也許,經過一個夏天的物理治療,今年會是我們將他野放的一年,讓他回到那座他曾統治了超過半世紀的消防局池塘,他或許還能在那裡再享受一個世紀的生活。也許隨著疫苗的出現,新冠病毒終究會被徹底擊退。我們可以再次旅行,回到龜類存續聯盟,甚至可能去東南亞,親自看看那些生活在野外的異國烏龜。

我們再次檢查了歐薄荷踏雪鞋的蛋。現在已經有19顆,接下來可能還會有更多顆。我們取出蛋並清潔,然後放在墊著方巾的

12. 危機與希望

碗中。稍後，它們會被安置在孵化器中的蛭石墊上。到了週日，蛋的數量將達到24顆，而且這些蛋會顯現出深色的條紋，代表胚胎正在裡面發育。由於這些寶寶不會在冬天進行冬眠，而是會繼續生長，因此到了初夏牠們被野放時，體型會像2歲的野生烏龜一樣大，對許多掠食者來說太大而無法吞食：24隻新的小生命，來自兩隻烏龜的結合，要不是有烏龜救援聯盟的努力，這兩隻烏龜可能都已經死去。

「蛋！」我大喊著，那時我和麥特上車準備開車回家。「而且這麼早！」他回應道：「很快就會有更多顆了。」他補充道。

但儘管蛋象徵著新生命和新的開始，它們也像每個時間的瞬間一樣，潛藏著相反的可能性。正如所有的開始，蛋也充滿著風險──我們在麥特將杏桃帶回家不久後，很快便發現這一點。

麥特為杏桃精心打造了一個寬敞的木製棲地，裡面設有浸泡池、藏身洞、深厚的土壤、活植物，以及全光譜保溫燈，模擬亞洲熱帶森林的環境──那裡正是她的原生地。艾琳已經愛上了這隻新陸龜，她甚至為她烹煮雞肉，並配上新鮮的草莓、黑莓和綠色蔬菜一起餵食。他們替她取了新名字，因為他們不想把她與我們常遇到、像李子乾那種乾巴巴的水果聯想在一起。他們叫她露西（Lucy），意思是「光」。

但事情顯然出了問題。露西不吃東西，也不會自己走到浸泡池裡去，麥特必須把她放進去，然後再抱出來。事實上，露西幾乎完全不動。

麥特意識到露西需要更加複雜的照護，已經超過烏龜救援聯盟的能力範圍，於是麥特帶她去看專門治療鳥類和爬蟲類的獸

醫，這個診所距離他們家45分鐘的車程。X光檢查揭曉了問題的根源：露西28公分（11吋）長的體腔中，幾乎有一半被三顆橢圓形的蛋佔據。第一顆蛋的大小像一顆小雞蛋，另一顆較小且圓一些，像一顆小母雞下的蛋；第三顆則非常大，幾乎是最小那顆的兩倍大。對露西糞便的檢查顯示她身上有一種常見的寄生蟲。此外，她還有脫水的情況。獸醫說，由於露西目前壓力過大，所以無法立即治療寄生蟲的問題。

獸醫替露西打了點滴，以及一劑催產素，希望她能產下她的蛋。當她回到家時，露西的狀況似乎改善了，第一次在她的棲地裡走來走去。然而，她沒有挖坑，也沒有下蛋。麥特再次帶她去看獸醫，她又被打了第二次催產素，之後還打了第三次。

終於，麥特注意到露西在她的棲地裡挖洞，那時他正準備與艾琳上床睡覺。他在半夜醒了過來，發現她正在下蛋。「她埋得如此漂亮，我要不是看到，根本不知道那裡有蛋。」他在早上告訴我。然而，當他仔細翻遍她棲地的每一吋土壤時，只找到兩顆蛋。

第三顆蛋卡住了。

這種情況稱為難產，可能會致命，其他下蛋的動物也可能發生，包括蛇、蜥蜴和鳥類。這正是披薩俠的雌性紅腿象龜同伴桃子的遭遇，她是艾莉西亞和娜塔莎最喜愛的陸龜之一。

桃子被遺棄在某個商業溫室，後來被人發現，當時還有上呼吸道感染，但艾莉西亞與娜塔莎很快就治好了她。她很快成為艾莉西亞所稱的「令人愉快的淡淡女性氣息」，是對抗轉輪和披薩俠「兄弟會」的解藥。桃子既嬌嫩又端莊。艾莉西亞說她甚至聞起來很甜（除了她在烏龜花園裡找到一隻死老鼠還吃掉的那一

天）。桃子睡在轉輪旁邊，也會偷偷溜進披薩俠的棲地找他——導致桃子體內有兩顆無法排出的蛋。她被送到一位備受信賴的獸醫那裡進行緊急手術。然而，在手術過程中，將尿液從腎臟輸送到膀胱的輸尿管被切斷——這樣的傷害對任何烏龜來說都很致命。桃子在手術台上被安樂死。她的死對他們打擊很大，儘管她已經去世超過兩年，但她們仍無法面對她的喪禮，因此她的遺體依然安放在烏龜救援聯盟的冷凍庫裡。

麥特和我請教了我們的朋友查理・伊尼斯醫生（Dr. Charlie Innis），他是新英格蘭水族館的獸醫，還監督水族館的昆西醫院裡被救援海龜的照顧（「他是個烏龜頭」是水族館的章魚飼養員最初形容查理的用詞，害我相信他不是身上有鱗片，就是禿頭⋯⋯但他兩者都不是）。他建議帶露西去沃爾瑟姆的波士頓天使紀念醫院西區分院（MSPCA-Angell West）動物護理中心，看他的同事派崔克・蘇利文醫生（Dr. Patrick Sullivan）。後來進行了一次全面性的檢查，這個檢查花了很長的時間，麥特因為新冠病毒無法陪伴露西，只好在停車場無所事事等待，還在芬威勝利花園花了一整天找尋義大利壁蜥。檢查結果發現露西有很多其他問題，包括雙眼感染。但最糟糕的是她的代謝性骨病（metabolic bone disease）。

這種疾病是由不當飼養引起的。想到那種會在11月雨雪交加的日子裡，把爬蟲類放紙箱丟在街上的飼主來說，並不會讓人太吃驚。代謝性骨病是一種礦物質失衡，會使讓龜殼、腹甲、骨骼、肌肉、神經變得衰弱且變形。當然，因為蛋主要由鈣組成，所以蛋也會受到影響。由於烏龜非常能忍耐，代謝性骨病的症狀往往被察覺時已為時已晚。

露西現在病得太重，無法產下最後一顆蛋。

他們可能需要進行手術，但目前露西的狀況太糟糕，無法承受手術的風險。

蘇利文醫生讓露西留院觀察一晚，替她打了點滴、抗生素和鈣。所有的診斷、治療和住院費加起來超過了一千美元。由於醫院鬧烏龍，儘管麥特已經特地要求，醫院還是誤把帳單寄給了艾琳。艾琳在工作時，還正巧是最差的時機收到這個令人不快的消息。就在麥特和我講電話的時候，她氣急敗壞地用手機打來：「麥特！醫院把露西的帳單寄給我了！天哪！我快瘋了！我不敢相信有這種事！我要宰了你！」

一週後，露西仍然病得無法進食，但麥特和艾琳準備去渡假。原本在疫情前，他們計劃了一趟海外旅行，後來將計劃縮小到夏威夷，即便如此，他們還是延遲了一年才成行。現在他們終於打完疫苗，覺得可以安全地旅行了，趕在機票到期前出發。

麥特和艾琳雙方的父母都住在附近，會照顧他們的貓、狗，還有他們的11隻烏龜，除了某週週末會由我接手。但露西需要特別的照護，必須替她保暖：白天要維持在24度（華氏75度），夜晚關掉燈之後，她的體溫不能低於21度（華氏70度）。她還需要每天泡澡、每天兩次點眼藥水，以及每72小時在後腿注射抗生素。

露西會來我這裡住一陣子。

終於，有烏龜來我們家了！

我向我丈夫保證，我們的客人只會待一週，既不會讓我們生病，也不會因為逃出籠子而引發警察追捕。麥特帶著露西到我們

家時，霍華已經幫我在辦公室的窗戶下騰出一個空間，讓她能享受春天的陽光，也準備好一條耐用的橘色延長線接著她的全光譜保溫燈。保持溫暖對她的康復至關重要。

露西帶著各式各樣的配件來到了我們家。除了她較小、較輕便的外出用棲地───一個像文件櫃大小的塑膠箱，裡面裝著泥土和藏身的洞穴───麥特還帶了她所有的食物，這些食物是艾琳事先切好並分裝在塑膠袋裡的。她的眼藥水、抗生素、多的針頭和針筒、保溫燈以及浸泡盆也一併帶來。艾琳還特別做了一張檢查清單，確保我能在正確的日期替她打針並記錄時間，麥特也教我如何替露西注射。

麥特和我討論如何讓露西更享受這段短暫拜訪。他告訴我，他最近在某次溫暖的五月雷雨天把露西帶到外面，這是她第一次把頭伸出龜殼，並輕輕地鼓動喉嚨，顯然很享受這場雨。我計劃在氣溫超過21度（華氏70度）時帶她到外面曬曬太陽，每天讓她浸泡兩次。我會和她聊天、唱歌給她聽、撫摸她的頭───如果她願意再把頭伸出來的話。「她真的幾乎不怎麼動，」麥特告訴我：「她也不太吃東西。」

「別擔心，」我回答道：「她會沒事的！」

然而，我非常害怕她會死。

不過能每天捧著這隻美麗、沉靜、溫和的陸龜，我依然心懷感激。在我緩慢、輕輕地將她拿出來，準備放進溫水中浸泡時，或者在我將她傾斜一邊，為她滴眼藥水時，她並沒有縮起頭來。事實上，過了兩天，她甚至主動伸出頭來，好像是在跟我打招呼。我希望她喜歡我皮膚的溫暖，我也似乎逐漸贏得她的信任。然而，她的食慾和精神並沒有改善。我小心翼翼地將她的食物擺

在她的小塑膠碟子上,試圖讓食物看來更有吸引力。我甚至在她面前搖晃幾片雞肉,模擬美味的蟲蟲或蛞蝓的誘人蠕動。溫暖晴朗的日子裡,我帶她去草地上享受斑駁的陽光。日復一日,爲露西準備的新鮮食物不得她的青睞,我只好將雞肉丟進垃圾桶,將蔬果拿去堆肥。日復一日,她甚至也不太移動。

然後,到了我們在一起的第三天,該是替她打針的時候了。萬一我搞砸了怎麼辦?如果我打錯位置,那麼這劑救命的抗生素就無法發揮作用。萬一這一針讓她覺得疼痛,她再也不信任我了怎麼辦?萬一一個較爲陌生的人在她腿上扎針,這種壓力讓她的狀況急轉直下怎麼辦?

我請來一位退休醫生幫我。「這是我的第一位烏龜病人。」我的朋友兼鄰居,傑克·麥霍特(Jack McWhorter)坦承。他擅長的是風濕病——但他很有信心處理這個病例。由於疫情,這位好醫生沒有進到我們的房子。我們在後院進行這個醫療程序。我從冰箱裡拿出抗生素藥瓶,以手臂溫暖瓶子。醫生穩定且輕柔地抓住陸龜。我用左手拉出她的左後腿,右手將針頭插入兩枚鱗片之間,然後推動針筒的柱塞。注射完成後,我揉了揉挨針的部位。

她似乎完全不介意。幾天後,她開始動了,不過只有一點點。她依然不吃東西,但當我把她從浸泡盆移出來時,注意到了一些白色的糊狀物。照顧鳥類的經驗讓我對這種情況很熟悉,爬蟲類和鳥類一樣,只有一個開口——泄殖腔,用來排泄廢物。這些是尿酸,它是蛋白質消化的最終產物,這代表露西的消化系統可能終於重新運作了。

接著,災難發生了。

12. 危機與希望

某天早上，我和丈夫醒來時覺得很冷。我們看了一眼電子鬧鐘，完全沒反應。我們試著打開燈，沒動靜。暴風雨——隨著氣候變化，我們非常頻繁看到這樣的天氣——已經摧毀了全鎮的電力供應。外面的氣溫只有6度（華氏43度），屋內的溫度勉強達到15度（華氏60度），而且還在下降。

　　通常這種情況下，我們只需多穿一件毛衣，坐在窗邊看看書，等著電力恢復。曾經有一年，冰風暴後，我們斷電了整整一周。但這次不一樣，我們家裡有一隻生病的熱帶爬蟲類！

　　幸運的是，我的手機還能用。我慌張地打電話給住在隔壁鎮的摯友莉茲。「你家有電嗎？」我慌亂地問道。我並非出於對這位年長好友的關心，而是因為我記得她家有自動發電機，我得把這隻生病的烏龜帶過去。況且，我剛好知道她家各處都有裝地暖系統。

　　20分鐘後，莉茲和我站在她浴室蓮蓬頭下的溫暖水霧中，腳下則是放在加熱磁磚上的烏龜。我們驚喜地看到，露西慢慢地把頭和脖子從龜殼裡伸出來，享受著水霧的沖刷，就像她在祖先的亞洲熱帶雨林中那樣。

　　莉茲的電話響了，是霍華打來的。他已經設定好我們那台更為簡陋的發電機，正在溫暖房子好迎接露西返家。莉茲和我享受著看露西在加熱的地板上爬行——只是幾步，但這是我見過她走得最多的一次。隔天她似乎更活躍了，但她還是不吃東西。我在晚上拿走碟子，因為我們養的邊境牧羊犬已經發現了裡頭的雞肉。此外，像所有住在新英格蘭舊農舍裡又沒養貓的人一樣，我們家也有老鼠的蹤跡。

　　我請教了艾莉西亞和娜塔莎。「試試一些多汁的、真的很甜

的東西，」艾莉西亞說：「也許來個紅色的食物。」露西已經試過草莓了。我買了一顆西瓜，這也是我最喜歡的水果之一。

「嗯嗯嗯！」我對露西說。為了展現有多麼甜美多汁，我咬了一片西瓜，大聲咀嚼，然後張開嘴巴讓她聞到氣味。我在她的盤子上放了一塊西瓜。那天晚上，我把雞肉拿走，留下了西瓜。

早上，那塊西瓜消失了。

「我以為是老鼠在吃，」我在6月4日下午寄給麥特和艾琳的電子郵件裡說道：「但今天，我真的看見她在吃西瓜……還有生菜！」

從那次以後，露西每天都更加熱忱地進食：不僅僅是西瓜和蔬菜，還有黑莓、哈密瓜和雞肉。她開始四處走動。我在外面整理花草時，我把我們的狗以前用的活動式狗狗圍欄搭起來，以防她走丟了。

麥特和艾琳在6月7日回來，並在6月8日帶她回家。這一刻來得恰逢其時，讓麥特剛好能回到烏龜救援聯盟，那裡有迅速猛烈的進展：我們已經到了108號；歐薄荷踏雪鞋的24隻健康寶寶，以及牠們的母親都準備好要野放了。艾莉西亞和娜塔莎增加了兩個52公升（55夸脫）的冷卻系統給孵化器的電池，將「怪獸製造者」的總數量增至七個，他們保存著超過150顆蛋。而托靈頓地區則有許多正在築巢的母擬鱷龜和錦龜；好幾個北美木雕龜的巢穴已經受到妥善保護；而今年的第一隻流星澤龜就在前一天才剛下蛋。

麥特帶著恢復活力的露西到天使醫院再次進行檢查。她現在很健康：眼部感染已經痊癒，食慾也回來了，無精打采的情況消失了。但如果蛋仍然卡在她體內，就會破裂或腐爛，導致一種稱

12.

危機與希望

為墜卵性腹膜炎（egg peritonitis）的感染，差不多會危及性命。醫生在採取手術前，給了她最後一次機會：再打一針催產素。然後，在微弱的燈光下，她在一個溫暖容器中的潮濕土壤度過寧靜的夜晚。

在6月的最後一天——隨著新冠病例降至一年的低點，錦龜在托靈頓河的曝曬木上堆積成堆，消防隊長以全新的自信與力氣在烏龜花園裡走動；露西則在動物醫院黑暗的房間裡產下了最後一顆蛋。

我們如釋重負，在療癒的夏日展開我們的生活。

13.
甜蜜的野放
Sweet Release

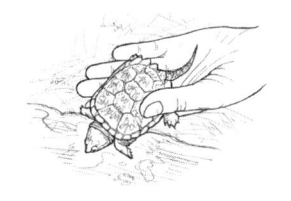

野放擬鱷龜寶寶

　　現在，我們已經和消防隊長建立起儀式感。我們每週抵達烏龜救援聯盟後做的第一件事就是餵這隻巨大的擬鱷龜——親手餵。

　　我將消防隊長最愛的零食——一個長約3.8公分（1.5吋）、最初設計給動物園猴子的炸肉塊——用拇指和食指夾住，放在水面下，正好在這隻巨大烏龜的面前。消防隊長伸出他那強壯的脖子，張開尖銳的嘴巴，然後以審慎精準的動作，巧妙地將炸肉塊咬成兩半，小心翼翼地避開了我的指尖。

　　「你有想過你會和一隻擬鱷龜做*這種事*嗎？」麥特問道。

　　不，我絕對沒有想過——特別是在一年多前，我們第一次看到他撕咬一根香蕉之後。「他明顯是在有意識地收斂他的咬勁。」我心存感激地觀察道。

　　我更小心地處理另一部分的炸肉塊。每次在烏龜的嘴巴接

觸到飼料之前，我都會在毫秒內放開，縮回我的手。但麥特比我勇敢，故意在餵食時讓消防隊長的喙碰到他的手指。「我喜歡感受他的嘴唇。」麥特說。如果艾莉西亞聽到的話，絕對會回答：「烏龜沒有嘴唇！」

不過，所有的烏龜都有喙，由稠密的角蛋白組成，邊緣鋒利，用來切割肉類，有鋸齒來夾斷植物，而某些海龜種類則擁有足夠堅固的寬大骨板，可以粉碎蝸牛和蛤蜊的殼。烏龜的喙功能類似牙齒。儘管野生的擬鱷龜在水中不會主動攻擊人，但當牠們在進食時，你絕對不會想讓自己的手靠近牠們的喙。「除非你想加入斷指俱樂部。」娜塔莎開玩笑地說：「是的，那是實際存在的。」她向我們保證，這個俱樂部主要是由那些處理鱷魚和科莫多龍這類大型巨蜥的飼養員和愛好者組成的。「但如果你真的想成為會員，」她說：「一隻擬鱷龜就可以幫上忙。」

消防隊長的溫柔總是讓我們心生敬畏。他是一個非比尋常的個體，我們與他之間的友誼也同樣非比尋常。但如果我們需要提醒自己烏龜嘴巴的破壞力有多驚人，只需看看尼布斯就知道了。

尼布斯的水缸在消防隊長的旁邊，但在一個較低的架子上。每次消防隊長吃飽後，我們總會丟一兩個炸肉塊給尼布斯。肉塊都還沒落到水面，一顆被黑色鱗片覆蓋的頭就會猛然從水中冒出，噬咬的狠勁宛如成吉思汗斬首韃靼人一樣猛烈。麥特說：「尼布斯是先出拳，再問問題。」我唯一見過以如此恐怖的熱情進食的其他動物，是一隻在孟加拉427公分（14呎）長、抓住雞的河口鱷（*Crocodylus porosus*）。尼布斯突然撲過來時，甚至是麥特也會嚇到跳開。

夏至過後的第五天，娜塔莎彎下腰，按照我和麥特指出的方

向,避開尼布斯的頭,小心翼翼地將這隻活潑的擬鱷龜從他的水缸中抬了出來。儘管身體上堆滿了大量的脂肪,這隻烏龜依然靈活好動,四處亂咬,空氣游泳。但娜塔莎充滿愛地緊抓著他的龜殼,若要說的話,她似乎以尼布斯的天生野性為傲。「你可不能轉身背對著尼布斯!」她說。她將他抬出來是,為了方便她和艾莉西亞替他量最一次體重。

尼布斯前一年的體重紀錄是11.25公斤,而現在他的體重已經達到13.15公斤,也就是29磅。「而且2和9是我最喜歡的顏色!」娜塔莎說道,對她來說,這些數字讓她聯想到紅色和藍色。她將之視為這個改變人生的重要日子的好兆頭。

「看看你長多大了。」艾莉西亞說道:「天啊!寶貝,你看起來真帥!」

娜塔莎把這隻亂撲人、轉來轉去的擬鱷龜放進我們這裡最大塑膠收納箱裡,瑪凱拉迅速把蓋子蓋上,然後把他放進車裡。「TRL 09-001,」娜塔莎說:「我們的第一位患者,小尼布斯……。」

我們達到這些女性和這隻擬鱷龜生命中的一個重要的里程碑。今天,她們認識最久的擬鱷龜將要重獲自由。

「大家準備好了嗎?」娜塔莎問道。

多年來,她們一直沒準備好。

一切要追溯到2009年的夏天,艾莉西亞還在美泰克工作,處理一通客服電話時,她第一次遇見尼布斯。她發現那間房子有一個設備完善的水族箱,裡頭養著三隻紅耳龜,但地板上卻擺著一個糟糕的塑膠鞋盒,裡頭放著一隻體型過小的一歲擬鱷龜,泡在低淺、骯髒的水中。屋主是在前一次夏末發現這隻剛孵出來的

擬鱷龜，就當成免費的寵物帶回家，卻提供了完全錯誤的棲息環境和飲食，唯一的食物就是乾燥的黃粉蟲。艾莉西亞說服屋主把擬鱷龜送她，她和娜塔莎立刻花了「我們根本沒有的200美元」買了一個151公升（40加侖）的水槽、燈具、加溫器、過濾器和食物。「尼布斯直到3歲半才開始吃得好，」艾莉西亞回憶道：「但他很有好奇心又很可愛⋯⋯。」

　　車程離烏龜救援聯盟總部不遠，艾莉西亞將車停在路邊。麥特扛起裝著尼布斯的沉重箱子往濕地走去。頂端有白花點綴的睡蓮葉，宛若地毯般向前伸展，猶如婚禮的走道。周圍迴盪著鵪鳥的歌聲，彷彿音樂煙火般綻放。麥特看見左邊的樹幹上，有另一隻擬鱷龜在曬太陽，就像在等待尼布斯的加入。

　　這是艾莉西亞和娜塔莎十分熟悉的地方。「我們在這裡已經彌補了許多錯誤。」艾莉西亞說道：「這裡是我們野放了無數幼龜的地方。」

　　「還有許多頭部受創的烏龜。」娜塔莎補充道。尼布斯的後代也是在圈養期間誕生的，他們也在這裡被野放。不過，尼布斯自己在烏龜救援聯盟已經待了12年。

　　「我們一直在討論野放他，」艾莉西亞說：「10年前，我們就承諾過要給他自由。我們最近一次討論野放他是在幾年前。」

　　麥特將裝著尼布斯的箱子放在池塘邊。一隻灰貓嘲鶇（catbird）鳴叫著，宛如在為他們加油打氣。但這件事實在是難以做到。

　　尼布斯先前擔任多年烏龜救援聯盟的龜大使，溫順、很習慣跟人接觸，小朋友們可以安心地觸摸他。「我們讓他在圖書館裡自由走動，小女生們會用手捧起他。」娜塔莎回憶道：「很多孩

子因此受到啟發與這隻烏龜互動，」艾莉西亞補充說：「這些孩子以前從未見過擬鱷龜，直到他們遇見了小尼布斯。」來自城市的孩子們覺得自己遇到了一隻友善的恐龍，而來自鄉下的孩子們則明白了，擬鱷龜並非惡狠狠的殺戮機器，如果不去騷擾牠們，牠們和其他烏龜一樣無害安靜。

然而，隨著尼布斯變得愈來愈大，如果他要被放回野外，也許應該給他一個機會「發掘出內在的擬鱷龜本性」。她們開始停止跟他定期接觸。

即便如此，尼布斯從未攻擊過任何人。我們曾看過他在烏龜花園裡，平靜地爬到瑪凱拉的腿上。但極少數情況，在工作人員把他從水缸裡抱起來時，他會張口大咬；在有食物的情況下，他則會猛撲和兇猛地噬咬。這種自然行為對野生擬鱷龜非常有利：通常，烏龜展示出強壯的下顎，就能明智地避免人從池塘抓起烏龜這種災難。儘管擬鱷龜的大部分食物來自植物和腐肉，但在缺乏足夠腐肉的情況下，牠們可能需要快速有效地捕捉青蛙、昆蟲、螯蝦和魚類等獵物。多年來，尼布斯顯然具備了在野外成長所需的所有技能、本能和健康狀況。

然而，艾莉西亞和娜塔莎並沒有將他野放。

麥特和我能理解這一點。烏龜救援聯盟在部分夏季忙碌不堪，緊急個案蜂擁而至，傷患在層層堆疊的箱子裡等待照護，能夠野放這麼多烏龜已經是奇蹟了。麥特和我可以想像，有些時候實在太忙，無法放生尼布斯，等到天氣變冷時，又已經太遲了。

但他們遲遲不野放，還有更深層的原因。放一隻心愛的生物自由充滿了不確定性，尤其是在這個充滿人為災害的世界裡：汽車、盜獵者、污染、魚鉤，甚至是帶著十字弓的殘忍人類，專門

尋找生物當目標⋯⋯。

難怪有些野生動物復育人士不參加他們所照顧的動物的野放活動。對他們來說，這太痛苦又太可怕了。野放的動物可能會遭遇可怕的事情。我的獵鷹教練南西・科恩（Nancy Cowan）第一次成功野放一隻康復的猛禽，一隻紅尾鵟（*Buteo jamaicensis*），牠才從運輸箱飛出不到一分鐘，就在她眼前被車撞死。我的一位鄰居曾從蝶蛹養大一隻帝王斑蝶（*Danaus plexippus*），經歷了同樣的事情：牠新長出的翅膀才剛乾透，還沒自由飛翔兩分鐘，就撞上擋風玻璃。而這些都是會飛的生物──不是那些以每小時4.8公里（3哩）的速度爬行，腦子甚至無法辨識迎面車輛動作的烏龜。

「野放」（Release）這英文詞的聲響裡面，就包含著失去的迴音。野放與失去都要求我們放手。在過去幾個月的疫情期間，我們都已經放手了太多：我們放手了日常生活，放棄了辦公室和教室，丟下了電影、餐廳、派對和表演，以及假期和聚會。數以千萬計的人辭去了工作。我們說了太多次的再見。

然而，心理學家常常告訴我們，在很多情況下，學會放手其實是一件好事。《消費者報告》（Consumer Reports）雜誌在一項調查中發現，由於疫情迫使人們放棄舊有的日常習慣，59%的人表示家庭對他們來說比以前更重要了。三分之一的雜貨消費者決定在家裡從零開始烹飪，58%的人發誓要更加照顧自己的健康。更多學生選擇進入醫學院就讀。聯合國的一項調查還發現，全球範圍內自願參與食物銀行、幫助老人或殘障人士的人數激增。許多人擺脫了疫情前的生活方式，重新發現了大自然的療癒力量，找到了新的工作方式，並重新關注社區與人際連結。

加州大學洛杉磯分校心理學家茱迪斯・歐洛芙（Judith Orloff）曾寫過一本名為《臣服的力量》（*The Ecstasy of Surrender*）的書，探討她所稱的「在適當時刻放手的優雅」。這種優雅常被視為成功老化的祕密。隨著年齡增長，許多人絕望地抓住消逝的體力、衰退的記憶、減弱的肌肉張力和皮膚色調，還有我們文化所認定的美的特徵，以及那些年輕時未曾選擇的機會。臣服——或者說釋放——有時可以視為生命中的第二次機會。歐洛芙提到，在梵文中，「臣服」（prandidhara）這個詞與「奉獻」是同一個詞。

對於野生動物復育人士來說，將動物放回野外是最終的奉獻行為，但這一刻總是苦樂參半。我們就在前一週見證了這樣的時刻，那是在世界烏龜日（按：每年5月23日）的前一天，當時我和麥特參加了11隻擬鱷龜寶寶的野放活動。這些擬鱷龜都是來自麥特發現的蛋，地點在他長大的城鎮，這是他和父親從他10歲那年開始保持的傳統。「在我們以前常去釣魚的池塘，」他的父親大衛告訴我：「我們看到有個人發現了一整窩擬鱷龜蛋，便把蛋挖出來打破。他說這些擬鱷龜會殺死鵝。我對麥特說：『明年我們得比那個人早來。』」之後的每年春天，他們都會救出這些蛋，將它們移到裝滿沙子的花盆裡孵化。

今年，麥特將蛋交給了蘇西・史畢科（Susie Spikol），她是我們當地自然中心——哈里斯保育教育中心（Harris Center for Conservation Education）的一名自然學家兼教育工作者。這些幼龜是在她位於漢考克的家中孵化的，她隨後將它們分給哈里斯中心的其他自然學家，遵循新英格蘭動物園的孵化和龜類保育計劃（Zoo New England's Hatchling and Turtle Conservation Through

Headstarting，HATCH）制定的守則，讓他們在幼龜成長的第一年照顧牠們。儘管這種「搶先培育」計劃（Headstarting）有一些批評的聲音，例如大衛·卡羅擔心這一年會剝奪幼龜在野外漫遊和劃分領地，但由於全球各地烏龜面臨的生存危機，現在已經證實這項做法利大於弊。「搶先培育」能在幼龜最脆弱的時期得到保護，等體型大到讓許多掠食者難以對付時，才會被野放。新英格蘭動物園對瀕危流星澤龜的研究顯示，搶先培育能使烏龜的存活機率提升高達30倍。

那個6月陽光明媚的週六，我們齊聚在麥特和艾琳家的草坪上。露西仍在天使紀念醫院，但派特森家的其他烏龜都現身了：艾迪在草坪上自由漫步，而小巧的赫曼陸龜（*Testudo hermanni*）吉米則與艾迪形成了強烈的體型對比；三趾箱龜和四爪陸龜則在各自的戶外圍欄裡迎接熱切的訪客。每個家庭都帶著他們養的擬鱷龜來，有些放在水桶裡，有些放在紙箱裡，還有些放在塑膠箱裡，擁有毛毛、凸凸、熱可可、怪癖和波波之類的名字，還有幾隻叫鱷鱷。

「這就像是烏龜家族的大團聚。」麥特說。

但這一天的意義更為重大，因為這些擬鱷龜即將展開野外生活，孩子們和他們的家庭會與這些在疫情肆虐的一年，帶來無數歡樂的動物道別。

我們全都擠進車裡，前往那座池塘，孩子們和他們的父母在池塘邊緣散開。有些人走進了深及腳踝的泥濘裡，有些則站在乾燥的地面。但無論是哪種情況，他們都在尋找有緩坡和水生植物，讓幼龜們能夠躲藏的地方。每隻龜就像每個孩子一樣，行為各不相同。

有一隻幼龜似乎很滿足地坐在水裡，旁邊則是飼養牠的小女生。「我可以餵牠一些草嗎？」小女孩問道。「不行。」她的媽媽回答：「餵牠們的時光已經結束了。牠們的爸爸媽媽住在這個池塘裡。」小女生的下唇顫抖了起來。

　　另一位7歲的男生目不轉睛地看著他野放的三隻幼龜，牠們迅速地鑽入池塘柔軟的泥底。儘管他已經看不見那些幼龜了，男生卻不願意離開。「我真希望我能確認牠們。」他說。

　　9歲的泰迪和5歲的佩妮一起養大的兩隻擬鱷龜中，泡泡（Puffy）比較害羞，當佩妮打開手掌時，牠像箭一樣迅速游開了。然而，鱷鱷則在泥灘岸上，坐在泰迪身邊的整整一分鐘才游走。接著，牠做了一件艾莉西亞和娜塔莎在之前的野放中偶爾會看到的事：牠稍後又回來了。距離岸邊大約30公分處，牠的後肢的黑色小爪子微微碰觸著池塘的沙底，鱷鱷停了下來，從水中抬起頭，直直盯著泰迪的臉。小男孩道別時，淚水順著他的臉頰滑落。最後，幼龜終於游走了。

　　「很**驚訝**大家和這些烏龜的羈絆竟然如此之深。」蘇西事後表示：「我很高興孩子們有這樣的機會，他們小小的心靈對這些生物完全敞開！」

　　見證孩子們野放他們養的烏龜是件美事，但正如蘇西承認的那樣：「那天掉了很多眼淚。」連她那勇敢的10歲兒子大衛也哭了。

　　如果孩子們覺得放走「他們的」烏龜是如此困難，那麼對娜塔莎和艾莉西亞來說，要與生活並愛護了12年的尼布斯告別，會是多令人心碎的事啊！尼布斯不僅是家人，更是工作夥伴，甚至是她們的靈感來源。

13. 甜蜜的野放

「我們一直把他視為烏龜救援聯盟的創始成員之一。」娜塔莎說。

「如果沒有尼布斯,我們可能永遠不會創立烏龜救援聯盟。」艾莉西亞同意道:「我們對擬鱷龜了解愈多,就愈想幫助他們⋯⋯。」

艾莉西亞打開箱子的蓋子。「嘿,寶貝。」她問候尼布斯,聲音有些緊張。隨後,她對娜塔莎說:「你想一起來嗎?」

兩名女子各自將手放這隻大龜身上,將他從箱子裡抬起來。尼布斯激烈掙扎並亂咬著。「哦,寶貝。」艾莉西亞輕聲吟唱。「來吧,」她說,將他放在她和娜塔莎之間的地面上。「一切都是為了你,親愛的⋯⋯。」

當他的腳觸地時,尼布斯突然靜止不動,探出頭來。「這是什麼?」娜塔莎想像尼布斯的想法說:「泥土在我的腳上?」

她們都在哭。「我們已經為這次野放做了多年情感上的準備。」艾莉西亞說:「他非常重而且很健康⋯⋯」

兩位女性轉向彼此並接了吻。「我們是在跟一個再也見不到的朋友告別。」娜塔莎啜泣著說。擬鱷龜通常大部分時間都潛藏在水中,即使娜塔莎和艾莉西亞再去尋找他,也很難再看到他。

但此刻,尼布斯仍然靜止不動,伸長脖子,彷彿停在安全與舒適的舊生活,與充滿冒險和自由的新生活之間的瞬間。「我們給他一點空間,」艾莉西亞哽咽著說:「他擔心我們靠得太近了。」她們向後退了三步。

這隻大擬鱷龜慢慢地向水邊前進。「他一定會喜歡上他的新家。」娜塔莎輕聲說。對著烏龜,她又加了一句:「去震懾這片沼澤吧!」

「大家都覺得他是最美的烏龜。」艾莉西亞回憶道。她依然能聽見孩子們第一次近距離看擬鱷龜的聲音：「『看看他尾巴上的凸起！』、『看看他脖子上的旋轉紋！』、『看看他的後腿——他看起來像穿著雪褲一樣！』。」

尼布斯用力地鑽進一根倒下的樹木下，消失在泥濘和暗色的雜草之中。但娜塔莎仍能聽到他移動的聲音。

「我喜歡聽到那股力量。你可以聽見那根倒下的木頭在吱吱作響。他以前總是鑽進他的小沙盒裡，只露出他的鼻孔……。」

娜塔莎閉上了眼睛，沉浸在她的記憶裡，沉浸在沼澤的聲音裡，也沉浸在這一刻和這個地方——理所當然，在她的幫助下——擁有了一個她永遠不會再見到的朋友。我問她此刻的感受。

「我感受到了圍繞著鳥鳴和蛙叫的寧靜。」她回答道。

「所有的對話，」艾莉西亞補充說：「我們無法理解的對話。」

毛毛細雨開始飄起，我們轉身離開濕地。這場雨像是一道布幕，從我們與這隻龜的生活之間徐徐降下，彷彿一齣戲劇的一幕即將落幕。

消防隊長的後腿現在變得更強壯了，不再拖著走，在每一步都正常運作。他甚至開始使用他的尾巴——如果他找到伴侶，尾巴是在野外必須用到的工具，尾巴也在翻身時至關重要。「當牠們翻正的時候，」娜塔莎解釋：「就像一個開瓶器一樣：先是頭，再是前肢，最後尾巴完成整個過程。」

在忙於救援和野放行動之餘，我們會將消防隊長從他的水缸中帶出來，讓他在烏龜花園裡自由漫步。我們把他的輔具留在

一旁，因為他的後爪在草地和泥土上不會像在硬質地板上一樣打滑。其他的擬鱷龜通常會加入隊長：雪球現在變得活躍了，食欲旺盛，她歪斜的頭不再明顯；小荳蔻（Cardamom），一隻深色的擬鱷龜，曾和一個囤積症患者生活了15年，餐餐熱狗導致肥肉堆積，預計在今年夏天野放；銀背（Silverback），一隻年老又攻擊性強的擬鱷龜，重量超過18公斤（40磅），龜殼和骨板上覆蓋著青苔，喉嚨上的傷口痊癒了，但留下了一個小洞；還有一隻黃色的矮小擬鱷龜，擁有金色的眼睛，2013年孵化於此處，他的下巴需要好好修剪，改善下顎前突（underbite）的問題。本來他的名字叫老虎，但因為他幾乎像香蕉一樣黃，再加上他那可愛的氣呼呼表情和獨特的站姿使我們聯想到一位我們最愛的演員，所以我們替改名叫香蕉尼・狄維托（Bananny DeVito）。

在所有的擬鱷龜當中，消防隊長無疑是最活躍的。他在奧林帕斯山爬上爬下，自如進出設有小瀑布的小池子，還在隧道內探索。

他沿著圍欄的周邊巡邏，不時停下來，吸著氣味取得世界的新消息。有一天，我們看到他下顎垂下，張口結舌了整整45秒。這並不是打哈欠，否則我絕對會注意到。在我和麥特看來，這更像是一首無聲的歌，一種懇求：「我想要⋯⋯我想要！」

我們人類和這隻大烏龜有著相同的渴望。我們每個人都渴望解脫：從緊抓著我國不放的對立憤怒解脫；從阻礙對抗氣候變化行動的貪婪解脫；從再一年新冠疫情所帶來的限制和危險解脫。

「我真希望他能再次稱霸整個池塘！」我對麥特說。

「我也希望他能得到自由。」麥特說道。消防隊長停下腳步，我們輕撫著他伸長的頭部。「但我不希望他靠近車輛。在

六十年裡,他只有過糟糕的一天——糟糕的一分鐘!還不到一分鐘!看看對他造成了什麼影響。」

我不禁打了個冷顫。「我根本不敢去想。」

但我們不得不思考這個問題。烏龜救援聯盟每天都在面對這個世界粗心的殘酷。

「昨天真是糟糕透頂。」艾莉西亞嘆息著。那時我們再次聚在烏龜花園裡,帶著消防隊長和他的擬鱷龜夥伴們一起運動。「讓瑪凱拉來說吧。」

「就這麼說吧,壓力大到智慧手錶都顯示我消耗了2千多卡路里。」瑪凱拉說道。

那糟糕的一天從早上7點半開始,瑪凱拉正從她位於羅德島的家趕往烏龜救援聯盟的路上。她前面的車撞到了一隻兔子。「那隻兔子遭到強烈撞擊,力道大到連她肚裡的**寶寶**都噴出來,灑得整條路都是。」瑪凱拉說道。

瑪凱拉把她2006年款的雪佛蘭Cobalt停到路肩。還有一隻小兔子活著。瑪凱拉用毛巾把牠包起來,急忙趕往烏龜救援聯盟,而娜塔莎則著手聯繫復育人員,看看誰能幫忙照顧這隻早產的棉尾兔孤兒。

娜塔莎在門口迎接瑪凱拉。她已經為小兔子準備好了蓬鬆的毛巾和溫暖的保溫箱。然而,當她們還在安排與復育人員會面的地點時,這位小小的病患已經停止了呼吸。

瑪凱拉還沒來得及喘口氣,她們就接到了一個來自春田鎮的電話。那裡正在抽乾一座81公頃(200英畝)的湖泊群,這是一項修復大壩的防洪工程。來電的女性通報說,到處都有擱淺的烏

龜：錦龜爬上人行道，擬鱷龜走到馬路上，還有一些在愈來愈淺的池塘裡掙扎著，試圖逃離正在抽水的水域。瑪凱拉盡她能力救一隻是一隻。

「所以我50分鐘後趕到了，」瑪凱拉告訴我們：「路上有一隻錦龜，車流不斷湧來。我只能跑過去，大喊：『停車！！！』」

第一輛車避開了錦龜，但第二個司機開著卡車，甚至沒有減速──「不為我，也不為錦龜。」瑪凱拉說。他殺死了牠。

瑪凱拉回過頭來查看四周的慘狀：10幾隻以上被壓扁的烏龜散落在路邊，大多數是錦龜，但也有幾隻是擬鱷龜。至少有20隻擬鱷龜正準備穿越馬路，逃離逐漸乾涸的水域。

「我巡視了一個區域，他們都從同一個地方穿越。我距離那裡90公尺左右，看到路上有一隻擬鱷龜，一輛巨大的卡車正衝過來！當時我正在和娜塔莎講電話，連電話都沒掛，我一邊尖叫著『不──！停車！』，一邊衝向卡車。」

卡車司機停了車。等瑪凱拉趕到他面前，司機已經下車並帶著烏龜穿過了危險的馬路。

但這位好心人把烏龜帶錯方向。「他把烏龜往護欄往外丟，烏龜掉到灌木叢中──讓牠回到了牠想要逃離的水域！」瑪凱拉沮喪地說道。一旦烏龜消失在水中，她再也無法找到或救援他了。

接下來，瑪凱拉發現還有五隻擬鱷龜正準備過馬路，而且更多烏龜接踵而至。在此同時，娜塔莎打電話給艾莉西亞，兩人一起出發趕到瑪凱拉那裡，車裡裝滿了運輸箱和水桶。瑪凱拉看到一隻錦龜已經到了路邊，準備過馬路。「車都不會停下來。他們

根本不在乎。我今天受不了再看到動物被撞了！如果真要撞到什麼東西，」她決心堅定地說：「那將是我。」

她及時趕到了錦龜那裡，並繼續在路上巡邏。

娜塔莎和艾莉西亞很快趕到了現場，現在艾莉西亞接著講了接下來的事情：

「我看到瑪凱拉在撿一隻大烏龜。我看到這裡有一隻，那裡也有一隻。我像麥特．派特森一樣脫下鞋子。到處都是垃圾，玻璃碎片。一隻烏龜卡在輪胎旁邊，另一隻在瀑布旁邊。到處都是烏龜！他們驚慌失措——水位正在下降，他們都要瘋了！水位比岸邊還低了，已經下降了6公尺（20呎）。我們都在抓這些又大又兇的擬鱷龜。我赤腳踩在冰冷的石頭上，將烏龜扔給瑪凱拉和娜塔莎，她們迅速把他們放進桶裡。現在我放了兩隻烏龜到每個桶裡。否則，烏龜會在瑪凱拉的車裡到處爬。最後我們救出了十五隻烏龜…除了兩隻錦龜和一隻小擬鱷龜外，其餘的很可能都是非常高齡的動物。」

「我們全身都濕透了。我們開了5到7公里（3～4哩）——瑪凱拉的後車廂裡有兩隻烏龜在到處爬——到了另一片濕地，把15隻烏龜卸下。我們又回到那邊，我已經站在水裡，水深及腰，腳在泥巴裡摸索著擬鱷龜。我抓起一隻，發現他們疊成了兩層。」

「現在我們已經救了22隻烏龜。當地人看到一群女生站在人們當作垃圾場的水裡，不明白我們在做什麼。有個人說：『他們抽乾這裡的原因是太髒了。毒蟲都把針頭丟在這裡！』」

「幸好擬鱷龜不具攻擊性。」麥特說：「他們在水裡不會咬人，但針頭會。」

「所以我的腳被割傷了，因為我站在垃圾河裡，」艾莉西

亞說：「我聞起來像擬鱷龜的屁眼。我看到一個尾巴從輪框露出來。等一下——輪框可沒有尾巴！瑪凱拉把烏龜拉出來遞給我。現在有23隻烏龜了！」

他們將這些烏龜載到不同的濕地，儘可能遠離道路，並確保這些水域不屬於預定抽乾的池塘群。艾莉西亞說，至少有15隻烏龜超過50歲；有些甚至可能已經活了一個世紀。「如果其中有任何一隻老傢伙到我的診所，而我救了他，」她告訴我們：「我都會覺得棒透了。而我們那天居然救了23隻烏龜！」

「在第六次救援之後，」瑪凱拉說：「終於讓我覺得抵銷了所有的死亡。」

即使那天我和麥特離開後，這次救援的畫面依然深深印在我的腦海中。當然，我腦中浮現了那些絕望的烏龜和那些粗心的駕駛們。而我也很容易想像到勇敢堅強的艾莉西亞，無所畏懼地涉入骯髒的水中，以及強壯有耐心的娜塔莎，溫柔地從艾莉西亞手中接過那些焦躁的大烏龜。但對我來說，最讓我難以忘懷的畫面是那個瘦小、害羞的瑪凱拉，一個剛剛脫離青少年時期的年輕人，大聲喊著「不——！停車！」，毫無畏懼地全速往前衝，張開雙臂，將那些捲入人類喧囂和急速生活、無法選擇的受害者們，從危險中救出。

我心想，這正是對抗這個世界的殘酷的方法。這就是我們從自己絕望的困境中獲得解脫的途徑。

某個陽光明媚的夏日下午，又是一場擬鱷龜盛會：當雪球在其中一條隧道中悠然穿梭，香蕉尼狄維托則把自己埋在落葉堆裡，消防隊長則朝奧林帕斯山的陡坡上爬去，目標是小池子和它

的瀑布。雖然他的步伐比以前更強健,但仍有些左右搖晃。

當他接近頂端時,搖晃了一下,然後翻倒了。

消防隊長翻倒在地上,四腳朝天。

這隻大傢伙像是痛苦地扭動著。其實他並不痛苦,這是烏龜正常翻回來的方式,但讓人看了很心疼。他彎著強壯的脖子,試圖用頭把自己推向某一邊,尾巴也隨之掃向那一側。然而,大約2秒鐘後,他突然停下來——或許是因為他看見他的「工作人員」就在附近,相信我們會幫助他。麥特和我立刻上前,將他翻回來。

「或許我們應該故意把他翻倒,讓他練習使用他的尾巴。」麥特提議。我們意識到,消防隊長如果要被順利野放,必須具備自我翻身的能力。烏龜如果翻倒太久,恐怕性命難保。有些烏龜和陸龜論壇聲稱,如果烏龜長時間處於這種姿勢,其他器官的重量最終會壓碎肺部。這種說法對某些加拉巴哥象龜肯定不適用,因為在達爾文時代,他們經常在島上被綁架,然後倒扣在船艙裡好幾個月,不給食物和水,等待被宰殺成為船員的食物。然而,一隻翻倒的烏龜如果沒先被掠食者或螞蟻咬死的話,在陽光下曝曬過久,可能會因中暑而死。烏龜明白這一點,所以當雄性爭鬥時,他們會試圖把對方翻倒,這是一種決定性的勝利〔許多陸龜的腹甲上都有特別的隆起,以便在戰鬥時使用。例如,馬達加斯加的安哥洛卡象龜(*Astrochelys yniphora*)就是因為腹甲上的突出物而得名,這個突出物正是為這種用途而設計的〕。其他烏龜也意識到同伴被翻倒的困境,有些會衝上前去幫忙。網上有許多影片顯示圈養的烏龜和陸龜幫助被翻倒的同伴翻回來。

「這對他們來說真的很有壓力,」艾莉西亞說:「披薩俠每

次被翻倒時都會緊張到把自己弄得滿身大便。」（這可能是他們在野外演化出來的適應方式，用糞便覆蓋自己，或許能讓掠食者失去興趣）。

想到消防隊長可能會被困在翻倒的狀態，讓我和麥特感到非常恐懼，我們根本無法忍受再等看看他是否能自己翻身。麥特的建議很明智，但即使當成物理治療的一環，故意把我們的朋友翻倒也讓我覺得噁心。

「我不認為我能忍受這麼做。」我坦承。

「我也無法。」麥特承認。

「他在野外必須能夠做到這一點，」我責備自己說：「我們不能放他自由，除非我們確定他能自己翻回來……」

「嗯，」正在露台上觀察的艾莉西亞說：「他還真的沒準備好。他的確有進步，狀況也改善了。但他的腿和尾巴還是無法正常運作。他現在還不適合——或許並非永遠都不行，但肯定不是今年夏天。」

我和麥特不知道該覺得挫敗還是鬆一口氣。消防隊長重新稱霸池塘是他應得的。我們希望他在今年夏天的每一天都能在戶外度過，而不只是我們帶他到烏龜花園散步的那幾小時。我們很不忍心想到他被侷限在那個儲水槽裡，再次度過漫長而黑暗的冬天——這就像將一個人關在狹小的房間裡數月之久。然而，每一隻送來、被輾碎等待修復的烏龜都在提醒我們，一輛車在車流繁忙的道路上只需一秒鐘，就能終結一個應該活半世紀、一整個世紀甚至更久的生命。消防隊長需要徹底康復，才能在野外擁有最高的生存機會。

即便如此，可能還是不夠。

世界龜

13.

甜蜜的野放

14.
重啟龜生
Starting Over

流星澤龜

　　我和麥特的腳埋在軟爛的泥濘中,褲子和襯衫浸滿棕色的水,我們正在這個小廚房大小的池塘摸索,以手指在布袋蓮粗糙、海綿狀的根部下方,尋找躲藏起來的烏龜,他們滑溜、堅硬的殼。

　　現在是7月,多虧了疫苗,新冠病例、住院人數和死亡人數急遽下降,我們回到南卡羅萊納州,探訪克里斯、克林頓以及我們在龜類存續中心的其他朋友。儘管人類世界陷入混亂,但對於這裡瀕臨絕種的烏龜和陸龜來說,這卻是個好年頭。羅地島蛇頸龜的幼龜,如今可以自行破殼,以前克里斯還必須親手幫牠們破殼(「你得在蛋殼上鑿個小洞,盡量不要刺穿蛋殼膜,看看能不能在裡頭找到眼睛,看小龜是否已經醒來」)。今年目前為止,這裡的烏龜已經產下超過250顆蛋。「很驚人,尤其想到這些物種很多一次只產2到3顆蛋,或4顆蛋。」克里斯提醒我們。例如餅乾龜(*Malacochersus tornieri*)通常只產

下1顆蛋。而我們的兩位朋友也升職了：克里斯現在是中心的主任，而克林頓則是館員。

我們一抵達不久，我和麥特便沉浸在這些瀕臨絕種烏龜的世界——不誇張。

我們與國際龜類存續聯盟飼養員瑞秋‧哈夫（Rachael Harf）和凱莉‧柯瑞爾（Kelly Currier），以及實習生蘿倫‧歐特尼斯（Lauren Otterness）和莉莉‧柯克派崔克（Lily Kirkpatrick）一起進入了中心的其中一座戶外池塘，而克林頓則指導我們「到處摸索，直到摸到一隻烏龜，然後抓住牠。」

我們很快發現，除了烏龜，水中還有許多其他生物陪著我們。我跳進了深度及腰的水中，才不到一分鐘，眼前忽然冒出了一顆黑色的小腦袋。這是一條水蛇，牠的表情看起來和我一樣驚訝：「你怎麼會在這裡？」雖然被這種蛇咬傷並不危險，但我們被警告水中可能也躲著銅頭蝮（按：*Agkistrodon contortrix*，是一種毒蛇）——但沒人說該怎麼處理這種情況。魚、螯蝦和一些大型跳蛛也與我們共處在這片池水。不過，這座池塘裡應該還有26隻重約450公克（1磅）、極度瀕危的黑頸烏龜（*Mauremys nigricans*），這些烏龜的自然棲地現在僅限於中國的兩處地點，可能還有一處在越南。

麥特則得心應手：他赤腳還渾身爛泥，每隔幾秒就抓到一隻烏龜，有時候他雙手各拿一隻。十分鐘內，我們的團隊就抓到了全部26隻烏龜，接著我們替他們秤重、測量、檢查健康狀況。將更新的資料輸進電腦系統後，我們把他們放回池塘中，讓他們繼續成長茁壯，好繁衍更多龜子龜孫，最終返回野外。

我們在另一個水塘重複相同的動作，接著前往一個更大、更

有趣的池塘。這個池塘大約有半個籃球場大小，裡面棲息著9隻屬於兩個不同物種的烏龜，水呈現咖啡歐蕾色。其中包括馬來西亞巨龜（*Orlitia borneensis*），這是世界上最大的硬殼淡水龜之一，龜殼可以長到61公分（2呎）以上。

「沿著池塘邊緣摸摸看有沒有洞，」克林頓指導我們：「把手伸進去，看看能不能找到烏龜。」

將手伸進黑暗的洞裡──裡面可能藏著一隻理應憤怒、或許有毒、還可能咬人的小生物──一直是我被叮嚀要避免的事。這可能是我在多年遊歷沙漠和雨林、潛水穿梭於鱔鰻、火珊瑚和有毒的石頭魚之間，仍然平安無事的原因之一。麥特也被他的媽媽和妻子這樣警告過（但他的爸爸沒有──在麥特小時候，他爸爸曾倒抓著他的腳，讓他能從鱷魚洞中撿起一隻**麝香龜**來觀察）。被要求做相反的事情讓人感到一種奇妙的解放。我信任克林頓，愉快地照著他說的做；而麥特則是滿心雀躍。

克林頓建議，特別適合尋找烏龜的地方，是水深超過我頭頂的深坑。他指出，這裡以前是名叫霍比（Hopey）的鱷魚喜愛的冬眠地。

「為什麼他叫霍比？」我問道。

「意思是『希望他別咬我』。」克林頓答道。

「他離開了吧？」我問。（確實離開了──在國際龜類存續聯盟進駐之前，霍比就被送到了一個公共的爬蟲類展示區。）

麥特在摸索時從其中一個洞裡拉出了一隻死老鼠。瑞秋被一條跳躍的魚擊中了臉，後來還從脖子上扯下一隻水蛭。而我探索較淺水域的洞穴，只找到了香蕉皮。於是，我游向麥特所在的深水區，靠近霍比老巢旁的樹倒之處。

麥特突然往前撲，濺起泥濘的水花噴到他的嘴巴。「賽！抓住他！」他喊道。啊？在哪？某個又大又硬的東西猛然撞上我的左大腿，隔天留下一塊10公分（4吋）大的紫色瘀青。麥特最後抓住了他：我們發現的這隻大烏龜，目前重達16公斤（35磅）——而且他有望長到45公斤（100磅）。

「你能想像和消防隊長一起在池塘裡會有多好玩嗎？」麥特對我說。

我們互相看了一眼，異口同聲地脫口而出：「我們可以和他一起*游泳*！」我們可以戴上面罩和呼吸管，與消防隊長一同分享他在水中的優雅與榮耀——不再是在陸地上掙扎，不再是游兩下就撞上塑膠儲水槽的邊緣，而是無重力地在水中穿梭。我們想像著，看他先展開一隻巨爪的向前推進，再換另一隻，然後將蹼狀的後腳當推進器般使用，恢復自由與力量。我們可以真正進入*他的*世界，而不是幫助他從我們世界的殘酷中康復。要是他再能擁有一座池塘就好了⋯⋯。

整個夏天以來，我們心中悄悄地孕育著某個想法。但因為太過渴望，所以還不敢說出口。

夏天似乎飛逝即過，一如既往有許多值得慶祝的事情：刮痕已經完全康復被野放，歐薄荷踏雪靴回到了她的池塘，儘管蘇格拉底去世了，他的後代卻在母親被野放的同一天與她團聚了。元氣、特別和蒸氣龐克的情況顯著改善，數百隻孵化的幼龜和數十隻康復的患者得以重返自然。北美木雕龜雷夫去了繁殖中心；珍的妹妹從烏龜救援聯盟領養了兩隻陸龜，一隻四爪陸龜，她替它取名為萊卡，還有一隻蘇卡達象龜的幼龜，名叫瑪克辛——她最

後會長到比這位女士還重。

托靈頓築巢地創下了破紀錄的數字──68隻錦龜、47隻北美木雕龜、36隻流星澤龜和7百65隻擬鱷龜，使自2009年以來成功孵化的幼龜總數達到4千1百78隻。艾蜜莉正在提前飼養8隻錦龜，珍也是（她還從麥特的一位朋友那裡領養了一隻頗具魅力的四爪陸龜，取名為戴奧尼索斯），並飼養了3隻流星澤龜寶寶。更多的錦龜寶寶則會交給哈里斯中心的蘇西·史畢科，由她分送到各個教室進行搶先培育。讓我驚訝的是，我丈夫也同意在我們家裡飼養四隻2.5公分（4吋）長、體型偏小的錦龜寶寶。

在霍華還來不及反悔之前，我急忙開車到半小時車程的寵物店，買回了價值超過2百美元的設備：全光譜燈、保溫燈、保溫器、過濾器、溫度計、飼料、漂浮曬台和一個1百51公升（40加侖）的塑膠水缸。

「我以為牠們只要待在水桶裡就行！」我丈夫想起麥特給蘇西的擬鱷龜蛋，驚訝地喊道。不過，霍華很快愛上了這些**寶寶**，並幫我為他們取名：最小的叫秀拉（Seurat），以點描畫派畫家命名；最大的叫波納爾（Bonnard）；還有兩隻同樣大小的，一隻叫莫內（Monet，他熱愛睡蓮），另一隻叫馬內（Manet），這位當代畫家深深影響了莫內的作品。

一開始，我很害怕他們會死。我很擔心他們不吃東西，很擔心他們會溺水。我驚恐地記得烏龜救援聯盟裡，一位朋友的寵物紅耳龜故事：那隻成年的烏龜在水裡被卡住，一隻爪子掛在過濾器的格子上，在水族箱的安全保護下喪命。不過這樣的事並沒有發生。每天早上，當我打開他們的保溫燈時，我看到他們忙著游泳、探索水箱的石頭底部、好奇地在楓葉之間探頭探腦（後來我

改放模擬睡蓮的萵苣和羽衣甘藍)。不久之後,他們開始以爬蟲類風格貪婪進食。他們展現出自信,是經過持續的史前演化所鍛鍊出來的,飢渴地擁抱這個奇妙的世界。

但對我們人類來說,一切都處於令人不安的變動之中。就在新冠疫情似乎減緩時,一種傳播力比Alpha變異株高出60%的新變種,到8月時已成為全球最主要的病毒株。在持續近兩年、終點似乎遙不可及的疫情壓力下,人們的反應變得前所未有地激烈,酒駕、路怒症、針對醫護人員和學校董事會要員的肢體威脅和襲襲,以及憂鬱、輕生和藥物過量的比例驟升。即使是戴口罩的簡單要求也能引發怒火:人們對餐廳服務生怒吼,甚至在飛機上打斷空服員的牙齒。陷入疫情的情緒持久戰中,人們稱自己卡在一個沒有快樂、精神上的悲慘世界,在恐慌和抑鬱之間游離。正如心理學家亞當・格蘭特(Adam Grant)在《紐約時報》所寫的,這種狀態被稱為「萎靡」(languishing)——一種漫無目標的停滯和空虛感。「這可能是2021年的主導情緒。」他斷言道。

麥特和艾琳也處在他們特有的停滯狀態中。他們厭倦了鄰居把自家院子當作射擊場整天開槍,也受夠了對街鄰居否認納粹大屠殺的叫囂,所以在他們那一區被醜陋的新住宅建案淹沒之前,趁夏天賣掉了位於新伊普斯威奇的房子,暫時借宿在朋友家的加蓋小屋中。他們正在歷年來最緊繃的房地產市場中,在新的城鎮上尋找新家。

現在,突然就到了11月。寒冷而晴朗的星期五,我們八個人站在烏龜花園裡,圍著一個91.5公分(3呎)見方、91.5公分深的坑。娜塔莎和艾莉西亞、瑪凱拉和安笛,麥克・亨利和他的未婚妻瑞秋,還有我和麥特,再次聚集在這裡安葬逝者。

與以往參加的葬禮不同，這次僅爲少數幾隻特別的龜舉行——他們曾被收養被愛護過。他們之中的一些遺體在烏龜救援協會的冷凍庫裡已經存放了數月，等待著牠們的主人準備好告別的那天。而今天就是那一天。

　　首先是黃腿象龜（*Chelonoidis denticulata*）蘿西。她病了六個月，直到聯盟的一位成員堅持請她的主人帶她來接受協助。艾莉西亞告訴我們，她到達烏龜救援協會時「如同一個空殼」。她立即就被診斷出有肺炎，並開始接受靜脈注射和抗生素治療，但當時已經太遲了。蘿西只撐了24小時。她的死原本是一場可避免的悲劇；就像烏龜救援聯盟的所有死亡一樣，讓人十分痛心。然而，她的離去還不如接下來將被麥克和瑞秋所安葬的糖錐（Sugarloaf）來得難以面對。

　　4年前，當麥克從艾莉西亞和娜塔莎那裡收養錦龜糖錐時，烏龜救援聯盟也因此多了一位最熱忱、最有成效的支持者。我們的朋友羅賓漢——那隻脖子插著箭的大擬鱷龜——只是數十隻受惠於麥克救援的烏龜之一。「所以，糖錐用那種方式救了很多其他的烏龜。」娜塔莎告訴我們。

　　「她改變了我的人生。」麥克後來告訴我。

　　麥克對糖錐疼愛有加。「在先前被圈養的18年裡，」娜塔莎說：「她從未受過適當的照顧，直到麥克認養她後才有所不同。她的顏色變得鮮豔，個性也逐漸展露。我從未見過如此漂亮的龜。」確實，當麥克打開布包，取出她冷凍的身軀時，儘管已過世九個月，糖錐仍舊看來生氣勃勃——眼睛睜開、龜殼閃亮，前腿似乎隨時準備邁步向前迎接我們。沒有人知道她爲什麼會死，也沒有人知道她的年齡。沒人知道在麥克的照料之前，她是否已

有某種影響壽命的狀況。

艾莉西亞請麥克說幾句話,但他正在啜泣。「我有很多話想說,」他哽咽著告訴我們:「但我說不出來⋯⋯。」

我們都知道,有些人可能無法理解麥克的悲痛。許多人會將他對糖錐的愛視為擬人化的產物:將人類的情感投射到非人類動物身上,因為我們希望牠們愛我們,所以我們才愛牠們。

「我們確實很難解讀和理解某些動物的行為,例如:爬蟲類。」喬治亞州立大學(Georgia State University)的演化生物學家戈登・舒特(Gordon Schuett)承認。但他稱這種態度為「溫血沙文主義」(warm-blooded chauvinism)、「天真或無知」,「一種智力上的貧乏」。

一些人,包括一些科學家,認為爬蟲類沒有社交關係,有些還聲稱爬蟲類缺乏個性或情感。然而,研究正逐漸推翻這些懷疑論。舒特在2021年學術著作《爬蟲類的秘密社交生活》(暫譯,*The Secret Social Lives of Reptiles*)前言中寫道:「爬蟲類在許多方面與哺乳類的心理和行為截然不同,但牠們與哺乳類和鳥類的相似之處遠超過我們原本的認識。」

書中發表的研究敘述了雌性黑響尾蛇之間如何建立友誼;在泰國,巨蜥如何學會故意嚇唬小吃攤前的遊客(尤其是女性和小孩),以利他們迅速搶奪食物;以及黃頭側頸龜(*Podocnemis unifilis*)母子如何在孵化前後相互呼喚——並在遷徙時再次互相呼喚以便一起離開。我們不僅要承認爬蟲類的個性,還要再進行深入探討,這是非常重要的科學課題,因此新英格蘭動物園正進行野生箱龜的研究,找出害羞或大膽(帶著無線電設備的野生龜在被人處理後,從龜殼中探出頭的時間來衡量)如何影響活動範

圍、成長速度和壽命。

從演化的角度來看,像個性這種複雜的東西不該只在人類身上演化。能夠辨認並與那些直接影響自己生活的獨特個體,進行有意義的互動,對生存的價值難以否認。而糖錐無疑就是其中之一。

「她知道我們有多愛她。」麥克聲淚俱下。稍後,等情緒稍微平復後,他和我說他是如何知道這一點的。糖錐顯然認得麥克和瑞秋,當他們靠近時,她會從曬背台跳下,游到她寬敞水箱的前方,載浮載沉。麥克起初認為這是「烏龜的討食動作」。但由於麥克主要在家工作,有機會仔細觀察她數千個小時(「養了她之後,我幾乎不再看電視」),他也開始注意到其他行為。

其中一個行為是一個她自創的遊戲。「餵食就是餵食,但紅甜椒不一樣,」他解釋道:「黃色和橙色不重要。」給糖錐這種食物,而且只有這種食物的話,她的行為明顯不同。她會咬住甜椒並靜止5到10秒,然後轉身面對麥克……「接著,砰!她便游到對面。但如果我不看她,她就會朝我游回來,好像在說『嘿,你看……我還沒吃唷!』」麥克和瑞秋稱之為「追逐甜椒遊戲」。這隻烏龜的行為就像搶襪子的狗狗一樣,故意逗飼主來追她。

在一起兩年後,糖錐發展出了一個新的動作。她會低下頭,完全靜止不動,注視著麥克的臉。「那和食物無關,」他說:「那表示『我們聊聊吧。我想知道你現在如何。』」

麥克也感覺糖錐知道自己快不行了。在他們一起的三年裡,她總是睡在曬台上——除了最後一晚。她靜靜地待著。當麥克在曬台上發現血跡時,他趕緊打電話給烏龜救援聯盟。他們意識

到糖錐需要專業的照護，請他將她送到波士頓的天使動物醫療中心。他帶她過去的時候，有那麼一刻她直視著他的臉。「我從未感覺到她的疼痛，」他告訴我：「但我發誓，當我看著她時，（她的表情）確實在說『我狀況不太好，老兄。再見了。』」

現在，在墓地旁，我們所有人都在哭。「好吧，小錐。」麥克含淚沙啞地說道。他在墓穴中放入一些糖錐最愛的池塘植物：合果芋的葉子、睡蓮葉、梭魚草，並將她的身體放置在這些植物上。

接下來是熊寶貝，她被包裹在綠黑相間的布料中，綁著一條綠色的緞帶。「我想大家都記得熊寶貝。」艾莉西亞說。我們確實記得。她在6月去世時，我們都為她哀悼。她是一隻在2011年出生的擬鱷龜，生來就沒有眼睛。

顯然，熊寶貝的母親踏出路緣只有一步，就被駕駛撞上；當時，艾莉西亞跪在路緣，用獵刀從屍體中取出14顆蛋。當時她的父母來訪，所以這把刀還是向她父親借來的，她父母則驚訝地坐在車上等著。有一顆蛋破裂了，其餘的13顆都孵化了，當中只有熊寶貝無法被野放。艾莉西亞迫切地想與這隻失明的烏龜溝通，最後她找到了一種方法：她會輕輕撫摸她的背，然後給她一個小點心。艾莉西亞朗誦了一首她在熊寶貝年幼時寫的詩，詩名為「帶牠進來，我們可以讓牠安樂死」，這是當時一位獸醫給的建議。詩中的幾行句子將常駐我心：

她難道不享受每一次呼吸嗎？你需要看得見，才懂得如何呼吸嗎？

她的水缸裡有一根很大的棕色原木，她像猴子般攀爬而上。

14.
重啟龜生

對她而言，那或許不是棕色的，

但在她的龜爪之下，觸感多麼舒適……
所以她看不見，這就是她該死的理由嗎？
她熱愛自己那微小、黑暗的生活……
她只想當一隻龜，一隻擬鱷龜，
不，謝謝，我絕不會把她帶去
安樂死。她會過得很好……在這裡，在我身邊，無論她能否看見。

「她讓我思考起烏龜，好奇起烏龜的一切，其他烏龜從未讓我如此。」艾莉西亞說道：「我覺得她在夢中是有視力的。失去她真的很難受。」

接下來是桃子——那隻大家愛戴的紅腿象龜，她過去總是睡在轉輪身旁，卻因難產在手術中離世，當時麥特和我尚未開始做志工，但對艾莉西亞和娜塔莎來說，今天之前一直很難面對告別。

「這些小怪物都成了我們家庭的一份子，」艾莉西亞說：「這裡就是所有病龜和傷龜永遠的家。」我終於明白，這就是為什麼這些特別的烏龜會被埋葬在這裡，更確切來說，在烏龜花園的圍欄內。在這裡感覺就像這些烏龜的靈魂可以守護著其他同伴們，比如消防隊長，保佑他們康復。

現在，娜塔莎請我們說出那些我們想要紀念的名字，並搖一搖鈴——那是一個航海鈴的複製品，娜塔莎解釋說，水手們視這鈴聲為船的聲音和靈魂。這週稍早，她把航海鈴裝在了烏龜花園的入口處。「為那些沉默的靈魂搖響鈴聲，」她說：「盡情搖，

想搖多久、多大聲都可以。」

「撞擊。」瑪凱拉說，並搖了鈴。她是2020年的第一個救援案例，成為瑪凱拉特別照顧的對象之一——但即便付出如此多心力，也無法彌補多年來遭受忽視或不當照顧的影響。她以前的飼主無論是無知或疏忽，未能給予這隻亞洲箱龜適當的食物、光線和棲地維持健康。

「為那些我無法說出名字的孩子們。」艾莉西亞輕聲喃喃道。

「為那些我們來不及救援的孩子們。」麥克說道。

麥克在墳墓旁放了幾條紅辣椒。數千年來，供養亡者是人類的本能。食物代表生命。唐代的墳墓陪葬品琳瑯滿目；古埃及人甚至準備肉製木乃伊來滋養人類木乃伊。這樣的傳統延續至今：從墨西哥的亡靈節，到印度為期15天的祭祖節（Pitru Paksha），再到日本的盂蘭盆節，這些慶典讓我們為祖先獻上營養豐富又美味的食物供品。在巴爾的摩，最近有人在愛倫‧坡（Edgar Allan Poe）的墳墓旁放了一瓶白蘭地。我們想引誘摯愛的亡者回來探望。我們希望他們無論身處何處，都能過得開心、吃得飽飽的，因為我們依然愛他們。

我們輪流將土鏟入墓穴。

「這是他們最後的巢穴。」娜塔莎在我們完成時說道，她的話呼應了先前在葬禮上的話。「我們從他們身上學到了許多。」糖錐的例子完全說明這點。領養她永遠改變了麥克的生活。「我帶她回家時，築巢季才剛開始。」他後來告訴我。「我看到有許多小糖錐被輾到，痛苦地躺在路邊。我看了很受不了。一天之中為了救援牠們，我來回奔波數次，直到筋疲力盡。我心裡沒有不

做這個選項。我依然在疲憊時召喚糖錐的力量，上路去幫助另一隻烏龜。」

「我不是開玩笑，」他繼續說：「糖錐已經幫助了無數的烏龜。她從未繁殖過，但每一隻在我幫助下穿越馬路的烏龜，或送去治療的，還有每顆我孵化的蛋，都是因她而來。她所促成的烏龜野放數量，超過了她自己能生的數量。即使她一生都困在水缸裡，她依然找到了為她的物種，以及這裡的其他烏龜貢獻生存機會的方式。」

所以，逝者仍與我們同在。他們持續教導並啟發我們。我們仍愛著他們，仍需要他們——或許現在比以往任何時候都更加需要。

寒冷美麗1月的週六：我期待著與朋友一起在Zoom上做晨間健身。但按慣例，首先要做的事，在泡咖啡、替霍華、邊境牧羊犬瑟伯（Thurber）和我自己準備早餐之前，我為幼龜們升起了太陽，打開他們的保溫燈，逐一檢查他們的狀況。

這是每天早上讓我起床的最大樂趣之一。雖然他們現在僅有一枚25分硬幣的大小，但秀拉、馬內、莫內和波納爾都長得很快，吃得也非常起勁，特別是當我用熟鮭魚、罐頭鮪魚和熟蛋白當龜飼料的額外營養品時。因為我要把他們培養成野生動物，所以我很少去碰他們，但即使如此，他們顯然知道我一出現就代表食物來了。我喜歡他們熱切地把頭探出水面，用他們的黃眼睛盯著我的臉。我已經對他們熟悉到，把一塊石頭放在水缸的某個位置時，我確切知道哪隻會喜歡在那裡休息。

但是今天早上，我只看到三隻。莫內不見了。

我發狂似地檢查每片漂浮的羽衣甘藍底下。他並沒有被卡在過濾器下面，也沒有被卡在保溫器的護欄中。然而當我抬起漂浮平台，驚恐地發現他軟綿綿又蒼白，翻倒還被2.5公分（1吋）寬的吸盤吸住，這個本來是用來固定平台的吸盤竟然意外地鬆脫了。

他已經這樣幾小時了？是在我們晚上9點左右上樓睡覺後不久發生的嗎？現在是早上6點45分。在冬季，有些龜類可以在水下存活數月之久。但幼龜的保溫缸中並不存在能觸發冬眠奇蹟的條件。莫內可能已經在水下缺氧近10個小時。

我將幼龜軟弱無力的小身體放在手掌上。我將他翻過來，看看他是否試圖翻身，結果他沒有任何動作。他的脖子完全伸出來，氣力全無，四肢也不動，他的身體冰冷。我將食指的指尖放在他的脖子下時，感覺不到心跳，也察覺不到呼吸。他的眼睛腫脹且緊閉著。

「天啊！」我尖叫道：「莫內溺水了！」

我丈夫試過打給麥特，但他沒接，因為他的手機沒電了。

然後我想起了雪球的甦醒過程，以及我和麥特在上次前往南卡羅萊納州的龜類存續中心時目睹的事情。

我們當時與克里斯在裡面，看著孵化器裡的蛋；保育員和實習生們正在檢查一系列的誘捕籠，這是對該地區八種野生龜類的年度調查。雖然這些誘捕籠是經過特別設計，絕不會對龜類造成傷害，但莉莉發現了一隻年約2歲的小擬鱷龜，爪子被鐵絲纏住而淹死了，她傷心極了。但瑞秋知道該怎麼做：在來到龜類存續聯盟之前，她曾在南卡羅萊納水族館工作，館內設有海龜照護中心。海龜，尤其是在冷暈（cold-stunned）的情況下，可能並確

實會溺水,而瑞秋曾目睹過死而復生的過程。雖然規模不同:即使是年幼的海龜也有一個晚餐盤那麼大,而小擬鱷龜的長度不到15公分(6吋)。但過程是相同的。瑞秋把復活的小擬鱷龜帶給我們看,並示範了她是如何按摩他的腿來重新啟動他的心臟和肺部。當天下午,我們便將這隻完全康復的小龜野放。

那隻擬鱷龜比莫內大得多,而我的小錦龜僅重9公克(1盎司),但我別無選擇。當小龜仰躺在餐桌上的毛巾上時,我輕輕地對他的小前肢又推又拉,再來是後腿,來回推拉,就像瑞秋當時教我們的那樣。我時不時把他夾在拇指和食指之間,尾巴朝上,頭朝下,希望水會從他的嘴巴流出來,但並沒有。我輕輕按壓他的橘色小腹甲,希望能重新啟動他的心跳。然後我回到按摩他的四肢。我快速地在網上搜尋「烏龜CPR」:網站建議讓烏龜保持腹甲朝下。我將他翻過來繼續操作。

20分鐘後,莫內的脖子動了⋯⋯一下。他伸長脖子,一副試圖從翻倒的狀態翻回來。但我小時候,父親告訴我,他曾經見過他朋友的屍體從棺材裡坐起來,即便他那時已經死亡;後來我得知這可能是神經中的罕見電化學反應所引起的。我繼續做CPR。莫內看起來依然毫無生氣,但娜塔莎和艾莉西亞的話在我腦海裡迴盪:「永遠不放棄任何一隻烏龜。」

我丈夫帶著我們的邊境牧羊犬出去散步,狗狗顯然感受到我的痛苦而覺得難受,於是他們進行了週六例行的45分鐘晨間散步。等他們回來時,霍華發現時間彷彿逆轉了:莫內起死回生。他的眼睛睜開,四肢都在動,還抬起了頭。他看起來有些茫然,但已經可以走路了。

我請教了克林頓、艾莉西亞和娜塔莎。我拿了一個鋪著紙巾

的半透明乾燥塑膠醫院盒，放在水缸裡溫暖的水面上漂浮，這樣莫內還能看見其他幼龜。我用紙盤做了一個小冰屋，讓他在害怕或不需燈光時也有藏身之處。24小時後，我在醫院盒中加入一點水；48小時後，莫內已經和其他幼龜一起游泳了。兩週後，牠恢復了食慾。

娜塔莎和艾莉西亞是對的：絕不放棄任何一隻烏龜。因為烏龜永遠不會放棄。

在2月底的某一天，當全世界為歐洲處於開戰邊緣屏息以待時，我和麥特進行了一次我們思量已久的朝聖之旅。我們去尋找消防隊長的池塘。

我們以為一切都輕而易舉。我們知道他被救援的城鎮，想著只要找到那個城鎮的消防局就行了。但這個社區有3萬3千人，超過五個消防隊提供服務。我們在Google Earth上搜尋每個地址，直到找到符合艾莉西亞和娜塔莎描述的地方。就是這裡沒錯，透過衛星圖像看到的：就在消防隊的磚房旁有個夏季池塘⋯⋯而馬路對面，就是消防隊長度過60多個冬天的水坑。即使我們已經在電腦螢幕上看過，但等我們在華盛頓總統誕辰紀念日假期的早上來到這裡時，仍然覺得很驚訝。

即使因為近期的某次降雨而擴大，這個心形的消防池仍比我們預期的還要小——不到0.4公頃（1英畝）。我們原本以為像這樣的龐然大物肯定需要一個巨大的池塘，但並非如此：顯然，這個小池塘已經提供了足夠的魚類、昆蟲、腐肉和植物，讓他保持健康。

衛星照片是在夏天拍攝的。當時，睡蓮葉覆蓋了池塘的大

部分；而現在葉子消失了。我們看到池塘四周長滿了乾枯的鹽膚木、莎草、爬藤衛矛、一枝黃花，而在池塘邊緣則有香蒲。水面上漂著一個黃色的浮標，代表這裡有人釣魚。我們想起了龜斯拉，以及艾莉西亞從他嘴裡取出的魚鉤。但真正令我們感到一陣寒意的是看到那條州際公路，限速40哩（60公里）的公路帶著雙黃線，距離消防隊長的池塘僅9公尺（10碼）之遙。我們想起了紐約州立大學的研究中（State University of New York）那些令人沮喪的數據：即使在不太繁忙的道路附近，烏龜每年也有10%到20%的死亡率。而安大略的研究針對擬鱷龜的結果甚至更糟。那裡因為穿越公路而死亡的擬鱷龜數量太多，作者預測擬鱷龜在該研究區域內很快就會完全消失。

我們像他曾經那樣，走下了水泥路緣，踏上以白線隔開的狹窄路肩。我們站在他站過的地方，那應該是他曾經步入馬路的位置。我們的腳下能感受到車輛傳來的震動。我們看到了他當時在痛苦中爬回路緣的地方，他在生鏽的金屬護欄下拖著自己，然後滾下陡峭的坡道，回到夏季池塘中那涼爽的淺水區。我們還看到了，可能是娜塔莎和艾莉西亞當時放獨木舟進行救援的地方。

即使在假日，我們仍需小心翼翼地穿過那條街，前往我們的朋友在10幾年來，每年都冒著生命危險穿越的目的地。從路上可以看到他過冬的池塘。但由於一排看似在10或20年前建成的柵欄，我們穿過兩個院子才能抵達池塘——那些院子在消防隊長生命的頭20、30年裡可能還是樹林。在某個角落，我們看到了小碼頭和一艘小船。

冬眠的池塘稍微大一些，呈梯形，淺淺的池底鋪滿了橡樹落葉，四周則長滿藍莓、帶刺的黑莓叢和野玫瑰。這裡一定比他的

夏季池塘更深,因此冬天不會完全結冰,還有優良的掩護,使他在遲鈍而脆弱的冬眠期免受水獺等掠食者的威脅。「就是這裡。他以前常在這裡待著。」麥特肅然起敬地說著。

就像虔誠的朝聖者一樣,我們也想找到隊長出生的地方。我們果真找到了:距離他的池塘不到0.4公里(四分之一哩),而且在池塘的視線範圍內。順著斜坡而上,來到供應附近一座更大城市的大型水庫旁,我們看到完美的擬鱷龜下蛋棲地:光照充足的砂質高地土壤,現已被183公分(6呎)高的鐵絲網圍住。也許就在我出生的那一年,他的母親幾乎可以確定是從那座水庫的水中爬上這個斜坡,挖掘巢穴,產下了孵出隊長和他的兄弟姊妹們的蛋。

我們想像著我們的朋友,當他還是一隻小小幼龜時,體重不到一枚硬幣重,從一顆完美圓形的蛋中孵化,離開柔軟的蛋殼,從地底下爬出——就像我們在托靈頓築巢地見過的小擬鱷龜一樣。我們想像他以一隻幼龜之身,獨自踏上漫長而勇敢的旅程,悄悄地爬向他的夏季池塘,避開人類目光。那時,這個前工廠村大抵還很鄉下。1950年鎮上的人口不到1萬3千人,消防局尚未出現,對街的房子也尚未出現。現在的公路當時只是一條人車稀少的鄉村道路。

我們想像著消防隊長逐漸長大到足以被人們注意到的模樣。到了1970年,鎮上的人口已增至2萬6千人;消防局附近的街上也很快興建了一所學校,這是目前鎮上13所小學之一。在消防隊長年輕時,可能見過他的那些孩子們,如今已成為祖父母——或許就是現今消防隊裡消防員們的祖父母。

麥特和我在心中快轉著這一切。「我能想像他在水中游泳,

14.
重啟龜生

殼上沒有裂痕,四肢運行自如,」麥特說:「我很高興我們有來看這裡。」

「他能成功度過這麼長的路程,真是不可思議。」我說。

「確實如此,」麥特回答。「聽聽這聲音。車輛,持續不斷。而且周圍都是房子。」

麥特抱著堅定的決心。

「他不會再這樣下去了。」

林中的積雪尚未完全融化。我和麥特,以及艾琳和霍華都站在這裡,與去年11月、前年的10月一樣,再次面對一個新挖的洞。但這次的洞比任何一座墳墓都要大。這次,用挖土機挖掘的洞比我們的廚房還要大。這個洞位於一條人跡罕至的泥土路旁,四周全是田野和森林,距離我們在漢考克的家不到1哩(1.6公里)——麥特和艾琳在這裡買下了他們的新家。

這個池塘將成為消防隊長的家。

待莎草和苔蘚在池塘邊緣紮根後,從當地池塘收集來的睡蓮和梭魚草也逐漸穩定,再等池塘水滿時,艾莉西亞、娜塔莎、瑪凱拉、珍和艾蜜莉都將與我們一同見證,麥特把伸展著巨大爪子的消防隊長,從他那個巨大的旅行箱中抱出來,放在新池塘最淺的地方。消防隊長的喉嚨會充滿潮濕苔蘚和豐饒泥土的氣息,然後他會爬入水中,如同投入情人的懷抱一般。

在某個新聞充滿戰爭的日子,不久前新冠疫情奪走了一百萬美國人的生命,我們十二個人如同門徒一般聚集在托靈頓的河邊築巢地。艾莉西亞、娜塔莎、麥克・亨利、麥特和艾琳、艾蜜莉和珍、珍10幾歲的女兒艾比,以及她的堂姊坎布莉亞(她們的家

人收養了四爪陸龜萊卡和蘇卡達象龜瑪辛），我的編輯凱特和她的丈夫佛羅伊，都會跟霍華和我一起參加。我會先野放馬內，讓他從我的手掌上游出去。接著是莫內──是現在最小的幼龜，但和其他幼龜一樣，強壯、健康、機警，而且體型已經大到讓許多掠食者難以下嚥。

麥特會野放秀拉。他幾乎馬上就開始捕捉昆蟲。最後野放的是最大的波納爾，現在已經像杯墊一樣大，像石頭一樣重。他會立即鑽入柔軟的泥土中，體驗到全新的觸感。但在我們離開之前，我們會看到其它三隻幼龜暫時停下探索這個新世界的腳步。他們會轉向岸邊，從水中抬起頭，凝視著我們的臉龐。

如果命運眷顧，而其中一些幼龜是雌性的話，我可能會再見到他們──雖然我懷疑自己是否能認出他們。14年後，雌錦龜便成熟到能交配下蛋。如果我依然健在且健康的話，我會繼續保護這片築巢地。我甚至可能會將馬內、莫內、秀拉和波納爾的新生幼龜帶到河邊。有一天，我或許還能再看著他們從我張開的手掌游走。

這些錦龜的幼龜如果幸運的話，能夠在野外再活40年。消防隊長則可能再活50年。到那時，麥特和艾琳、艾莉西亞和娜塔莎將會垂垂老矣，而艾蜜莉、霍華和我則早已與世長辭。

或者，也許未必如此，只要換個角度：當愛因斯坦的摯友、義大利工程師米給雷・貝索（Michele Besso）去世時，這位物理學家寫信給貝索悲傷的遺孀：「雖然他比我早一步離開這個奇異的世界，但這無關緊要。因為我們這些相信物理學的人知道，過去、現在和未來的區分，不過是種持續而頑強的錯覺。」對愛因斯坦而言，他的朋友依然存在。如天文學家蜜雪兒・塔勒

（Michelle Thaller）所解釋的，如果我們正確理解了宇宙的本質——將其視為一片景觀，所有的時間會同時排列在我們面前，成為一個整體——「他只是在下一座山丘後面——他依然在那裡，我們只是無法從我們所在的位置看見他⋯⋯但我們都與他在這片景觀上，他依然存在，一如他曾經存在一樣。」

對大多數人來說，這很難想像。我不敢聲稱自己完全理解。但我熱愛在這個甜美翠綠的地球上生活，而且我很樂意知道，無論未來如何，我已用我的一部分寶貴生命來幫助這些烏龜擁有漫長的未來。不管我是否以任何形式存在於世，我喜歡想像珍的孩子們，以及他們的孩子的孩子，保護著莫內、馬內、秀拉、波納爾和他們後代的巢穴；或許消防隊長，甚至他的後代，會在未來有一天與我鄰居的孫子、曾孫成為朋友。

我記得年輕時曾將這個世界視為一連串的階梯、樓梯和山峰，總是往更高處延伸。從小我便明白自己的任務是趕緊攀上頂端。時間在*流逝*，而我和其他人一樣，都希望能「跟上」，甚至「領先」。

時間的問題在於流逝得太快，正如《愛麗絲夢遊仙境》中紅心皇后對愛麗絲解釋的那樣：「現在，你看，你得全力奔跑才能留在原地。如果你想要去別處，至少得跑得比這還快兩倍！」這也是白兔先生在書的開頭幾頁中聲稱的問題，他看著懷錶驚叫：「我遲到了！」

隨著年齡增長，時間確實過得更快。72歲的長距離游泳選手黛安娜・耐德（Diana Nyad）在一集關於長者智慧的podcast中，認同我朋友莉茲・湯瑪斯的看法：她說，時間「真的隨年齡的增

長而加速。它以倍數加速,每個月、每天、每小時。」

時間飛逝得如此迅速,最終走向生命的終點,所以類比為箭的飛逝也不令人意外。物理學家亞瑟・愛丁頓（Arthur Eddington）於1927年提出了時間之箭的概念。他告訴我們,時間只能向一個方向移動。加州大學洛杉磯分校（UCLA）天體物理學講師湯瑪斯・基欽（Thomas Kitching）在新聞網站「對話」（The Conversation）上寫道:「在空間的維度中,你可以前後移動⋯⋯但時間不同,它有方向,你一直向前移動,永遠無法倒退。」

基欽以夜空的黑暗為例來說明這一點,我看了很震驚,因為那片黑暗似乎是永恆的。他提醒我們:「當你仰望宇宙時,你看到的是過去發生的事件。」因為光需要時間才能抵達我們的眼睛。他解釋說,如果宇宙沒有開始或結束,夜空將會被光填滿──無限多的恆星在一個「永恆存在的宇宙」中,它們的光亮會淹沒掉夜晚。

「為什麼時間這個維度是不可逆的?」他問道。我們並不知道答案。「這是物理學中尚未解決的重大問題之一。」他坦言。

物理學家普遍認為,隨著時間流逝,我們宇宙中的熵（即失序程度）在增加。但其中許多科學家也認為,或許存在平行宇宙,時間在那裡的流動方向可能截然不同。

即使在我們自己的宇宙,甚至在我們所處的時代,也有不只一種理解和體驗時間的方式。

在西方文化中,我們將過去聯想為「在後面」,而未來則「在前面」。我們「期待」（look forward）下週見到朋友;我們「回顧」（look back）過去的歲月。但並非所有語言都如此。例

如，形容「明天之後的那一天」的中文詞「後天」的字面意思是「在後面的日子」；中文使用者通常將過去的事物比擬在前方，而將未來視為在身後。在印地語中，「昨天」和「明天」則是相同的詞：kal。（動詞的時態決定了在句中的具體含義。）

在愛因斯坦的時間觀中，時間並無方向。物理學家保羅・戴維斯（Paul Davies）寫道：「愛因斯坦的時間不分過去與未來，也不流動。」然而，愛因斯坦確實認為時間與創造有著密切的聯繫。

無論時間將通往何方，歷史上各地的人們始終試圖解釋時間的起源。而令人驚奇的是，在許多不同的文化中，時間的起始竟然與一隻烏龜有關。

在印度教和佛教的神話中，陸龜阿庫帕拉（Akupara）背負著大地與海洋，支撐著整個世界。從阿拉斯加的艾德墨蒂島到玻里尼西亞，人們流傳著世界龜下蛋，孵化出第一批人類的故事。在北美的易洛魁聯盟（Haudenosaunee）、萊納佩人（Lenape）和阿本拿基族（Abenaki）等原住民的創世故事中，偉大的祖靈將大地放置在一隻巨龜的背上，創造出家園；現在許多人仍將北美洲稱為「龜島」（Turtle Island）──事實上，這塊大陸擁有世界上最多的龜種。而在中國，世界龜名為鰲（鼇），其四肢被創世女神（按：女媧）用來支撐天空。

據說沒有了龜，天空會崩塌。龜的智慧提醒我們，即使處在歷史上彷彿世界末日的時刻，我們依然可以找到跟創世重新連結的方法──像世界龜一樣，輪流擔起支撐地球的重任。如果我們聰明地運用時間，等我們準備好的時候，就終於能在偉大的更新循環中，將這充滿喜悅、令人敬畏、光榮又不可或缺的責任，傳

遞給下一代，再傳給下一代。

隨著我步入60多歲，我開始從烏龜身上理解到，時間或許並非線性的。也許時間不是一支箭，一種飛向目標的致命武器。取而代之的，也許時間是一顆蛋。讓我們把它變成一顆龜蛋——每一次結束都可能引領一個新的開始。

已經晚上8點多，但天還是亮著。黃褐森鶇（*Hylocichla mustelina*）的囀鳴彷彿帶來涼爽的聽覺微風，即便蚊子在我們汗水上嗡嗡不去。珍和艾蜜莉站在托靈頓築巢地的第一個坡地上，向我和麥特示意。他們指著左右兩邊：「小心！注意！」他們的手勢在說著。烏龜們正在尋找築巢地。

在第一處坡地上，有兩隻北美木雕龜正朝河流方向前進，她們已經下完蛋。天色漸暗，我和麥特前往艾蜜莉和珍稱為「流星澤平地」的區域，查看是否有烏龜在活動。麥特發現了一隻錦龜，但她的殼很乾淨，沒有沾到泥土。她正在探索，還沒有開始挖掘。

黃昏在晚上9點4分降臨。黃褐森鶇的歌聲已停，昆蟲的鳴聲在我們四周律動，空氣中充滿了野玫瑰和蕨類的香氣。暮色之中，我和麥特失去了所有人的蹤影：我們看不到珍，也看不到艾蜜莉，甚至找不到任何一隻烏龜。我們打了珍的手機，她正跟蹤一隻很大的流星澤龜到街坊鄰居的後院。

當我們趕到珍身邊時，那隻母龜離我們只有6公尺（20呎）遠。但在這個幾乎沒有月光的夜晚，我們在草叢和岩石之間只能隱約看見她半球形的輪廓。她的殼融進了我們周圍一切的形狀。「只要我分神一下，」珍說：「我就找不到她了。」

然而，夜晚不只是妨礙我們的視線。黑暗，似乎轉變了這隻披著厚重外殼的爬蟲類——或許，更精確地說，是揭開了她真實的另一面。我們只能在她移動時看見她，而當她移動時，她在黑暗中滑行，這隻龐大的龜在此刻竟顯得如此優雅、隱形，甚至輕盈如幽靈。

和這些烏龜相處時，他們總是讓我們大吃一驚。「那些幼龜是怎麼一路成功回到河裡的？」珍問道。

「在烈日下，還要面對掠食者……。」麥特接著說。

「還得穿過人類的社區。」我補充道。

我們全神貫注，終於捕捉到母龜在覆盆子灌木叢中的動靜。她左彎右繞地朝珍的房子移動，然後消失在夜色中。

「我聽見她了，」麥特說：「她正在挖洞！她找到了一個合適的地點！」

她距離我們只有1.8公尺（2碼）遠。我們豎耳傾聽她爪子刮過枯葉的聲音。星星很耀眼，蚊子也消失了。我很樂意整晚陪著她，看她挖土。

但她有自己的計劃。

她向前走了四步。枯草的耳語告訴我們，她已經近在咫尺。除了龜殼的圓形頂端，她看起來像條蛇：脖子伸得筆直，閃閃發亮的黑色眼睛警戒著。她彷彿從一個緩坡滑下，張開了大嘴，就像我們看到消防隊長那樣，感官在夜空中搜尋線索——然後，彷彿被剛發現的東西所驚動，她急忙東張西望，繼續前行，離我僅有15公分（6吋）的距離。她從我身旁經過……而她冰涼的黑黃腹甲擦過麥特的腳背。

母龜全神貫注、迅速移動，毅然從麥特身邊流暢地掠過，左

轉、向前走,然後再回過頭。她正朝著鄰居在土地邊界上種的小松樹走去。

但麥特去哪了?

他正趴在松樹下。「她就在這裡,」他低聲說道:「她就這樣從我面前走過。」

現在,她正沿著籬笆堅定地朝著她的目的地前進。「她正沿著過來的路回去,」珍說:「今晚她不會築巢了。」

我們依依不捨地在午夜前一小時離開了這片築巢地。但在這個神奇的夜晚,我們是不可能覺得失望的。星星彷彿在我們頭頂甦醒,地面閃爍著雲母色、紅色、綠色和金色。我們能感覺到植物在呼吸。

蟋蟀和灰樹蛙(*Hyla versicolor*)充滿節奏的鳴唱聲,聽來就像小小的鐘錶。但這些聲音並非在滴答流逝——時間推移、消失無蹤——反而像是*累積*時間,季復一季的神秘、智慧與驚奇交織其中。隨著每一次的鳴叫、啁啾與顫動,這些聲音守護著烏龜時間,更新著維繫這個世界生機的承諾,為我們帶來永恆的禮物。

精選書目

書

Austad, Steven N. *Methuselah's Zoo: What Nature Can Teach Us About Living Longer, Healthier Lives.* Cambridge, MA: MIT Press, 2022.

Baird, Julia. *Phosphorescence: Things That Sustain You When the World Goes Dark.* New York: Random House, 2021.

Behler, John L. *National Audubon Society Field Guide to North American Reptiles and Amphibians.* New York: Knopf, 2020.

Bonin, Franck, Bernard Devaux, and Alain Dupré. *Turtles of the World.* Baltimore: Johns Hopkins University Press, 2006.

Carroll, David M. Following the Water: *A Hydromancer's Notebook.* Boston: Houghton Mifflin, 2009.

———. *Self-Portrait with Turtles: A Memoir.* Boston: Houghton Mifflin, 2004.

———. *Swampwalker's Journal:* A Wetlands Year. Boston: Houghton Mifflin, 1999.

———. *Trout Reflections: A Natural History of the Trout and Its World.* New York: St. Martin's, 1993

———. *The Year of the Turtle: A Natural History.* Charlotte, VT: Camden House, 1991.

Crosby, Alfred W. *The Measure of Reality.* Cambridge: Cambridge University Press, 1997.

Davies, Paul. *About Time.* New York: Simon and Schuster, 1995.

De Waal, Frans. *Different: Gender Through the Eyes of a Primatologist.*

New York: Norton, 2022

Doody, Sean J., Vladimir Dinets, and Gordon N. Burghardt. *The Secret Social Lives of Reptiles*. Baltimore: Johns Hopkins University Press, 2021.

Ernst, Carl H., and Roger W. Barbour, eds. *Turtles of the World*. Washington, DC: Smithsonian Institution Press, 1989.

Fraser, J. T., ed. *The Voices of Time: A Cooperative Survey of Man's Views of Time as Expressed by the Sciences and by the Humanities*. Amherst: University of Massachusetts Press, 1981.

Grant, Jaime M., Lisa Mottet, Justin Tanis, Jack Harrison, Jody L. Herman, and Jessica Keisley. *Injustice at Every Turn: A Report of the National Transgender Discrimination Survey*. Washington, DC: National Gay and Lesbian Task Force and National Center for Transgender Equality, 2011.

Haupt, Lyanda Lynn. Rooted: *Life at the Crossroads of Science, Nature, and Spirit*. New York: Little, Brown Spark, 2021.

Higgins, Jackie. Sentient: *How Animals Illustrate the Wonder of Our Human Senses*. New York: Atria, 2021.

Hoffman, Eva. *Time*. New York: Picador Press, 2009.

Laufer, Peter. Dreaming in *Turtle: A Journey Through the Passion, Profit, and Peril of Our Most Coveted Prehistoric Creatures*. New York: St. Martin's, 2018.

Mansfield, Howard. *Turn and Jump: How Time and Place Fell Apart*. Peterborough, NH: Bauhan Publishing, 2010.

Money, Nicholas P. *Nature Fast and Nature Slow: How Life Works, from Fractions of Seconds to Billions of Years*. London: Reaktion Books, 2021.

Morgan, Ann Haven. *Field Book of Ponds and Streams*. New York: Putnam, 1930.

O'Connell, Caitlin. *Wild Rituals: Ten Lessons Animals Can Teach Us About*

Connection, Community, and Ourselves. New York: Chronicle Books, 2021.

Rou, Yun. *Turtle Planet: Compassion, Conservation, and the Fate of the Natural World.* Coral Gables, FL: Mango Publishing, 2020.

Rudloe, Jack. *Time of the Turtle.* New York: Knopf, 1979.

Schrefer, Eliot. *Queer Ducks (And Other Animals): The Natural World of Animal Sexuality.* New York: HarperCollins, 2022.

Steyermark, Anthony C., Michael S. Finkler, and Ronald J. Brooks, eds. *Biology of the Snapping Turtle.* Baltimore: Johns Hopkins University Press, 2008.

Thomas, Elizabeth Marshall. *Growing Old: Notes on Aging with Something Like Grace.* New York: HarperCollins, 2020.

———. *The Old Way: A Story of the First People.* New York: Farrar, Straus and Giroux, 2006.

———. *The Harmless People.* New York: Knopf, 1959. Whitrow, G. J. Time in History. Oxford, UK: Oxford University Press, 1988.

Whitrow, G. J. *Time in History.* Oxford, UK: Oxford University Press, 1988.

期刊

Aresco, Matthew J. "Highway Mortality of Turtles and Other Herpatofauna at Lake Jackson, Florida, USA." *UCOET Proceedings*, 2003, 433–34.

Gibbs, James P., and W. Gregory Shriver. "Estimating the Effect of Road Mortality on Turtle Populations." *Conservation Biology* 16, no. 6 (2002): 1647–52.

Healy, Kevin. "Metabolic Rate and Body Size Are Linked with Perception of Temporal Information." *Animal Behavior* 86, no. 4 (2013): 685–96.

Hoagland, Edward. "On Aging." *American Scholar,* March 1, 2022, 106.

Johnson, Albert, James Clinton, and Rollin Stevens. "Turtle Heart Beats Five Days After Death." *American Biology Teacher* 19, no. 6 (1957): 176–77.

LaCasse, Tony. "Flying Sea Turtles and Other Means of Rescue." *Natural History,* February 2019, 35–41.

Lapham, Lewis H. "Captain Clock." *Lapham's Quarterly* 7, no. 4 (2014), 13–21.

Lohmann, K., et al. "Geomagnetic Map Used in Sea-Turtle Navigation." *Nature* 428, no. 6986 (2004): 909–10.

Lovich, Jeffrey E., Joshua R. Ennen, Mickey Agha, and J. Whitfield Gibbons. "Where Have All the Turtles Gone and Why Does It Matter?" *Bioscience* 68, no. 10 (2016): 771–79.

Piczak, Morgan L., Chantel E. Markle, and Patricia Chow-Fraser. "Decades of Road Mortality Cause Severe Decline in a Common Snapping Turtle (*Chelydra seprentina*) Population from an Urbanized Wetland." *Chelonian Conservation and Biology* 18, no. 2 (2019): 231–40.

Stanford, Craig, John B. Iverson, Anders G. J. Rhodin, et al. "Turtles and Tortoises Are in Trouble." *Current Biology* 30 (2020): 721–35.

網路

Angier, Natalie. "All but Ageless, Turtles Face Their Biggest Threat: Humans." *New York Times*, December 12, 2006, https://www.nytimes.com/2006/12/12/science/12turt.html

Collins, Peter, and Juan Carlos López. "Listen Without Prejudice." *Nature Reviews Neuroscience* 2, no. 1 (2001): 6, https://doi.org/10.1038/35049024

Fields, Helen. "ScienceShot: Hibernating Turtles Aren't Dead to the World." *Science*, October 8, 2013, https://www.science.org/content/

article/scienceshot-hibernating-turtles-arent-dead-world

Gartsbeyn, Mark. "720 Stranded Sea Turtles Were Rescued on Cape Cod This Season, Setting New Record." *Boston.com*, December 17, 2020, https://www.boston.com/news/animals/2020/12/17/sea-turtles-rescue-cape-cod-2020/

Giaimo, Cara. "The Celebrity Tortoise Breakup That Rocked the World." *Atlas Obscura*, February 13, 2019, https://www.atlasobscura.com/articles/tortoise-breakup-bibi-and-poldi

Goldfarb, Ben. "Lockdowns Could Be the 'Biggest Conservation Action' in a Century." *Atlantic*, July 6, 2020, https://www.theatlantic.com/science/archive/2020/07/pandemicroadkill/613852

Grant, Adam. 〈過去的一年，你「萎靡」了嗎？〉（There's a Name for the Blah You're Feeling: It's Called Languishing.）《紐約時報中文網》（New York Times）April 12, 2021, https://cn.nytimes.com/health/20220111/covid-mental-health-languishing/zh-hant/

Green, Jared M. "Effectiveness of Head-Starting as a Management Tool for Establishing a Viable Population of Blanding's Turtles." Master's thesis, University of Georgia, 2015, http://tuberville.srel.uga.edu/docs/theses/green_jared_m_201512_ms.pdf

Grundhauser, Eric. "Why Is the World Always on the Back of a Turtle?" *Atlas Obscura*, October 20, 2017, https://atlasobscura.com/articles/world-turtle-cosmic-discworld

"Hatchling and Turtle Conservation Through Headstarting (HATCH)." *Zoo New England*, accessed March 30, 2022, https://www.zoonewengland.org/protect/here-in-new-england/hatch-turtle-program/

Kitching, Thomas. "What Is Time—and Why Does It Move Forward?" *The Conversation*, February 22, 2016, https://theconversation.com/what-is-time-and-why-does-it-moveforward-55065

MacDonald, Bridget. "Loving Turtles to Death." *U.S. Fish & Wildlife Service* (blog), May 22, 2020, https://fws.gov/story/2021-06/loving-turtles-death

Main, Douglas. "Turtles 'Talk' to Each Other, Parents Call out to Offspring." *Newsweek*, August 19, 2014, https://newsweek.com/turtles-talk-to-each-other-parents-call-out-tooffspring-265613

Maron, Dina Fine. "Turtles Are Being Snatched from U.S. Waters and Illegally Shipped to Asia." *National Geographic*, October 28, 2019, https://www.nationalgeographic.com/animals/article/american-turtles-poached-to-become-asian-pets

Massachusetts Eye and Ear Infirmary. "Brain 'Rewires' Itself to Enhance Other Senses in Blind People." *ScienceDaily*, March 22, 2017, www.sciencedaily.com/releases/2017/03/170322143236.htm

Nash, Darren. "The Terrifying Sex Organs of Male Turtles." *Gizmodo*, June 20, 2012, https://gizmodo.com/the-terrifying-sexorgans-of-male-turtles-591970

Ondrack, Stephanie. "The Turtle Trance." *The Small Steph* (blog), April 13, 2019, https://www.childbearing.org/blog/the-turtle-trance

Rahman, Muntaseer. "How to Tell If Your Turtle Is Dead?" *The Turtle Hub*, https://theturtlehub.com/how-to-tell-if-your-turtle-is-dead/

"Star Tortoise Makes Meteoric Comeback." *WCSNewsroom*, October 11, 2017, https://newsroom.wcs.org/News-Releases/articleType/ArticleView/articleId/10600/Star-TortoiseMakes-Meteoric-Comeback.aspx

Waldstein, David. "Mother Sea Turtles Might Be Sneakier Than They Look." *New York Times*, May 19, 2020, https://www.nytimes.com/2020/05/19/science/sea-turtles-decoy-nests.html.

Wong, Brittany. "Turtle Divorce: Giant Turtles Divorce After 115 Years Together." *Huffpost*, June 8, 2012, updated November 22, 2012, https://www.huffpost.com/entry/turtledivorce_n_1581463

幫助烏龜

內文中提到的這些組織能為您提供更多有關烏龜的資訊,也需要您的幫助。您可以由此聯繫他們:

烏龜救援聯盟（Turtle Rescue League）
https://turtlerescueleague.org

國際龜類存續聯盟（Turtle Survival Alliance）
https://turtlesurvival.org

麻薩諸塞州奧杜邦威弗利灣野生動物保護區（Mass Audubon Wellfleet Bay Wildlife Sanctuary）
https://www.massaudubon.org/get-outdoors/wildlife-sanctuaries/wellfleet-bay/about/our-conservation-work

新英格蘭水族館海龜醫院（New England Aquarium's Sea Turtle Hospital）
https://www.neaq.org/about-us/mission-vision/saving-sea-turtles/

新英格蘭動物園的孵化和龜類保育計劃（Zoo New England's Hatchling and Turtle Conservation Through Headstarting）
https://www.zoonewengland.org/protect/here-in-new-england/turtle-conservation/hatch

伯克夏三州的寵物夥伴（Pet Partners of the Tri State Berkshires。費絲‧利巴帝的烏龜復健中心同時幫助面臨財務困境的人們保留他們的寵物。）
https://www.petpartnersberkshires.org

如果遇到烏龜受傷，請致電 (518) 781-0362。

如果需要尋找您附近的烏龜復健機構：
https://www.humanesociety.org/resources/how-find-wildliferehabilitator

謹此銘謝

我對本書中提到的所有人和烏龜不勝感激,尤其是麥特和艾琳・派特森(Matt and Erin Patterson)、艾莉西亞・貝爾(Alexxia Bell),娜塔莎・諾維克(Natasha Nowick),瑪凱拉・康德(Michaela Conder),以及烏龜救援聯盟的麥克・亨利(Mike Henry)。托靈頓龜夫人(與先生),為了保護築巢地,他們的名字不便透露,以及國際龜類存續聯盟的克里斯・哈根(Cris Hagen)和克林頓・多克(Clint Doak)。沒有他們,這本書將無法問世——更甚的是,成千上萬現存的烏龜及其未來的子孫也將不復存在。

但還有許多人,有一部分未在本書中提及,也值得我由衷感謝。新英格蘭動物園(Zoo New England)野外保育部主任布萊恩・溫德米勒博士(Dr. Bryan Windmiller)是新英格蘭及其他地區烏龜保育計畫的引導者。他的專業知識是本書的重要資源。他的同事們,包括野外生物學家茱莉・利斯克(Julie Lisk)、研究助理卡拉・麥克艾羅伊(Cara McElroy)和烏龜野外助理萊恩・羅森(Ryan Roseen),也是如此。麥特和我與他們一起度過了一個美好的日子,替某項進行中的研究追蹤箱龜,該研究探討烏龜的個性如何影響其壽命、活動範圍及行動模式。

麥特和我對那些照顧我們所愛烏龜的獸醫們極度感謝。感謝

馬爾堡獸醫醫院（Marlborough Veterinary Hospital）的羅伯特・德塞納醫師（Dr. Robert DeSena），以及波士頓天使紀念醫院西區分院（MSPCA-Angell West）的派崔克・蘇利文醫師（Dr. Patrick Sullivan）。新英格蘭水族館（New England Aquarium）的查理・伊尼斯醫師（Dr. Charlie Innis）以及塔夫茨野生動物診所（Tufts Wildlife Clinic）榮譽主任馬克・波克拉斯醫師（Dr. Mark Pokras），兩位在本書的創作過程中，所扮演的角色遠比簡短提及所能表達的更重要得多。

感謝我的朋友兼愛龜人士賽琳娜・席可因（Selinda Chiquoine）、費恩（E. Fine）、喬爾・葛力克（Joel Glick）、伊莉沙白・馬歇爾・湯瑪士（Elizabeth Marshall Thomas）、悠達（J. Urda）、蓓西・史莫（Betsy Small）和葛瑞琴・沃格爾（Gretchen Vogel），感謝他們在這個企畫中給予的友誼和鼓勵，閱讀了手稿後給了評論。

我無法企求有比我的老友兼合作夥伴凱特・歐蘇利文（Kate O'Sullivan）更好的編輯。她細膩且發人深省的評論和建議使這本書更加出色，她的體貼和好奇心讓我成為一個更好的人。同樣感激的是我的（現已退休）經紀人、珍貴的朋友莎拉・珍・費萊曼（Sarah Jane Freymann），在她的幫助下，我和麥特開始了這個企劃。再者，感謝我們出色且備受喜愛的現任經紀人莫莉・費德利克（Molly Friedrich）和海瑟・卡爾（Heather Carr），將這本書完成出版。我也對細心的審稿艾莉森・柯爾・米勒（Allison Kerr Miller）巧手生花和建設性的建議滿懷感激。

此外，我要感謝保育人士珍妮佛・佩蒂（Jennifer Petit）的建議和陪伴，並感謝圖書館員莫莉・班內維德斯（Molly

Benevides）慷慨地協助編排精選書目。給阿曼達‧畢切列（Amanda Bucchiere）：謝謝你送的甜甜圈。在從新罕布夏州到南橋的漫長車程中，它們為我們數百次的烏龜時光之旅提供了燃料。

我覺得我也應該感謝一位從未謀面的朋友：艾莉西亞和娜塔莎的主要導師凱西‧米契爾（Kathy Michell）。在消防隊長被野放的時候，麥特和我很悲傷地得知她在經過多年抗癌後，最終敗下陣來。然而，她的善行仍在這個世界上延續。

最後，雖然我的丈夫霍華‧曼斯菲爾德（Howard Mansfield）在本書中不時會出現，但他不只是包容我對動物的熱愛而已。霍華是我所知最優秀的作家，最具洞察力的思想家。他以如老鷹般敏銳的眼光閱讀了這份手稿。在我寫作生涯中，他一直是我最大的靈感來源。為此以及其他無數原因，我會愛他直到永遠。

台灣烏龜救援資訊

　　台灣的五種淡水龜類為食蛇龜、柴棺龜、金龜、斑龜及中華鱉，其中前三種為保育類，後兩種亦受動保法保護。若僅是看到馬路上健康的烏龜，請協助他們過馬路即可，但若他們因各種原因受傷（如被野狗或他人攻擊、被車撞等），則可撥打動保專線「1959」及各縣市1999專線通報（兩者皆24小時運作）。

　　若專線暫時無法打通（可能因忙線或其他緣故），可聯繫各縣市保育機構與特定動物醫院。以下列出由野生動物急救站提供的「全台救援單位聯絡表單」、農傳媒整理資料及編輯整理的其他資料。

台灣各縣市野生動物救援專線與機構

　　24HR專線：
　　全國統一動物保護專線：1959
　　各縣市1999專線

各縣市相關政府機構

若要撥打下列機構電話，請於上班時間（週一至週五8-17時）撥打。

縣市	單位名稱	電話
臺北市	臺北市動物保護處動物救援隊	02-87913064
新北市	新北市政府動物保護防疫處寵物事業管理組	02-29596353# 214
基隆市	基隆市動物保護防疫所	02-24280677
桃園市	桃園市政府農業局林務科	03-3322101#5480~5482
新竹縣	新竹縣政府農業處森林暨自然保育科（轉合作廠商）	03-5518101＃2920、2921
新竹市	新竹市政府產業發展處生態保育科	03-5216121＃401、480
苗栗縣	苗栗縣政府農業處自然生態保育科	037-558216
臺中市	臺中市政府農業局林務自然保育科	04-22289111#56202
南投縣	南投縣政府農業處林務保育科	049-2222340
彰化縣	彰化縣政府農業處林務暨野生動物保護科（未受傷動物）（轉合作廠商）	04-7531621、04-7222151＃1620、1621
	彰化縣動物防疫所動物保護課（受傷動物）	04-7620774
雲林縣	雲林縣政府農業處森林及保育科	05-5522509

縣市	單位名稱	電話
嘉義縣	嘉義縣政府農業處畜產保育科（轉合作廠商）	05-3620123＃335、336、450
嘉義市	嘉義市政府建設處農林畜牧科	05-2290357 05-2226945
臺南市	臺南市政府農業局森林及自然保育科	06-6354986 06-6321731
高雄市	高雄市政府農業局植物防疫及生態保育科	07-7995678＃6161
屏東縣	屏東縣政府農業處動物保護及保育科（轉合作廠商）	(08)765-3860 (08)733-8933
臺東縣	臺東縣政府農業處林務科（保育類優先）	089-343357
花蓮縣	花蓮縣政府農業處保育與林政科	03-8226050
宜蘭縣	宜蘭縣政府農業處畜產科	03-9251000＃1540
金門縣	金門縣政府建設處農林科	082-321254
	金門國家公園保育研究課	082-313100 082-313173
澎湖縣	澎湖縣政府農漁局生態保育課（外來種如有危險性-人道處理）	06-9262620#110 06-927-5578
	澎湖縣家畜疾病防治所	06-9212839
連江縣	連江縣政府產業發展處漁牧科	(08)362-6078

兩棲爬蟲類救傷單位

縣市	單位名稱	地址	營業時間	營業日期	電話
臺北市	臺北市立動物園	臺北市文山區新光路2段30號	9:00~17:00	週一~週日	02-2938-2300#716
	不萊梅特殊寵物專科醫院	臺北市大同區民權西路227號	10:00-12:30 13:30-17:30 18:30-20:30	週二晚上不看診	02-2599-3907
桃園市	桃園市野鳥學會	桃園市八德區高城五街22巷5弄5號	24小時	週一~週日	03-3695685（平日10:00-18:00） 0978-103371（平日18:00-21:00、假日）
臺中市	臺中市野生動物保育學會	台中市太平區光興路1086號	24小時	全年無休	04-2496309
南投縣	生物多樣性研究所野生動物急救站	南投縣集集鎮民生東路一號	8:30-17:30	週一到週日	049-2761331#700/715
臺南市	頑皮世界（收市府轉送動物）	台南市學甲區三慶里頂洲75-25號	9:00~18:00	全年無休	06-7810000
	慈愛動物醫院（金華院）	台南市金華路二段39巷3號	9:00~21:00	週三休息	06-2641220

縣市	單位名稱	地址	營業時間	營業日期	電話
高雄市	高雄市壽山動物園（主管機關委託，收保育類或緊急動物）	高雄市鼓山區萬壽路350號	9:00~17:00	週一休息	07-5215187
屏東縣	屏東科技大學保育類野生動物收容中心	屏東縣內埔鄉學府路1號	8:30-17:30	全年無休	08-7740413
臺東市	野灣野生動物保育協會	台東縣池上鄉新興村126號	9:00~18:00	全年無休	089-862368 0972-799052
宜蘭縣	宜蘭縣動植物防疫所	宜蘭縣五結鄉成興村利寶路60號	9:00~18:00	上班日	03-9602350
金門縣	金門縣野生動物救援暨保育協會	金門縣金湖鎮南雄30號	08-2333587		

其他野生動物收容中心及急救站（部分引用農傳媒資料）

單位名稱	主要救援動物	地址	電話
國立中興大學 獸醫教學醫院	龜類及小型動物	臺中市南區國光路250-1號	04-22840405 04-22870180
行政院農業委員會特有生物研究保育中心	鳥及其他本土野生動物	南投縣集集鎮民生東路1號	049-2761331#309
國立成功大學 海洋生物及鯨豚研究中心	鯨豚類生物	臺南市安南區安明路三段500號2樓 四草工作站：臺南市安南區大眾街101巷250號	06-2840733
國立海洋生物博物館	海龜	屏東縣車城鄉後灣村後灣路2號	08-8825001
行政院農業委員會水產試驗所 澎湖海洋生物研究中心 附屬海龜救護收容工作站	海龜	澎湖縣馬公市興港北街8號	06-9953416〜8 #231

memo

國家圖書館出版品預行編目資料

烏龜的修復時光：一片一片龜殼，見證受傷的烏龜如何修補自己 / 賽.蒙哥馬利(Sy Montgomery)著；江欣怡譯. -- 初版. -- 臺中市：晨星出版有限公司，2025.03
　　面；公分 . — （勁草生活；550）
　　譯自：Of time and turtles : mending the world, shell by shattered shell
　　ISBN 978-626-420-037-0（平裝）

1.CST: 龜 2.CST: 自然保育

388.791　　　　　　　　　　　　　　　　　　　　　　113020266

勁草生活 550

烏龜的修復時光：
一片一片龜殼，見證受傷的烏龜如何修補自己
OF TIME AND TURTLES: Mending the World, Shell by Shattered Shell

作者	賽・蒙哥馬利（Sy Montgomery）
繪者	麥特・派特森（Matt Patterson）
譯者	江欣怡
編輯	許宸碩
校對	許宸碩
審訂	徐偉傑
封面設計	初雨有限公司（Ivy_design）
美術設計	曾麗香

創辦人	陳銘民
發行所	晨星出版有限公司 407 台中市西屯區工業 30 路 1 號 1 樓 TEL：（04）23595820 FAX：（04）23550581 https://star.morningstar.com.tw 行政院新聞局局版台業字第 2500 號
法律顧問	陳思成律師
出版日期	西元 2025 年 04 月 15 日　初版 1 刷

讀者服務專線	TEL：（02）23672044 /（04）23595819#212 FAX：（02）23635741 /（04）23595493 service @morningstar.com.tw
網路書店	https://www.morningstar.com.tw
郵政劃撥	15060393（知己圖書股份有限公司）
印刷	上好印刷股份有限公司

定價 480 元
（缺頁或破損，請寄回更換）
版權所有・翻印必究

ISBN 978-626-420-037-0

OF TIME AND TURTLES: Mending the World, Shell by Shattered Shell
by Sy Montgomery and Illustrated by Matt Patterson
Copyright © 2023 by Sy Montgomery
Complex Chinese Translation copyright ©2025
by Morning Star Publishing Inc.
Published by arrangement with Mariner Books, an imprint of HarperCollins Publishers, USA
through Bardon-Chinese Media Agency

博達著作權代理有限公司
ALL RIGHTS RESERVED